高职高专土建类专业教材
“互联网＋”创新型教材

U0956698

工程合同管理

主　编　周丽萍　郭喜梅
副主编　卫　娇　毛清玉
　　　　叶明福　李欢欢

武汉理工大学出版社
·武　汉·

内容简介

本书全面介绍了工程招投标与合同管理的相关知识，构建了较完整的招投标实施和合同管理的知识体系，结合工程实际案例，融入课程思政元素，系统地讲述了工程招投标的理论、方法、内容和程序，以及工程建设各阶段和各参与方的合同管理。内容涉及招投标与合同管理两个部分，包括概述，建设工程招标，建设工程投标，开标、评标与定标，建设工程承发包合同管理，工程建设相关合同管理，建筑工程索赔与争执解决，共7个章节。

本书以培养学生具备全过程招投标和合同管理的能力为目标，以最新的法律法规和地方相关文件为依据，突出了实用性、适用性、创新性，内容理论联系实际、通俗易懂，可作为高等院校工程造价、工程管理、土木工程等相关专业的职业教育教材使用。

图书在版编目(CIP)数据

工程合同管理 / 周丽萍，郭喜梅主编. -- 武汉 ：武汉理工大学出版社，2024. 11.
-- ISBN 978-7-5629-7305-8

Ⅰ. TU723.1

中国国家版本馆 CIP 数据核字第 2024YV7448 号

项目负责人：戴皓华　　**责任编辑**：戴皓华
责 任 校 对：张莉娟　　**排版设计**：芳华时代
出 版 发 行：武汉理工大学出版社
社　　　址：武汉市洪山区珞狮路 122 号
邮　　　编：430070
网　　　址：http://www.wutp.com.cn
经　　　销：各地新华书店
印　　　刷：武汉兴和彩色印务有限公司
开　　　本：787×1092　1/16
印　　　张：18.25
字　　　数：456 千字
版　　　次：2024 年 11 月第 1 版
印　　　次：2024 年 11 月第 1 次印刷
定　　　价：49.00 元

前　言

在全球化与信息化交织的当代社会，工程项目的建设不仅是经济发展的催化剂，更是社会进步的生动写照。招投标制度，作为市场经济下资源配置的基石，其公平性、公正性和公开性日益受到社会各界的关注与重视，成为衡量市场成熟度和透明度的重要标准。而合同管理，作为工程项目顺利实施的护航者，其严谨性和科学性则是保障项目质量、维护各方权益的关键所在。在此背景下，我们精心编纂了《工程合同管理》这本书，力求在总结前人智慧的基础上，融入新的时代元素，增加思政案例，向读者呈现一本既全面又实用的学习指南。本书在撰写过程中，广泛参考了近年来国内外已出版的多本优秀同类教材，汲取了它们在结构布局、内容编排、案例选取等方面的精华，力求在传承与创新中找到最佳平衡点。

本书内容广泛而深入，既涵盖了招投标的基本原理、法律法规、程序规范与策略技巧，又详细阐述了合同管理的基本理论，以及合同订立、履行、变更、解除、索赔与争议解决等关键环节。通过深入浅出地讲解与剖析，力求使读者能够清晰地把握招投标与合同管理的核心概念、基本框架与操作流程，同时掌握在实际工作中所需的技能与方法。本书的主要特点如下：

一、紧跟时代步伐，更新法律法规引用

本书在编写过程中，紧密关注国家及行业最新政策动态，确保引用的法律法规均为最新修订版本。不仅包括《中华人民共和国招标投标法》《中华人民共和国民法典》及其相关司法解释，还涵盖了各级地方政府及行业主管部门发布的最新实施细则、指导意见等。通过及时更新法律法规引用，本书为读者提供了最准确、最权威的法律依据，帮助读者在复杂多变的法律环境中准确把握招投标与合同管理的方向。

二、融合课程思政，引入思政案例

本书在注重知识传授的同时，积极融入课程思政元素，通过引入具有思政教育意义的案例，引导学生树立正确的价值观、职业道德观和社会责任感。这些思政案例不仅涉及招投标与合同管理领域的诚信、公平、公正等基本原则，还紧密结合当前社会热点问题，如反腐败、环保、社会责任等，使学生在学习专业知识的同时，也能提升自身的思想道德素质和人文素养。

三、紧跟行业趋势，更新合同版本

随着市场环境的不断变化和新技术、新模式的不断涌现，合同版本也需要不断更新以适应新的需求。本书在编写过程中，特别注重收集和分析当前行业广泛使用的各类合同模板和示范文本，并在此基础上进行优化和更新。通过引入最新的合同版本，本书为读者提供了更加符合实际、更加规范的合同范本，帮助读者在实际工作中更加得心应手。

四、利用科技手段，增设二维码资源

为了增强内容的互动性和实用性，本书还充分利用现代科技手段，在书中增设了二维码资源。读者只需扫描书中的二维码，即可获取与章节内容相关的扩展阅读等丰富资源。这些资源不仅有助于读者更深入地理解和掌握招投标与合同管理的相关知识，还能激发读者的学习兴趣和动力，提高学习效率。同时，二维码资源的引入也使得本书更加符合现代读者的阅读习惯和学习方式，更加贴近实际应用场景。

一本优秀的教材不仅应传授知识，更应激发思考、培养能力。因此，在本书的编写过程中，我们始终秉持着理论与实践相结合的原则，每个章节均凝练了知识目标、能力目标、素质目标和思政目标，着重培养学生的创新思维与实践能力。希望通过本书的学习，读者不仅能够掌握招投标与合同管理的专业知识，更能够形成独立思考、分析问题与解决问题的能力，为未来的职业生涯奠定坚实的基础。

本书由周丽萍、郭喜梅、卫娇、毛清玉、叶明福、李欢欢共同编写。同时，书中参考了一些同类教材、专著，均列于参考文献中，在此对相关作者表示感谢。

由于时间和水平有限，书中难免存在疏漏之处，敬请广大读者批评指正。

编　者

2024 年 8 月

目　录

第1章　概　述

思维导图

章节目标

知识目标：

1. 阐述建筑市场的概念及特征；
2. 阐述工程招投标的概念及特征；
3. 阐述工程合同的概念、作用及生命周期；
4. 明确招投标的作用、原则及法律责任；
5. 理解工程合同管理的法律基础和基本原理。

能力目标：

1. 具备判断招投标违法行为的能力；
2. 具备应用工程合同管理的相关知识进行合同管理的能力。

素质目标：

1. 通过学习相关概念，构建学生的理论知识体系；
2. 通过学习工程合同管理的基本原理，培养学生的系统思维能力。

思政目标：

1. 通过工程招投标违法行为及法律责任的学习，引导学生形成牢固的法治精神和尊重、遵守招投标法律法规的意识；
2. 通过合同管理法律基础的学习，引导学生树立法治意识和法治思维。

案例分析

背景：我国某承包公司作为分包商与奥地利某总承包公司签订了一房建项目的分包合同。该合同在伊拉克实施，它的产生完全是甲方精心策划、蓄意欺骗的结果。如在谈判中编织谎言说：每平方米单价只要114美元，即可完成合同规定的工程量，而实际上按当地市场情况，工程花费不低于每平方米500美元；有时奥方对经双方共同商讨确定的条款利用打字机将对自己有利的内容塞进去；在准备签字的合同中擅自增加工程量等。该工程的分包合同价为553万美元，工期24个月。而当工程进行到11个月时，中方已投入654万美元，但仅完成工程量的25%。预计如果全部履行分包合同，中方还要再投入1000万美元以上。结果中方不得不舍弃全部投入资金，彻底废除分包合同。

分析：在这个合同中双方责权利关系严重不平衡，在合同签订过程中确实有欺诈行为，对方做了手脚。但作为分包商，没有到现场进行实地调查，而仅向总包口头"咨询"，听信了"谎言"，认了人家的"手脚"。签了字，合同就有效，必须执行，而且无法对发包商追责。

思政：合同作为双方达成一致的法律文件，其基础便是诚信、公平和合作精神。首先，诚信是合同双方必须遵守的基本原则。这要求双方在签订合同前，如实提供相关信息，不得隐瞒或歪曲事实，确保合同建立在真实、完整的信息基础上。在合同履行过程中，双方也要信守承诺，按照约定履行各自的义务，不得随意变更或解除合同。其次，公平原则是合同双方应当共同遵循的重要准则。合同应当体现双方的权利和义务对等，确保每一方都能从合同中获得合理的利益。同时，合同内容应当符合法律法规和公序良俗，不得损害社会公共利益或他人的合法权益。最后，合作精神是合同双方实现共赢的关键。在合同履行过程中，双方应当相互支持、相互配合，共同解决可能出现的问题和困难。当发生争议时，双方应当通过友好协商、调解等方式解决，避免采取过激的行为或诉诸法律程序。

1.1 认识建筑市场

1.1.1 建筑市场的概念及特征

1.1.1.1 建筑市场的概念

由市场的一般概念可知，建筑市场可从广义和狭义两个方面来理解。狭义的建筑市场一般是指有形建筑市场，有固定的交易场所。广义的建筑市场包括有形市场和无形市场，是指与建筑产品有关的一切供求关系的总和。具体来说，它是一个市场体系，包括勘察设计市场、建筑产品市场、生产资料市场、劳动力市场、资金市场、技术市场等。即广义的建筑市场除建筑产品市场外，还包括与建筑产品有关的勘察设计、中间产品和要素市场。

1.1.1.2 建筑市场的特征

建筑市场是整个国民经济大市场的有机组成部分，与一般市场相比，它有许多特征，主要表现在以下几个方面：

(1)建筑市场交易的直接性。这一特点是由建筑产品的特点所决定的。在一般工业产品市场中，由于交换的产品具有间接性、可替换性和可移动性，如电冰箱、洗衣机等，供给者可以预先进行生产，然后通过批发、零售环节进入市场。建筑产品则不同，只能按照客户的具体要求，在指定的地点为其建造某种特定的建筑物，因此，建筑市场上的交易只能使需求者和供给者直接见面，进行预先订货式的交易，先成交，后生产，无法经过中间环节。

(2)建筑产品的交易过程持续时间长。一般商品的交易基本上是"一手交钱，一手交货"，除去建立交易条件的时间外，实际交易过程较短。建筑产品的交易则不然，由于不是以具有实物形态的建筑产品作为交易对象，无法采用"一手交钱，一手交货"的交易方式；而且，由于建筑产品的生产周期长、价值巨大，供给者也无法以足够资金投入生产，大多分阶段按实施进度付款，待交货后再结清全部款项。因此，双方在确立交易条件时，重要的是关于分期付款与分期交货的条件。从这点来看,建筑产品的交易过程就表现出一个很长的过程。

(3)建筑市场有着显著的地区性。这一特点是由建筑产品的地域特性所决定的。建筑产品无论是作为生产资料,还是作为消费资料,建在哪里,就只能在哪里发挥功能。对于建筑产品的供给者来说,他无权选择特定建筑产品的具体生产地点,但可以选择自己的经营范围。由于大规模的流动势必造成生产成本增加,因而建筑产品的生产经营通常总是相对集中于一个相对稳定的地理区域内。这使得供给者和需求者之间的选择存在一定的局限性,通常只能在一定范围内确定相互之间的交易关系。

(4)建筑市场的风险较大。不仅对供给者有风险,而且对需求者也有风险。从建筑产品供给者方面来看,建筑产品的市场风险主要表现在以下方面:

①定价风险。由于建筑市场中的供给者方面的可替代性很大,故市场的竞争主要表现为价格的竞争,定价过高就招揽不到生产任务;定价过低则导致企业亏损,甚至破产。

②建筑产品是先定价、后生产,生产周期长,不确定因素多(如气候、地质、环境的变化,需求者的支付能力,以及国家的宏观经济形势等),都可能对建筑产品的生产产生不利的影响,甚至是严重的不利影响。

③需求者支付能力的风险。建筑产品的价值巨大,其生产过程中的干扰因素可能使生产成本和价格升高,从而超过需求者的支付能力;或因贷款条件而使需求者筹措资金发生困难,甚至出现需求者一开始就不具备足够的支付能力的情况。凡此多种因素,都有可能出现需求者对生产者已完成的阶段产品或部分产品拖延支付,甚至中断支付的情况。

(5)建筑市场竞争激烈。由于建筑业生产要素的集中程度远远低于资金、技术密集型产业,使其不可能采取生产要素高度集中的生产方式,而是采用生产要素相对分散的生产方式,致使大型企业的市场占有率较低。因此,在建筑市场中,建筑产品生产者之间的竞争较为激烈。而且,由于建筑产品的不可替代性,生产者基本上是被动地去适应需求者的要求,需求者相对而言处于主导地位,甚至处于相对垄断地位,这自然加剧了建筑市场的竞争程度。建筑产品生产者之间的竞争首先表现为价格上的竞争。由于不同的生产者在专业特长、管理和科技水平、生产组织的具体方式、对建筑产品所在地各方面情况的了解和市场熟练程度,以及竞争策略等方面存在较大的差异,他们之间的生产价格会有较大的差异,从而使价格竞争更加激烈。

1.1.2 建筑市场及招投标的管理

建筑活动的专业性、技术性都很强,而且建设工程投资大、周期长,一旦发生问题,将会给社会和人民的生命财产安全造成极大的损害。因此,为保证建设工程的质量和安全,对从事建设活动的单位和专业技术人员必须实行从业资格审查,即资质管理制度。

建设工程市场中的资质管理包括两类:一类是对从业企业的资质管理;另一类是对专业人士的资格管理。在资质管理方面,我国和欧美等发达国家有很大差别。我国侧重于对从业企业的资质管理,发达国家则侧重于对专业人士的资格管理。近年来,对专业人士的资格管理在我国逐渐得到重视。

1.1.2.1 从业企业资质管理

在建筑市场中,围绕工程建设活动的主体主要有三方,即发包人、承包人(包括供应商)和工程咨询人(包括勘察设计)。《中华人民共和国建筑法》(以下简称《建筑法》)规定,对从事建筑活动的施工企业、勘察单位、设计单位和工程监理单位实行资质管理制度。

(1)承包人的资质管理。对于承包人资质的管理,亚洲国家和地区与欧美国家的做法不大相同。日本、韩国、新加坡等亚洲国家以及我国的香港、台湾地区均对承包人资质的评定有着严格的规定。按照其拥有的注册资本、专业技术人员、技术装备和已完成建筑工程的业绩等资质条件,将承包人按工程专业划分为不同的资质等级。承包人承担工程必须与其评审的资质等级和专业范围相一致。例如,日本将承包人分为总承包商和分包商两个等级,对总承包商只分为两个专业,即建筑工程和土木工程;对分包商则划分了几十个专业。而欧美国家没有出台对承包人资质的评定制度,在工程发包时由发包人对承包人的承包能力进行审查。

我国《建筑法》对资质等级评定的基本条件明确为企业注册资本、专业技术人员、技术装备和工程业绩四项内容,并由建设行政主管部门对不同等级的资质条件作出具体划分标准。

(2)工程咨询单位的资质管理。发达国家的工程咨询单位具有民营化、专业化、小规模的特点,许多工程咨询单位都是以专业人士个人名义进行注册的。由于发达国家的工程咨询单位一般规模较小,很难承担因咨询错误造成的经济风险,所以国际上通行的做法是让其购买专项责任保险,在管理上则是通过实行专业人士执业制度来实现对工程咨询从业人员的管理,一般不对咨询单位实行资质管理制度。

工程咨询单位的资质评定条件包括注册资金、专业技术人员和业绩三方面的内容,不同资质等级的标准均有具体规定。目前,已明确资质等级评定条件的有勘察设计、工程监理、工程造价、招标代理等咨询专业。例如,工程监理企业分为综合资质、专业资质和事务所资质。其中,综合资质、事务所资质不分级别。专业资质分为甲级、乙级。其中,房屋建筑、水利水电、公路和市政公用专业资质可设立丙级。

1.1.2.2 专业人士资格管理

在建筑市场中,具有从事工程咨询资格的专业工程师被称为专业人士。专业人士在建筑市场管理中起着非常重要的作用。由于他们的工作水平对工程项目建设成败有重要的影响,对专业人士的资格条件要求很高。从某种意义上说,政府对建筑市场的管理,一方面要靠完善的建筑法规,另一方面要靠专业人士。我国香港特别行政区将经过注册的专业人士称作"注册授权人"。英国、德国、日本、新加坡等国家的法规甚至规定,业主和承包人向政府申报建筑许可、施工许可、使用许可等手续时,必须由专业人士提出。申报手续除应符合有关法律规定外,还要有相应资格的专业人士签章。专业人士在建筑市场中的作用由此可见一斑。

由于各国情况不同,专业人士的资格有的由学会或协会负责(以欧洲一些国家为代表)授予和管理,有的由政府负责确认和管理。我国专业人士资格制度是20多年前从发达国家引入的,目前有建筑师、结构工程师、监理工程师、造价工程师、咨询工程师和建造师等。

1.1.2.3 对工程招投标的管理

《中华人民共和国招标投标法》(以下简称《招标投标法》)将招标与投标的过程纳入法制管理的轨道,主要内容包括:①通常的招投标程序;②招标人和投标人应遵循的基本规则;③任何违反法律规定应承担的后果责任等。该法的基本宗旨是:招投标活动属于当事人在法律规定的范围内自主进行的市场行为,但必须受政府行政主管部门的监督和管理。

(1)依法核查必须采用的招标方式。《招标投标法》规定,任何单位和个人不得将必须进行招标的项目化整为零或者以其他任何方式规避招标。如果发生此类情况,有权责令改正,可以暂停项目执行或者暂停资金拨付,并对单位责任人或者其他直接责任人依法给予行政处分或纪律处分。

(2)对项目招标条件的监督。工程项目的建设应当按照建设管理程序进行。当工程项目满足招标条件时,招标单位应向建设行政主管部门提出申请,获得批准后才可以进行招标。为了保证工程项目的建设符合国家或地方总体发展规划,以及能使招标工作顺利进行,不同工程的招标均需满足相应的条件。如前期准备应满足的要求、对招标人招标能力的要求、招标代理机构的资质条件审查等。

(3)对招标有关文件的检查备案。招标人有权依据工程项目特点编写与招标有关的各类文件,但内容不得违反法律规范的相关规定。建设行政主管部门有权依法对招标文件实施核查,特别是对投标人资格条件进行核查。

(4)对招标文件的核查主要包括:①核查招标文件的组成是否包括招标项目所有实质性要求和条件,以及拟签订合同的主要条款能否使投标人明确承包工作范围和责任,并能够合理预见风险,编制投标文件;②招标项目需要划分标段时,核查承包工作范围的合同界限是否合理;③核查招标文件是否有限制公平竞争的条件。

(5)对投标活动的监督。建设行政主管部门派人参加开标、评标、定标的活动,监督招标人按照法定程序选择中标人。所派人员不作为评标委员会的成员,也不得以任何形式影响或干涉招标人依法选择中标人的活动。

(6)查处招投标活动中的违法行为。《招标投标法》明确指出,有关行政监督部门有权依法对招投标活动中的违法行为进行查处。视情节和对招标的影响程度承担责任,承担责任的形式可以是:①判定招标无效,责令改正后重新招标;②对单位负责人和直接责任人给予行政或纪律处分;③没收非法所得,并处以罚金;④构成犯罪的,依法追究刑事责任。

1.1.3 建筑市场的主体和客体

建筑市场的主体包括发包工程的政府部门、企事业单位、房地产开发公司和个人组成的发包人,承担工程勘察设计、施工任务的建筑企业组成的承包人,为市场主体服务的各种中介机构。建筑市场的客体则为建筑市场的交易对象,即建筑产品,包括有形的建筑产品和无形的建筑产品(如咨询、监理等智力型服务)。

1.1.3.1 建筑市场的主体

(1)发包人

发包人是既有进行某项工程建设的需求,又有该项工程建设相应的建设资金和各种准建手续,在建筑市场中发包工程建设的咨询、设计、施工监理任务,并最终得到建筑产品的所有权的政府部门、企事业单位和个人。他们可以是各级政府、专业部门、政府委托的资产管理部门,也可以是学校、医院、工厂、房地产开发公司等企事业单位,还可以是个人和个人合伙。在我国工程建设中,过去一般称之为建设单位或甲方,国际工程承包中通常称作业主。他们在发包工程和组织工程建设时进入建筑市场,成为建筑市场的主体。

(2)承包人

承包人是指有一定生产能力、机械设备、流动资金,具有承包工程建设任务的营业资格,在建筑市场中能够按照发包人的要求,提供不同形态的建筑产品,并最终得到相应的工程价款的建筑企业。按照生产的主要形式,它们主要分为勘察、设计单位,建筑安装企业,混凝土配件及非标准预制件等生产厂家,商品混凝土供应、建筑机械租赁单位,以及专门提供建筑劳务的企业等。它们的生产经营活动是在建筑市场中进行的,它们是建筑市场主体中的主要部分。

(3)建筑市场中的中介服务组织

中介服务组织是指具有相应的专业服务能力，在建筑市场中受承包方、发包方或政府管理机构的委托，对工程建设进行估算测量、咨询代理、建设监理等高质量服务，并取得服务费用的咨询服务机构和其他建设专业中介服务组织。在市场经济运行中，中介组织作为政府、市场、企业之间联系的纽带，具有政府行政管理不可替代的作用。而发达的中介组织又是市场体系成熟和市场经济发达的重要表现。

1.1.3.2　建筑市场的客体

建筑市场的客体，一般称为建筑产品，是建筑市场交易的对象，既包括有形建筑产品，也包括无形建筑产品。因为建筑产品本身及其生产过程的特殊性，其产品具有与其他工业产品不同的特点。在不同的生产交易阶段，建筑产品表现为不同的形态。它可以是咨询公司提供的咨询报告、咨询意见或其他服务，可以是勘察、设计单位提供的设计方案、施工图、勘察报告，可以是生产厂家提供的混凝土构件，当然还可以是承包人生产的各类建筑物和构筑物。

1.2　工程招投标相关知识

1.2.1　工程招投标的概念、作用和特点

1.2.1.1　工程招投标及相关概念

知识链接：《中华人民共和国招标投标法实施条例》

(1)工程的概念

根据《中华人民共和国招标投标法实施条例》(以下简称《招标投标法实施条例》)第二条的规定，工程招投标中的“工程”是指建设工程，包括工程以及与工程建设有关的货物、服务。

建设工程是指包括建筑物和构筑物的新建、改建、扩建及其相关的装修、拆除、修缮等；与工程建设有关的货物是指构成工程不可分割的组成部分，且为实现工程基本功能所必需的设备、材料等；与工程建设有关的服务是指为完成工程所需的勘察、设计、监理等服务。

(2)招投标的概念

招投标是招标投标的简称。招投标是指由交易活动的发起方在一定范围内公布标的特征和交易条件，按照依法确定的规则和程序，对多个响应方提交的报价方案进行评审，择优选择交易主体并确定全部交易条件的一种交易方式。

(3)工程招投标的概念

工程招投标是指在货物、工程和服务的采购行为中，招标人通过事先发布采购公告，吸引众多的投标人按照招标文件进行平等竞争，按照规定程序并组织技术和经济等方面的专家对众多的投标人进行综合评估，从中择优选定项目的中标人的行为过程。

工程招投标是一种有序的建筑市场竞争交易方式，也是规范选择交易主体，订立交易合同的法律程序，其实质是以较低的价格获得最优的货物、工程和服务。

1.2.1.2　工程招投标的作用

(1)提高经济效益和社会效益

我国社会主义市场经济的基本特点是充分发挥竞争机制的作用，使市场主体在平等条件

下公平竞争，优胜劣汰，从而实现资源的优化配置。招投标是市场竞争的一种重要方式，通过招标采购，让众多投标人进行公平竞争，以最低或较低的价格获得最优的货物、工程或服务，从而达到提高经济效益和社会效益、提高招标项目的质量、推动各行业管理体制改革的目的。

(2)提升企业竞争力

促进企业转变经营机制，提高企业的创新活力，积极引进先进技术和管理经验，提高企业生产、服务的质量和效率，不断提升企业的市场信誉和竞争力。

(3)健全建筑市场经济体系

维护和规范建筑市场竞争秩序，保护当事人的合法权益，提高建筑市场交易的公平、满意和可信程度，促进社会和企业的法治、信用建设，促进政府转变职能，提高行政效率，建立健全的现代市场经济体系。

(4)打击贪污腐败

有利于保护国家和社会公共利益，保障合理、有效地使用国有资金和其他公共资金，防止其浪费和流失，构建从源头预防腐败交易的社会监督制约体系。在世界各国的公共采购制度建设初期，招投标制度由于其程序的规范性和公开性，往往能对打击贪污腐败起到立竿见影的作用。

知识链接：《中华人民共和国招标投标法》

1.2.1.3 工程招投标的特点

(1)竞争性

工程招投标的核心是竞争。按规定，每一次招标必须有3家以上的投标者，这就形成了投标者之间的竞争。他们要以各自的实力、信誉、服务、质量、报价等优势，战胜其他的投标者。竞争既是市场经济的本质要求，也是招投标的根本特点。

(2)程序性

招投标活动必须遵循严密规范的法律程序。《招标投标法》及相关法律政策对招标人从确定招标范围、招标方式、招标组织形式直至选择中标人并签订合同的招投标全过程每一环节的时间和顺序都有严格、规范的限定，不能随意改变。任何违反法律程序的招投标行为，都可能侵害其他当事人的权益，必须承担相应的法律后果。

(3)规范性

《招标投标法》《招标投标法实施条例》等相关法律和政策，对招投标各个环节的工作条件、内容、范围形式、标准以及参与主体的资格、行为和责任都作出了严格的规定。

(4)一次性

一次性特点表达三层意思：第一层意思是“一标一投”，即同一个工程，每一个投标人只能递交一份投标文件，不允许递交多份投标文件；第二层意思是“一次性报价”，即双方不得在招投标过程中就实质性内容进行协商谈判，讨价还价，这也是与询价采购、谈判采购以及拍卖竞价的主要区别；第三层意思是招标成功后，不得重新招标或二次招标，确定中标人后，招标人和中标人应及时签订合同，不允许反悔或放弃、剥夺中标权利。

(5)技术经济性

工程招投标都具有不同程度的技术性，包括标的使用功能和技术标准，建造、生产和服务过程的技术及管理要求等。特别是招标文件中与工程计价相关的术语和内容都需要工程造价专业人员草拟或把控。工程招投标的经济性则体现在中标价格是招标人预期投资目标和投标人竞争期望值的综合平衡。

1.2.2 工程招投标活动应遵循的原则

招投标行为是市场经济的产物，并随着市场的发展而发展，必须遵循市场经济活动的基本原则。招投标活动应当遵循公开、公平、公正和诚实信用的原则。

(1)公开原则

公开原则就是要求招投标活动具有较高的透明度，实行招标信息、招标程序公开，即发布招标公告、公开开标、公开中标结果，使每一位投标人获得同等的信息，知悉招标的一切条件和要求。

(2)公平原则

公平原则就是要求给予所有投标人平等的机会，使其享有同等的权利并履行相应的义务，不歧视任何一方，不应设置地域或行业的保护条件，杜绝一方把自己的意志强加于对方的行为。《招标投标法实施条例》明确指出，招标人不得以不合理的条件限制、排斥潜在投标人或者投标人。

(3)公正原则

公正原则是指按照招标文件中规定的统一标准，实事求是地进行评标和定标，不偏袒任何一方，给所有投标人平等的机会。

(4)诚实信用原则

招标投标当事人应该以诚实、善意的态度行使权利，履行义务，不得有欺诈、背信的行为。《招标投标法》规定了不得虚假招标、串通投标、泄露标底、骗取中标等诸多义务，要求当事人遵守，并规定了相应的罚则。

1.2.3 工程招投标违法行为及法律责任

招投标活动必须依法实施，任何违法行为都要承担法律责任。《招标投标法》明确规定了应承担的法律责任；《招标投标法实施条例》进一步细化了违法行为和法律责任。

1.2.3.1 招标人违法行为及其法律责任

(1)规避招标

①规避招标的表现。任何单位和个人不得将依法必须进行招标的项目化整为零或者以其他任何方式规避招标。按照《招标投标法》和《招标投标法实施条例》的规定，凡依法应公开招标的项目，采取化整为零或弄虚作假等方式不进行公开招标的，或不按照规定发布资格预审公告或者招标公告且又构成规避招标的，都属于规避招标的情况。

②对规避招标的处理。必须进行招标的项目而不招标的，将必须进行招标的项目化整为零或者以其他任何方式规避招标的，责令限期改正，可以处项目合同金额5‰以上10‰以下的罚款；对全部或者部分使用国有资金的项目，可以暂停项目执行或者暂停资金拨付；对单位直接负责的主管人员和其他直接责任人员依法给予处分，是国家工作人员的，依法给予记过或者记大过、降级或者撤职、开除处分，构成犯罪的，依法追究刑事责任。

(2)限制或排斥潜在投标人或者投标人

①限制或排斥潜在投标人或者投标人的表现。招标人有下列行为之一的，属于以不合理的条件限制、排斥潜在投标人或者投标人：

a. 就同一招标项目向潜在投标人或者投标人提供有差别的项目信息；

b. 设定的资格、技术、商务条件与招标项目的具体特点和实际需要不相适应或者与合同履行无关；

c. 对依法必须进行招标的项目，以特定行政区域或者特定行业的业绩、奖项作为加分条件或者中标条件；

d. 对潜在投标人或者投标人采取不同的资格审查或者评标标准；

e. 限定或者指定特定的专利、商标、品牌、原产地或者供应商；

f. 对依法必须进行招标的项目，非法限定潜在投标人或者投标人的所有制形式或者组织形式；

g. 以其他不合理的条件限制、排斥潜在投标人或者投标人。

②对限制或排斥潜在投标人或者投标人的处理。招标人以不合理的条件限制或者排斥潜在投标人或者投标人的，对潜在投标人或者投标人实行歧视待遇的，强制要求投标人组成联合体共同投标的，或者限制投标人之间竞争的，责令改正，可以处1万元以上5万元以下的罚款。

(3)违法招标

招标人有下列情形之一的，由有关行政监督部门责令改正，可以处10万元以下的罚款：

①依法应当公开招标而采用邀请招标；

②招标文件、资格预审文件的发售、澄清、修改的时限，或者确定的提交资格预审申请文件、投标文件的时限不符合《招标投标法》和《招标投标法实施条例》规定；

③接受未通过资格预审的单位或者个人参加投标；

④接受应当拒收的投标文件。

招标人有上述第①、③、④项所列行为之一的，对单位直接负责的主管人员和其他直接责任人员依法给予处分。

(4)招标人违规与保证金退还

招标人超过《招标投标法实施条例》规定的比例收取投标保证金、履约保证金或者不按照规定退还投标保证金及银行同期存款利息的，由有关行政监督部门责令改正，可以处5万元以下的罚款；给他人造成损失的，依法承担赔偿责任。

(5)违法组建评标委员会

依法必须进行招标的项目的招标人不按照规定组建评标委员会，或者确定、更换评标委员会成员违反《招标投标法》和《招标投标法实施条例》规定的，由有关行政监督部门责令改正，可以处10万元以下的罚款，对单位直接负责的主管人员和其他直接责任人员依法给予处分；违法确定或者更换的评标委员会成员作出的评审结论无效，依法重新进行评审。

(6)不按规定确定中标人或者不签订合同

依法必须进行招标的项目的招标人有下列情形之一的，由有关行政监督部门责令改正，可以处中标项目金额10‰以下的罚款；给他人造成损失的，依法承担赔偿责任；对单位直接负责的主管人员和其他直接责任人员依法给予处分：

①无正当理由不发出中标通知书；

②不按照规定确定中标人；

③中标通知书发出后无正当理由改变中标结果；

④无正当理由不与中标人订立合同；

⑤在订立合同时向中标人提出附加条件。

(7)不按规定签订合同

招标人和中标人不按照招标文件和中标人的投标文件订立合同，合同的主要条款与招标文件、中标人的投标文件的内容不一致，或者招标人、中标人订立背离合同实质性内容的协议的，由有关行政监督部门责令改正，可以处中标项目金额5‰以上10‰以下的罚款。

(8)不依法对异议作出答复

招标人不按照规定对异议作出答复，继续进行招标投标活动的，由有关行政监督部门责令改正，拒不改正或者不能改正并影响中标结果的，招标、投标、中标无效，应当依法重新招标或者评标。

1.2.3.2 投标人违法行为及其法律责任

(1)串通投标以及为谋取中标而行贿

投标人相互串通投标或者与招标人串通投标的，投标人向招标人或者评标委员会成员行贿谋取中标的，投标人有下列行为之一的，属于情节严重行为，由有关行政监督部门取消其一年至二年内参加依法必须进行招标的项目的投标资格：

①以行贿谋取中标；

②三年内两次以上串通投标；

③串通投标行为损害招标人、其他投标人或者国家、集体、公民的合法利益，造成直接经济损失30万元以上；

④其他串通投标情节严重的行为。

对上述行为处罚如下：中标无效；构成犯罪的，依法追究刑事责任；尚不构成犯罪的，处中标项目金额5‰以上10‰以下的罚款。投标人未中标的，对单位的罚款金额按照招标项目合同金额依照《招标投标法》规定的比例计算。

"情节特别严重的"，即投标人自上述情节严重行为处罚执行期限届满之日起三年内又有所列违法行为之一的，或者串通投标、以行贿谋取中标情节特别严重的，由工商行政管理机关吊销营业执照。法律、行政法规对串通投标报价行为的处罚另有规定的，从其规定。

(2)弄虚作假

投标人以他人名义投标或者以其他方式弄虚作假骗取中标的，中标无效；构成犯罪的，依法追究刑事责任；尚不构成犯罪的，处中标项目金额5‰以上10‰以下的罚款。依法必须进行招标的项目的投标人未中标的，对单位的罚款金额按照招标项目合同金额依照《招标投标法》规定的比例计算。

投标人有下列行为之一的，属于情节严重行为，由有关行政监督部门取消其一年至三年内参加依法必须进行招标的项目的投标资格：

①伪造、变造资格、资质证书或者其他许可证件骗取中标；

②三年内两次以上使用他人名义投标；

③弄虚作假骗取中标，给招标人造成直接经济损失30万元以上；

④其他弄虚作假骗取中标情节严重的行为。

投标人自上述情节严重行为处罚执行期限届满之日起三年内又有所列违法行为之一的，或者弄虚作假骗取中标情节特别严重的，由工商行政管理机关吊销营业执照。

(3)违反资质许可

出让或者出租资格、资质证书供他人投标的,依照法律、行政法规的规定给予行政处罚;构成犯罪的,依法追究刑事责任。

1.2.3.3 评标委员会违法行为及其法律责任

(1)参与评标违规

评标委员会成员有下列行为之一的,由有关行政监督部门责令改正;情节严重的,禁止其在一定期限内参加依法必须进行招标的项目的评标;情节特别严重的,取消其担任评标委员会成员的资格:

①应当回避而不回避;

②擅离职守;

③不按照招标文件规定的评标标准和方法评标;

④私下接触投标人;

⑤向招标人征询确定中标人的意向,或者接受任何单位或个人明示或者暗示提出的倾向,或者排斥特定投标人的要求;

⑥对依法应当否决的投标不提出否决意见;

⑦暗示或者诱导投标人作出澄清、说明或者接受投标人主动提出的澄清、说明;

⑧其他不客观、不公正履行职务的行为。

(2)收受投标人的财物或者其他好处

评标委员会成员收受投标人的财物或者其他好处的,没收收受的财物,可以并处3000元以上5万元以下的罚款,取消其担任评标委员会成员的资格,不得再参加依法必须进行招标的项目的评标;构成犯罪的,依法追究刑事责任。

1.2.3.4 中标人违法行为及其法律责任

(1)不按规定签订合同

中标人无正当理由不与招标人订立合同,在签订合同时向招标人提出附加条件,或者不按照招标文件要求提交履约保证金的,取消其中标资格,投标保证金不予退还。对依法必须招标的项目的中标人,由有关行政监督部门责令改正,可以处中标项目金额10‰以下的罚款。

(2)转包和违法分包

中标人将中标项目转让给他人的,将中标项目肢解后分别转让给他人的,违反《招标投标法》和《招标投标法实施条例》规定将中标项目的部分主体、关键性工作分包给他人的,或者分包人再次分包的,转让、分包无效,处转让、分包项目金额5‰以上10‰以下的罚款;有违法所得的,并处没收违法所得;可以责令停业整顿;情节严重的,由工商行政管理机关吊销营业执照。

(3)中标人不履行合同或者不依约履行合同

中标人不履行与招标人订立的合同的,履约保证金不予退还,给招标人造成的损失超过履约保证金数额的,还应当对超过部分予以赔偿;没有提交履约保证金的,应当对招标人的损失承担赔偿责任。中标人不按照与招标人订立的合同履行义务,情节严重的,有关行政监督部门取消其二年至五年内参加招标项目的投标资格并予以公告,直至由工商行政管理机关吊销营业执照。因不可抗力不能履行合同的,不适用上述规定。

1.2.3.5 其他相关部门和人员违法行为及其法律责任

(1)违法投诉

投标人或者其他利害关系人捏造事实、伪造材料或者以非法手段取得证明材料进行投诉，给他人造成损失的，依法承担赔偿责任。

(2)行政部门不依法履行职责

项目审批、核准部门不依法审批、核准项目招标范围、招标方式、招标组织形式的，对单位直接负责的主管人员和其他直接责任人员依法给予处分。

有关行政监督部门不依法履行职责，对违反《招标投标法》和《招标投标法实施条例》规定的行为不依法查处，或者不按照规定处理投诉、不依法公告对招标投标当事人违法行为的行政处理决定的，对直接负责的主管人员和其他直接责任人员依法给予处分。项目审批核准部门和有关行政监督部门的工作人员徇私舞弊、滥用职权、玩忽职守，构成犯罪的，依法追究刑事责任。

(3)国家工职人员违法行为

国家工职人员利用职务便利，以直接或者间接、明示或者暗示等任何方式非法干涉招标投标活动，有下列情形之一的，依法给予记过或者记大过处分；情节严重的，依法给予降级或者撤职处分；情节特别严重的，依法给予开除处分；构成犯罪的，依法追究刑事责任：

①要求对依法必须进行招标的项目不招标，或者要求对依法应当公开招标的项目不公开招标；

②要求评标委员会成员或者招标人以其指定的投标人作为中标候选人或者中标人，或者以其他方式非法干涉评标活动，影响中标结果；

③以其他方式非法干涉招标投标活动。

(4)招标代理机构违法行为

泄露应当保密的与招标投标活动有关的情况资料；招标代理机构与招标人、投标人串通损害国家利益、社会公共利益或者他人合法权益的行为，应当承担法律责任；在所代理的招标项目中投标、代理投标或者向该项目的投标人提供咨询的，接受委托编制标底的中介机构参加受托编制标底项目的投标或者为该项目投标人编制投标文件、提供咨询的，处 5 万元以上 25 万元以下的罚款，对单位直接负责的主管人员和其他直接责任人员处单位罚款数额 5‰以上 10‰以下的罚款。有违法所得的，并处没收违法所得；情节严重的，禁止其一年至二年内代理依法必须进行招标的项目并予以公告，直至由工商行政管理机关吊销营业执照；构成犯罪的，依法追究刑事责任；给他人造成损失的，依法承担赔偿责任。

1.3 工程合同相关知识

1.3.1 工程合同的概念、作用及生命周期

1.3.1.1 工程合同的概念

合同是指民事主体之间设立、变更、终止民事法律关系的协议，由《中华人民共和国民法典》(以下简称《民法典》)所调整。《民法典》第三编对各类型的合同均作出了规定。

本书中的"工程"是建设工程，主要是指建筑工程、土木工程、机电工程等。工程合同有广

义和狭义之分。

狭义的工程合同是指《民法典》第七百八十八条规定:建设工程合同是承包人进行工程建设,发包人支付价款的合同,包括工程勘察、设计、施工合同。

广义的工程合同是指在工程的建设过程中涉及的各种合同,包括项目融资合同、勘察设计合同、工程承发包合同、工程咨询(如造价咨询、招标代理、监理、项目管理、代建)合同、材料和设备采购供应合同、工程承发包联合体合同、专业分包合同、保险合同等。

本书所指的工程合同就是广义的工程合同。

1.3.1.2 工程合同的作用

(1) 双方的最高行为法律准则

签订合同是双方的民事行为。合同一经签订,只要合法,就成为一份法律文件,效力是处在第一位的。双方按合同内容承担相应的义务,享有相应的权利;双方都必须按合同办事,用合同规范自己的行为。

在工程实施中,如果一方违约,不能履行合同义务,甚至单方撕毁合同,不仅会造成自己的损失,而且会殃及合同伙伴和工程其他参加者,甚至会造成整个工程的中断,因此违约方必须接受经济处罚,甚至法律处罚。除了特殊情况(如不可抗力等)使合同不能实施外,合同当事人即使亏损,甚至破产,也不能摆脱这种法律约束力。

如果没有合同和合同的法律约束力,就不能保证工程的各方参与者在工程的各个方面、工程实施的各个环节中都按时、按质、按量地完成自己的工作,就不会有正常的工程施工秩序,就不可能顺利地实现工程总目标。

(2)确定了工程项目管理的主要目标

工程建设合同在工程实施前签订,它确定了工程所要达到的目标以及与目标相关的所有主要的和具体的问题。例如,工程建设施工合同确定的工程目标主要有以下三个方面:

①工程质量要求、规模和范围。包括详细的、具体的质量、技术和功能等方面的要求,如建筑材料、设计、施工等质量标准、技术规范、建筑面积、项目要达到的生产能力等。

②工期要求。包括工程开始、工程结束以及工程中的一些主要活动的具体日期等。

③价格依据。包括工程总价格,各分项工程的单价和总价、支付形式和支付时间等,是合同双方在工程中实施各种经济活动的依据。

(3)联系起参与工程建设各方

合同将工程所涉及的生产、材料和设备供应、运输、各专业施工的分工协作关系联系起来,协调并统一工程各方参与者的行为。

(4)合同是工程建设过程中双方争执解决的依据

由于双方经济利益是不一致的,因此在工程建设过程中发生争执是难免的。合同对争执的解决有两个决定性作用,一是争执的判定以合同作为法律依据,即以合同条文判定争执的性质,谁对争执负责,应负什么样的责任等;二是争执的解决方法和解决程序由合同规定。

1.3.1.3 工程合同的生命周期

对于一个工程项目中的一份合同,有起点和终点,都存在从合同成立、生效到合同终止的生命周期。

从招标开始至合同签订,是合同的形成阶段,从合同签订到合同终止是合同的履行阶段。任何一份工程合同从开始签订直到合同责任全部完成,都经历了形成和履行两个阶段,通常都有几年时间。合同管理必须在合同的整个生命周期中进行，在合同的不同阶段，有不同的管理任务和重点。

1.3.2 工程合同管理的法律基础

1.3.2.1 合同法律基础的作用

按照合同的法律原则，工程合同的签订和实施是一个法律行为，受到一定的法律制约和保护。该法律被称为合同的法律基础或法律背景，它对工程合同有如下作用：

(1)合同在其签订和实施过程中受到这个法律的制约和保护。该合同的有效性和合同签订与实施带来的法律后果按这个法律判定。该法律保护当事人各方的合法权益。

(2)对一份有效的工程合同，合同作为双方的第一行为准则。如果出现合同规定以外的情况，或出现合同本身不能解决的争执，或合同无效，则需要明确解决这些问题所依据的法律和程序，以及这些法律条文在应用和执行中的优先次序。

(3)合同的法律基础是工程合同的先天特性，对合同的签订、执行及合同争执的解决常常起决定性作用。

1.3.2.2 工程合同法系的分类

工程合同是民事关系行为，由相关方自由约定，所以属于国际私法的范畴。国际私法对跨国关系没有定义适用的法律，即国际上没有统一适用的合同法。对此，只有找合同双方的连接点。按照惯例，通常采用合同执行地、工程所在国、当事人的国籍地、合同签字地、诉讼地等的法律适用于合同关系。

(1)判例法系

该法系源于英国，以英国和美国为主，又叫英美法系。原来的 FIDIC 合同以此法系为基础。判例法的主要特点有：

①判例法的法律规定不单是写在法律条文和细则上，要了解法律的规范和规律(精神)，不仅要看法律条文，还要综合过去典型案例的裁决。

②对于民事关系行为，合同是第一性的，是最高法律。所以，在此法系中，合同条文的逻辑关系和法律责任描述及推理要十分严谨、合同约定要十分具体，条件严密，文字准确，合同附件多。在该法系中，合同自成体系，条款之间互相关联和互相制约。

③由于判例对合同解释和争执的解决有特殊的作用，国家有时会颁布或取消某些典型的、值得仿效的判例，因此，律师和法官熟悉过去的判例十分重要。

④在争议裁决时更注重合同的文字表达。由于这个特点，在国际上最著名的、比较完备和成熟的工程合同标准文本都出自英国或美国，国际工程中典型的判例通常也都出自该法系的国家。

(2)成文法系

该法系源于法国，又叫大陆法系。法国、德国、中国、印度等以成文法系为主，其特点是：

①国家对合同的制定和执行有具体的法律法规、条例和细则的规定，在不违反这些规定的基础上，合同双方再约定合同条件。如果有抵触，则以国家的法律法规为准。

②由于法律比较细致，所以合同的条款比较短小。如果合同中有漏洞、不完备，则以国家法律和细则为准。

③成文法的合同争执裁决以合同文字、国家成文的法律和细则作为依据，也应注重实事求

是、合同的目的和合情合理原则。

由于国际工程越来越多，大量属于不同法系的承包商和业主在项目上合作，促使现代工程合同示范文本必须是两个法系的结合。

1.3.2.3　工程合同适用的法律

(1)国际工程合同适用的法律

在国际工程中，合同双方来自不同的国家或地区，各自有不同的法律背景，因而对国际工程合同不存在统一适用的法律，对同一合同有不同的法律背景和解释，导致合同实施过程混乱且争执解决困难。对此，必须在合同中定义适用于合同关系的法律，双方必须就适用于合同关系的法律达成一致。选择国际工程合同适用的法律时常遇到如下几种情况：

①合同双方都希望以自己本国法律作为合同的法律基础，因为自己熟悉本国法律，对合同行为的法律后果很清楚，合同风险较小。如果发生争执，也无须花过多的时间和精力进行法律方面的检查，在合同实施过程中自己处于有利地位。

②如果采用本国法律的要求被否决，最好使用第三国(工业发达国家，如瑞士、瑞典等国)的法律作为合同的法律基础。因为这些国家的法律比较健全、严密，而且作为第三方，有公正性。这样，合同双方地位比较平等，争执的解决比较公正。

③在招标文件中，发包人(业主或总承包人)常常凭借他们的主导地位来使自己国家的法律适用于合同关系，这样可以保证他们在合同实施过程中在法律上处于有利地位，而且这在合同谈判时往往难以修改，因为发包人不作让步。这已成为一个国际工程惯例，如果遇到重大争执，对承包人的地位极为不利。所以，承包人从投标一开始就必须清楚这点，并了解该国法律的一般原则和特点，使自己的思维和行动适应这种法律背景。

④如果合同中没有明确规定合同关系所适用的法律，那么按国际惯例，一般采用合同签字地或项目所在地(即合同执行地)的法律作为合同的法律基础。

⑤对工程总承包合同，通常工程所在地国家的法律适用于合同关系，而工程分包合同选用的法律基础可以和总承包合同一致。但也有总承包商在分包工程招标文件中规定，以总承包人所属国的法律作为分包合同的法律基础。

当然，在国际工程中，合同和合同实施不得违反工程所在国的各种法律，如《民法典》《外汇管制法》《劳工法》《环境保护法》《海关法》《进出口管制法》《出入境管理办法》等。

(2)我国工程合同适用的法律体系

当然，在我国境内实施的工程合同都必须以我国的法律作为基础。对工程合同，我国有一整套法律制度，包括法律、行政法规、部门规章、地方性法规和地方部门规章等层次。

工程合同的种类繁多，有在《民法典》中列名的，也有未列名的。不同的工程合同，适用的法律的内容和执行次序不一样。

①工程施工合同。适用于它的法律及执行次序为工程施工合同、《民法典》。如果在合同的签订和实施过程中出现争执，先按合同文件解决；如果解决不了(如争执超过合同范围)，则按照《民法典》的规定解决。

②建设工程咨询类合同。如建设工程勘察设计合同、监理合同、工程造价咨询合同等，它与工程施工合同相似，适用于它的法律和执行次序为建设工程咨询类合同、《民法典》。

③工程承包联合体合同。它在性质上不同于一般的经济合同，它的目的是联合体，适用于它的法律及执行次序为工程承包联合体合同、《民法典》。

④工程中的其他合同，如材料和设备采购合同、加工合同、运输合同、借款合同等，适用于它们的法律及执行次序为合同、《民法典》。

除了上述法律外，由于建设工程是一个非常复杂的社会生产过程，在工程合同的签订和实施过程中还会涉及许多法律问题，因此还适用其他相关的法律，主要包括《中华人民共和国建筑法》、涉及合同主体资质管理的法规、建筑市场管理法规、建筑工程质量管理法规、合同争执解决方面的法规、工程合同签订和实施过程中涉及的其他法律，如《中华人民共和国城乡规划法》《中华人民共和国劳动法》《中华人民共和国环境保护法》《中华人民共和国保险法》《中华人民共和国担保法》《中华人民共和国文物保护法》《中华人民共和国土地管理法》《中华人民共和国安全生产法》等。

1.3.3 工程合同关系及合同体系

工程项目经可行性研究、勘察设计和工程施工等阶段，可分解为建筑、土建、水电、机械设备、通信等专业工程的设计和施工活动，需要各种材料、设备、资金和劳动力供应。一个工程项目所有的设计、施工活动和专业化分工，其参加单位有十几个或几十个，甚至成百上千个。它们之间形成各式各样的经济关系，这种关系的纽带是合同。所以，各式各样的合同形成一个复杂的合同体系。国外又把合同体系称为合同网络。

1.3.3.1 业主的主要合同关系

业主作为工程（或服务）的买方，是工程的所有者，可能是政府、企业、其他投资者，或者是几个企业的组合（合资或联营体），或是政府与企业的组合[如合资项目、BOT（Build-Operate-Transter，建设—经营—转让）项目]。业主根据对工程的要求，确定工程项目的总目标。工程总目标是通过许多工程活动的实施来实现的，如工程的勘察、设计、各专业的施工、设备和材料的供应、咨询（可行性研究、技术咨询工作）和项目管理等工作。业主通过合同将这些工作委托出去以实施项目，实现项目的总目标。按照不同的项目实施策略，业主签订的合同种类和形式是丰富多样的。签订合同的数量变化也很大，通常有如下几种类型：

（1）工程承包合同

任何一个工程都必须有工程承包合同。一份承包合同所包括的工程或工作范围会有很大的差异。业主可以采用不同的工程承发包模式，可以将工程施工分专业、分阶段委托，也可以将上述工作以各种形式合并委托，还可以采用“设计—采购—施工”总承包模式。一个工程可能有一份或几份，甚至几十份承包合同。

（2）勘察、设计合同

业主与勘察单位签订勘察合同，与设计单位签订设计合同，勘察设计单位负责地质勘查和技术设计工作。

（3）物资采购供应合同

由业主负责提供的材料和设备的工程，业主必须与有关的材料和设备供应单位签订采购合同。在一个工程中，业主可以签订许多采购合同，也可以把材料委托给工程承包商采购，把整个设备供应委托给一个成套设备供应企业。

（4）工程咨询服务合同

现代工程中，项目管理的模式是丰富多样的，如业主自己管理，或聘请工程师管理或业主代表与工程师共同管理，或采用 CM（Construction Management，建设管理）模式。项目管理合同的工作范围可能有可行性研究、设计监理招标代理、造价咨询和施工监理等一项或几项。完成全部工作，即由一个项目管理公司负责整个项目管理工作。

其他合同，例如贷款合同，即业主与金融机构（如银行）签订的合同，后者向业主提供资金；又如由业主负责签订的工程保险合同等。

在工程中，业主的主要合同关系如图1-1所示。与业主签订的合同通常被称为主合同。

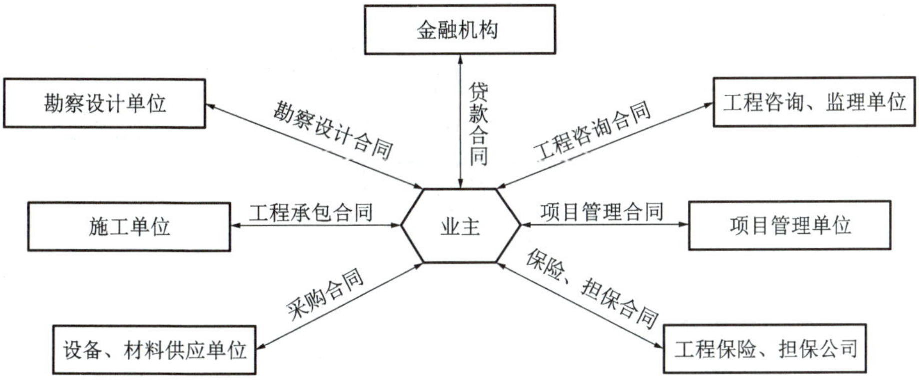

图1-1 业主的主要合同关系

1.3.3.2 承包商的主要合同关系

承包商是工程承包合同的执行者，通过劳动力、施工设备、材料、管理人员完成承包合同所确定的工程范围的设计施工、竣工和缺陷维修任务。承包商不可能具备承包合同范围内所有专业工程的施工能力，以及材料和设备的生产和供应能力，它也同样必须将许多专业工程或工作委托出去。所以，承包商常常也有自己复杂的合同关系。

（1）工程分包合同

承包商将自己承包工程中的某些专业工程的施工分包给另一个承包商来完成，与它签订分包合同。承包商在承包合同下可能订立许多工程分包合同。

（2）采购加工合同

承包商为工程所进行的必要的材料和设备的采购和供应，必须与供应商签订采购合同；承包商将建筑构配件、特殊构件的加工任务委托给加工承揽单位，并签订加工合同。

（3）劳务供应合同

劳务供应合同是指承包商与劳务供应商签订的合同，由劳务供应商向工程提供劳务。

（4）租赁合同

在工程中，承包商需要许多施工设备、运输设备、周转材料。当有些设备、周转材料在现场使用率较低，或承包商不具备自行购置设备的资金实力时，可以采用租赁方式，与租赁单位签订租赁合同。

（5）其他相关合同

例如，运输合同是承包商为解决材料和设备的运输问题而与运输单位签订的合同；又如，承包商因承包合同要求对工程进行保险，而与保险公司签订保险合同。

上述承包商的主要合同关系如图1-2所示。在主合同范围内承包商签订的这些合同被称为分合同。它们都与工程承包合同相关，都是为了完成承包合同义务而签订的。

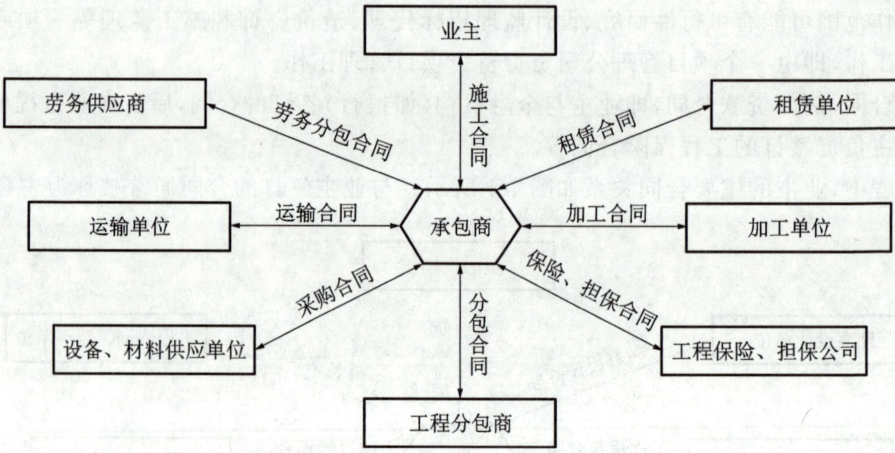

图 1-2 承包商的主要合同关系

1.3.3.3 工程其他相关合同关系

在实际工程中还可能有以下情况：

(1)有些工程项目是通过合资或项目融资模式建设的，则工程投资者之间会有合资合同或项目融资合同。

(2)在采用项目融资模式建设的公共工程中，由投资者组成的项目公司必须与政府之间签订特许权协议，如 BOT 合同。

(3)在国际上业主和承包商还可以签订伙伴关系合同。

(4)设计单位、各供应单位也可能存在各种形式的分包合同。

(5)如果承包商承担工程(或部分工程)的设计(如"设计—采购—施工"总承包)，则它有时也必须委托设计单位签订设计合同。

(6)如果工程付款条件苛刻，要求承包商带资承包，则它必须借款，与金融单位订立借(贷)款合同。

(7)在许多大型工程中，尤其是在业主要求总承包的工程中，承包商经常是几个企业的联营体，即联营体承包。若干家承包商(最常见的是设备供应商、土建承包商、安装承包商、勘察设计单位)之间订立联营体合同，联合投标，共同承接工程。

(8)工程中还会有担保合同。

1.3.3.4 工程合同体系的组成

按照上述分析和项目任务的结构分解，可以得到不同层次、不同种类的合同，它们共同构成该工程项目的合同体系(图 1-3)。

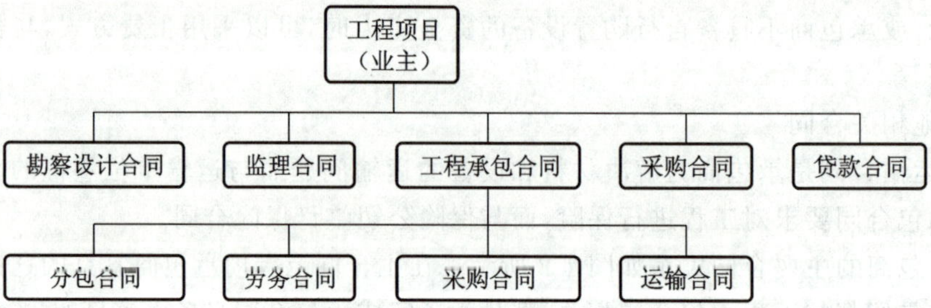

图 1-3 工程项目的合同体系

在一个工程中，这些合同都是为了完成业主的工程项目总目标，都必须围绕这个目标签订和实施。这些合同之间存在着复杂的内部联系。在现代工程中，由于合同策略是多样化的，所以合同关系和合同体系也是十分复杂和不确定的。例如，在某工程中，业主是由中外三个投资方通过签订合资合同共同组成的，总承包方又是中外三个承包企业通过签订联营体合同组成的联营体，在总承包合同下又有十几个分包商和供应商，因此，构成一个极为复杂的工程合同关系。

工程项目的合同体系在项目管理中也是一个非常重要的概念，它从一个重要角度反映了项目的形象，对整个项目管理的运作有很大的影响。

(1)它反映了项目任务的范围和划分方式。

(2)它反映了项目所采用的承发包模式和管理模式。对业主来说，工程项目是通过合同运作的。工程项目的合同体系反映了项目的运作方式。

(3)它在很大程度上决定了项目的组织形式，因为不同层次的合同常常决定了合同实施者在项目组织结构中的地位。

1.3.3.5　合同体系协调的内容

在工程项目中，这个合同网络的建立和协调是十分重要的，要保证项目的顺利实施，就必须对此作出周密的计划和安排。在实际工作中，因这方面的不协调而造成的工程失误是很多的。合同之间关系的安排及协调通常包含以下几方面内容。

(1)技术上的协调

通常，技术上的协调包括很复杂的内容，一般有以下几方面：

①几个主合同之间设计标准的一致性，如土建、设备、材料、安装等应有统一的质量、技术标准和要求。各专业工程之间，如建筑、结构、水、电、通信之间应有很好的协调。在建设项目中，建筑师常常作为技术协调的中心。

②分包合同必须按照总承包合同的条件订立，全面反映总承包合同的相关内容。采购合同的技术要求必须符合承包合同中的技术规范。总承包合同风险要反映在分包合同中，由相关的分包人承担。为了保证总承包合同的圆满完成，分包合同一般比总承包合同的条款更为严格、周密和具体，对分包单位有更为严格的要求，所以分包商的风险更大。

③各合同所定义的专业工程之间应有明确的界面与合理的搭接。例如，供应合同与运输合同、土建合同和安装合同、安装合同和设备供应合同之间存在责任界面和搭接。界面上的工作容易遗漏，从而产生争执。

各合同只有在技术上协调，才能共同构成符合总目标的工程技术系统。

(2)价格上的协调

一般在总承包合同估价前，应向各分包商(供应商)询价或进行洽谈。进行总包报价时，应在分包报价的基础上考虑管理费等因素。所以，分包报价水平常常又直接影响总包报价水平和竞争力。

对于大的分包(或供应)工程，如果时间来得及，也应进行招标，通过竞争降低价格。

作为总承包商，周围最好有一批长期合作的分包商和供应商作为忠实的伙伴。这是具有战略意义的，可以确定一些合作原则和价格水准，保证分包价格的稳定性。

对承包商来说，由于与业主的合同先签订，而与分包商和供应商的合同后签订，一般在签订承包合同前先向承包商和供应商询价；待承包合同签订后，再签订分包合同和供应合同。要防止在询价时分包商报低价，而待承包商中标后又报高价，特别是询价时对合同条件未来得及细谈,分包商有时找些理由提高价格。一般可先签订分包意向书,既要确定价格,又要留有余地,防止总承包合同不能签订。

(3)时间上的协调

由各个合同所确定的工程合同不仅要求与项目计划(或总承包合同)的时间一致,而且它们之间在时间上要协调,即各种工程合同形成一个有序的、有计划的实施过程。例如,设计图供应与施工,设备、材料供应与运输,土建和安装施工,工程交付和运行等之间应合理搭配。

每一个合同都定义了许多工程活动,形成了各自的子网络。它们又一起形成了一个项目的总网络。常见的设计图拖延、材料设备供应脱节等都是这种不协调的表现。例如,某工程主楼基础工程施工尚未开始,而供热的锅炉设备已提前到货,要在现场停放两年才能安装,这不仅占用大量资金和现场场地,增加保管费,而且超过了设备的保修期。由此可见,签订各份合同要有统一的时间安排。解决这种协调问题的一个比较简单的方法是在一张横道图或网络图上标出相关合同所定义的里程碑事件和它们的逻辑关系,这样便于计划、协调和控制。

(4)组织上的协调

在实际工程中,由于合同体系中的各个合同并不是同时签订的,执行时间也不一致,而且常常也不是由同一部门管理的,所以它们的协调更为重要。这个协调不但在签约阶段,而且在工程施工阶段都要重视;不仅是合同内容的协调,还是职能部门管理过程的协调。例如,承包商签订一份供应合同前,必须在总承包合同技术文件分析后提出供应的数量和质量要求,向供应商询价,或签订意向书;供应时间按总承包合同施工计划确定;付款方式和时间应与财务人员商量;供应合同签订前后,应就运输等合同作出安排,并报财务备案,以便做资金计划或划拨款项;施工现场应就材料的进场和储存作出安排。这样可形成一个有序的管理过程。

1.3.4 工程合同管理的基本原理

1.3.4.1 工程合同管理的概念与目标

(1)合同管理的概念

合同管理是对工程项目中相关合同的策划、签订、履行、变更、索赔和争议解决的管理,它是综合性的、全面的、高层次的、高度准确的、严密的、精细的管理工作。

(2)合同管理的目标

合同管理是为项目总目标和企业总目标服务的,保证项目总目标和企业总目标的实现。具体地说,合同管理的目标包括:

①使整个工程项目在预定的成本(投资)和工期范围内完成,达到预定的质量和功能要求,实现工程项目的三大目标。

②使项目的实施过程顺利。合同争执较少,合同各方能互相协调,并能够圆满地履行合同义务。

③保证整个工程合同的签订和实施过程符合法律的要求。

成功的合同管理,还要在工程结束时使双方都感到满意。最终业主按计划获得了一项合格的工程,达到投资目的,对工程、承包商和双方的合作感到满意;承包商不但获得了合理的价格和利润,而且赢得了信誉,建立了双方友好的合作关系。这是企业经营管理和发展战略对合同管理的要求。

1.3.4.2 工程合同管理的特点

合同管理的特点是由工程、工程项目和项目管理的特殊性决定的。

(1)合同实施过程十分复杂

由于工程项目是一个渐进的过程,持续时间长,这使得相关的合同,特别是工程承包合同生命周期长。它不仅包括签约后的设计、施工等周期,而且包括签约前的招投标和合同谈判周期,以及工程竣工后的缺陷责任期。国家规定缺陷责任期最长为两年,有的发包人要求长达五年或更长的时间。要完整地履行一个承包合同,必须完成几百个甚至几千个相关的工程活动。在整个过程中,稍有疏忽就会导致前功尽弃,造成经济损失。所以,合同管理必须与工程项目的实施过程同步且连续、不间断地进行。

(2)合同管理对工程经济效益影响大

由于工程价值量大、合同价格高,使得合同管理对工程经济效益影响很大。合同管理得好,可使承包商避免亏损,赢得利润,否则承包商就要蒙受较大的经济损失。这已被许多工程实践所证明。在现代工程中,由于竞争激烈,本来合同价格中包含的利润就少,若合同管理稍有失误,就会导致工程项目亏损。

(3)合同管理具有多种学科交叉的属性

工程合同管理是工程技术与经济管理的结合。由于工程合同在工程中特殊的作用和它本身具有综合性特点,使得合同管理整个知识体系涉及企业管理和工程项目管理的各个方面,与工程的报价、进度计划、质量管理、范围管理、信息管理等都有关系。合同管理是工程管理知识体系的结合体,所需知识互相联系。

工程合同管理又是法律与工程的结合,合同的语言和格式有法律的特点,这使得工程专业相关人员在思维方式,甚至在语言上难以适应。但对法律专业人员来说,合同又具有工程的特点,它要描述工程管理程序,在语言和风格上需要符合工程实施的要求。

(4)合同关系与合同条件复杂

由于现代工程有许多特殊的融资模式、承发包模式和管理模式,工程的参加单位和协作单位多,即使一个简单的工程也涉及十几家单位甚至几十家单位,因此合同关系十分复杂,形成了一个严密的合同体系。现代工程合同条件越来越复杂,不仅表现在合同条款多、合同文件多上,而且还表现在与主合同相关的其他合同多上。

(5)合同管理受外界环境影响大

合同管理涉及面广,受外界环境影响大、风险大,如经济、社会、法律和自然条件的变化等。这些因素中的任何一方都难以预测,不能控制,会妨碍合同的正常实施,造成经济损失。

1.3.4.3 工程合同管理的主要工作

(1)合同管理的工作流程

合同管理作为项目管理的一项职能,有自己独特的工作任务与过程。在现代工程项目管理中,合同管理的工作流程如图 1-4 所示。

合同管理贯穿于工程项目的决策、计划、实施和结束的全过程。合同总体策划、合同签约管理、合同分析、合同实施控制、合同后评价等构成工程项目的合同管理子系统。

①合同总体策划

在工程项目的开始阶段,必须对与工程相关的合同进行总体策划。首先应确定根本性和方向性的内容,对整个工程、整个合同的签订和实施有重大影响的问题进行研究和选择,以决

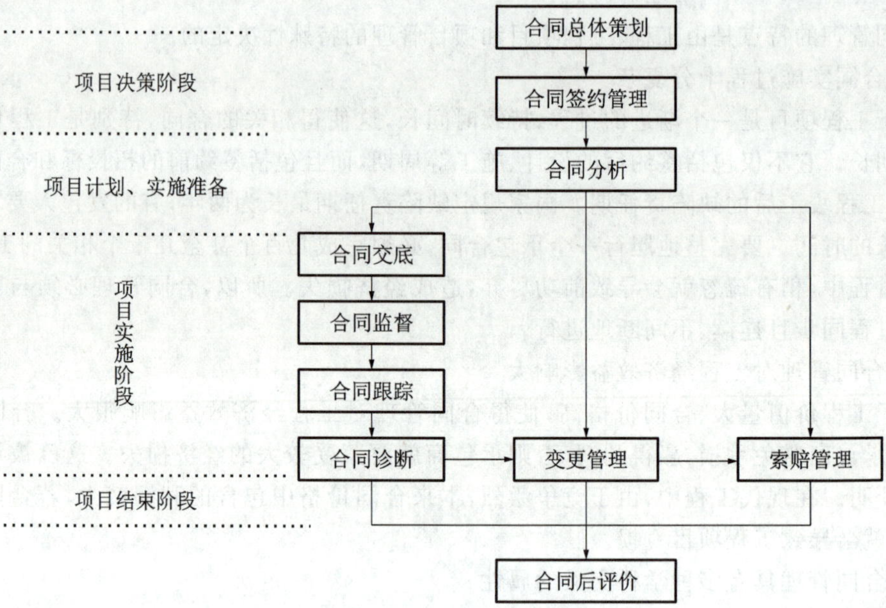

图 1-4　工程合同管理的工作流程

定具体项目的合同体系、合同类型、合同风险的分配及各个合同之间的协调等。合同总体策划的目标是通过合同保证项目总目标的实现，它必须反映建筑工程项目战略和企业战略，反映企业的经营指导方针和根本利益。合同总体策划主要确定以下重大问题：

a. 如何将项目分解成几个独立的合同？每个合同有多大的工程范围？

b. 采用怎样的委托方式和承包方式？

c. 采用怎样的合同种类、形式及条件？

d. 合同中一些重要条款的确定。

e. 合同签订和实施过程中一些重大问题的决策。

f. 与工程项目相关的各个合同在价格上、时间上、组织上、技术上的协调等。

②合同签约管理

合同签约前都要进行合同谈判。工程合同谈判的主要内容是在保证招标要求和中标结果的基础上，谈判合同细节。双方在招标文件的具体化或细节上做某些增补与删改，对价格和所有合同条款进行法律认证，最终订立一份对双方都有法律约束力的合同文件。

a. 谈判准备

合同谈判的结果直接关系到合同条款的订立是否对己方有利。因此，在合同正式谈判开始前，合同各方应深入细致地做好充分的思想准备、组织准备、资料准备等，为合同谈判最后的成功奠定基础。

b. 缔约谈判

(a)初步洽谈。初步洽谈就是要做好市场调查、签约资格审查、信用审查等工作。如果双方通过初步的洽谈了解到的资料及信息同各自所要达到的预期目标相符，就可以为下一阶段的实质性谈判做好准备。

(b)实质性谈判。待双方通过初步洽谈并取得广泛的相互了解后，就可以进入实质性谈判阶段。主要谈判的合同条款一般包括标的物、数量和质量、价款或酬金、履行和验收方法、违约责任等。

c. 签约

由于项目的复杂性和合同履行的长期性，在签约前必须就双方一致同意的条件拟订明确、具体的书面协议，以明确双方的权利和义务。具体形式可由一方起草并经商讨、由另一方确认后形成；或者由双方各起草一份协议，经双方综合讨论、逐条商定，最后形成双方一致同意的合同。

③合同分析

合同分析是从合同执行的角度去分析、补充和解释合同的具体内容和要求，将合同目标和合同规定落实到合同实施的具体问题和具体时间上，用以指导具体工作，使合同能符合日常工程管理的需要，使工程按合同要求实施，为合同执行和控制确定依据。

基本要求：准确性和客观性、简易性，合同双方的一致性、全面性。

作用：分析合同中的漏洞，解释有争议的内容；分析合同风险，制定风险对策；合同任务分解，落实。

分析的内容：对合同合法性、合同完备性、合同公平性、合同应变性、合同文字唯一性和准确性等进行分析。

④合同实施控制

合同实施控制应立足于现场。在施工中，合同管理对项目管理的各个方面起总协调和总控制作用，它的工作主要包括合同交底、合同监督、合同跟踪、合同诊断等。

合同分析后，应向各层次管理者做“合同交底”。由合同管理人员在对合同的主要内容进行分析、解释和说明的基础上，通过组织项目管理人员和各个工程小组学习合同条文和合同总体分析结果，使大家熟悉合同中的主要内容、规定、管理程序，了解合同双方的合同责任和工作范围、各种行为的法律后果等，使大家都树立全局观念，使各项工作协调一致，避免执行中的违约行为。

合同监督工程师的合同监督包括：a. 旁站监理，工程师立足施工现场；b. 工程师要促使业主按合同要求履行合同，为承包商履行合同提供帮助；c. 对承包商工程实施的监督。

承包商的合同监督包括：a. 合同管理人员与项目其他职能人员一起落实合同实施计划；b. 在合同范围内协调业主、工程师、各职能人员之间的工作关系；c. 对各工程小组和分包商进行工作指导，作经常性的合同解释。

合同跟踪：对合同实施情况进行分析，找出偏离，以便及时采取措施；在整个工程实施过程中，能使项目管理人员一直清楚地了解合同实施情况。

合同诊断是在合同跟踪的基础上进行的合同执行差异的分析、合同差异责任分析、合同实施趋向预测。

⑤合同后评价

合同后评价包括合同签订情况评价、合同执行情况评价和合同管理工作评价。

1.3.4.4　工程合同管理的基本方法

(1)严格执行建设工程合同管理法律法规

应当说，随着我国《民法典》《招标投标法》《建筑法》的颁布和实施，建设工程合同管理法律已基本健全。但是，在实践中，这些法律的执行还存在很大的问题，其中既有勘察、设计、施工单位转包、违法分包和不认真执行工程建设强制性标准、偷工减料、忽视工程质量的问题，也有监理单位监理不到位的问题，还有建设单位不认真履行合同，特别是拖欠工程款的问题。在市场经济条件下，要求我们在建设工程合同管理时要严格依法进行。这样，管理行为才能有效，才能提高建设工程合同管理的水平，才能解决建设领域存在的诸多问题。

(2)普及相关法律知识，培训合同管理人才

在市场经济条件下，工程建设领域的从业人员应当增强合同观念和合同意识，这就要求我们普及相关法律知识，培训合同管理人才。不论是施工合同中的监理工程师，还是建设工程合同的当事人，以及涉及有关合同的各类人员，都应当熟悉合同的相关法律知识，增强合同观念和合同意识，努力做好建设工程合同管理工作。

(3)设立合同管理机构，配备合同管理人员

加强建设工程合同管理，应当设立合同管理机构，配备合同管理人员。一方面，建设工程合同管理工作应当作为建设行政管理部门的管理内容之一；另一方面，建设工程合同当事人内部也要建立合同管理机构。特别是建设工程合同当事人内部，不但应当建立合同管理机构，还应当配备合同管理人员，建立合同台账、统计、检查和报告制度，提高建设工程合同管理的水平。

(4)建立合同管理目标制度

合同管理目标是指合同管理活动应当达到的预期结果和最终目的。建设工程合同管理需要设立管理目标，并且管理目标可以分解为管理的各个阶段的目标。合同的管理目标应当落到实处，为此，还应当建立建设工程合同管理的评估制度。这样，才能有效地督促合同管理人员提高合同管理的水平。

(5)推行合同示范文本制度

推行合同示范文本制度，一方面有助于当事人了解、掌握有关法律法规，使具体实施项目的建设工程合同符合法律法规的要求，避免缺款少项，防止出现显失公平的条款，也有助于当事人熟悉合同的运行；另一方面有利于行政管理机关对合同的监督，有助于仲裁机构或者人民法院及时裁判纠纷，维护当事人的利益。使用标准化的范本签订合同，对完善建设工程合同管理制度起到了极大的推动作用。

习 题

一、单项选择题

1. 建筑市场上的交易只能由需求者和供给者直接见面，进行预先订货式的交易，先成交，后生产，无法经过中间环节，体现的是建筑市场的(　　)。

A. 直接性　　B. 地区性　　C. 间接性　　D. 风险性

2. (　　)是建筑市场的客体。

A. 发包人　　B. 承包人　　C. 中介服务组织　　D. 建筑产品

3. 对招标人从确定招标范围、招标方式、招标组织形式直至选择中标人并签订合同的招投标全过程的每一环节的时间、顺序都有严格、规范的限定，不能随意改变。这体现的是工程招投标的(　　)。

A. 竞争性　　B. 程序性　　C. 规范性　　D. 一次性

4. 使每一个投标人获得同等的信息，知悉招标的一切条件和要求。这体现的是招投标活

动的(   )原则。

A. 公开　B. 公平性　C. 公正　D. 诚实信用

5. 关于工程合同的作用，说法不正确的是(   )。

A. 工程合同是双方的最高行为法律准则　B. 工程合同确定了工程项目管理的主要目标

C. 工程合同分离了参与工程建设各方关系　D. 工程合同是工程过程中双方争执解决的依据

6. 判例法系源于(   )。

A. 英国　B. 法国　C. 德国　D. 中国

7. 关于合同管理的特点，说法不正确的是(   )。

A. 合同实施过程十分复杂　B. 合同管理对工程经济效益影响大

C. 合同管理具有多种学科交叉的属性　D. 合同管理不受外界环境的影响

8. 以下关于工程合同管理的基本方法，说法正确的是(   )。

A. 适当执行建设工程合同管理法律法规　B. 推行合同示范文本制度

C. 合同管理目标制度不值得推荐建立　D. 合同管理人才不需要参与培训

二、多项选择题

1. (   )是建筑市场的主体。

A. 发包人　B. 承包人　C. 中介服务组织　D. 建筑产品

E. 政府监督部门

2. 工程招投标的特征有(   )。

A. 竞争性　B. 程序性　C. 规范性　D. 一次性

E. 技术经济性

3. 合同之间关系的安排及协调通常包含的内容有(   )。

A. 技术上的协调　B. 价格上的协调　C. 时间上的协调　D. 组织上的协调

E. 空间上的协调

4. 以下国家适用大陆法系的有(   )。

A. 美国　B. 法国　C. 德国　D. 中国　E. 印度

5. 在工程项目实施过程中，主要的合同管理工作有(   )。

A. 合同交底　B. 合同监督　C. 合同跟踪　D. 合同诊断

E. 合同评价

三、思考题

1. 对招标文件的核查主要包括哪些内容?

2. 简述工程招投标的概念。

3. 简述工程招投标的作用。

4. 简述工程合同的作用。

5. 简述合同管理目标包括的内容。

6. 简述工程合同管理的工作流程。

7. 简述工程合同管理的基本方法。

第2章　建设工程招标

思维导图

章节目标

知识目标：

1. 阐述工程招标的基本规定；
2. 介绍建设工程招标的程序；
3. 阐述资格审查的原则、办法和程序等；
4. 明确工程招标文件的编制内容。

能力目标：

1. 具备组织招标工作的能力；
2. 具备编写招标文件和招标工程量清单内容的能力。

素质目标：

1. 通过学习招标相关规定，树立学生严谨的学习态度；
2. 通过学习编写招标文件，培养学生的实践能力。

思政目标：

1. 通过学习招标程序和有关规定，引导学生塑造正确的职业道德观；
2. 通过招标程序的学习，引导学生树立严谨的学习思维。

案例分析

背景：我国某水电站建设工程，采用国际招标，选定国外某承包公司承包引水洞工程施工。在招标文件中列出应由承包商承担的税金，但在其中遗漏了承包工程总额3.03%的营业税，因此承包商报价时没有包括该税种。工程开始后，工程所在地税务部门要求承包商缴纳已完工程的营业税92万元，承包商按时缴纳，同时向业主提出索赔要求。

分析：如果招标文件中没有给出任何税收目录，而承包商报价中遗漏税赋，本索赔要求是不能成立的。这属于承包商环境调查和报价失误，应由承包商负责。但业主在招标文件中仅列出几个小额税种，而忽视了大额税种，是招标文件的不完备，或者是有意的误导行为。业主应该承担责任。索赔发生后，业主向国家申请免除营业税，并被国家批准。但对已缴纳的 92 万元税款，经双方商定，各承担 50%。

思政：在编制招标文件的过程中，严谨性和公正性至关重要。招标文件是投标者和招标者之间沟通的桥梁，也是后续合同执行的基础，因此必须确保其内容准确、清晰、无歧义。这不仅是职业道德的体现，更是维护招标活动公信力的必要举措。

2.1　工程招标的基本规定

2.1.1　招标组织工作

招标人必须具有相应的组织招标的资质。

根据招标人是否具有招标资质，可以将组织招标分为以下两种情况：

(1)招标人自己组织招标

招标人自己组织招标必须具备一定的条件，设立专门的招标组织，经招标投标管理机构审查合格，确认其具有编制招标文件和组织评标的能力，才能自己组织招标。

依据《云南省建设工程招标投标管理条例》，招标人自行招标的条件如下：

①具有法人资格；

②拥有与招标工程相适应的技术、经济管理人员；

③具有编制招标文件和组织开标、评标、定标的能力。

不具备前款规定条件的招标单位，应当委托具有相应资质的招标代理机构代理招标。

(2)招标人委托招标代理人代理招标

招标人不具备自行招标条件的，必须委托具备相应资质的招标代理人代理组织招标，代为办理招标事宜。招标人书面委托招标代理人后，就可开始组织招标，办理招标事宜。招标人委托招标代理人代理招标时，必须与之签订招标代理合同。

招标人自己组织招标、自行办理招标事宜或者委托招标代理人代理组织招标、代为办理招标事宜，应当向有关行政监督部门备案。

知识链接：《工程建设项目招标代理合同(示范文本)》(GF—2012—0215)

2.1.2　工程招标的分类、方式和范围

2.1.2.1　工程招标的分类

工程招标多种多样，按照不同的标准可以进行不同的分类。常见的分类方法有以下三种：

(1)按照建设程序分类

按照建设程序，可以将工程招标分为前期咨询招标、勘察设计招标、材料设备采购招标和施工招标。

①前期咨询招标是指对建设项目的可行性研究任务进行的招标。投标方一般为工程咨询企业，中标的承包方要根据招标文件的要求，向发包方提供拟建工程的可行性研究报告，并对其结论的准确性负责。项目投资者有的缺乏建设管理经验，通过招标选择项目咨询者及建设管理者，即工程投资方在缺乏工程实施管理经验时，通过招标方式选择具有专业管理经验的工

程咨询单位，为其制定科学、合理的投资开发建设方案，并组织控制方案的实施。

②勘察设计招标是指根据批准的可行性研究报告，择优选择勘察设计单位的招标。勘察和设计是两种不同性质的工作，可由勘察单位和设计单位分别完成。勘察单位最终提供包含施工现场的地理位置、地形、地貌、地质、水文等内容在内的勘察报告。设计单位最终提供设计图和成本预算结果。设计招标还可以进一步分为建筑方案设计招标、施工图设计招标。

③材料设备采购招标是指在项目实施阶段，对项目所需的建筑材料和设备（如电梯、供配电系统、空调系统等）采购任务进行的招标。投标方通常为材料供应商、成套设备供应商。

④施工招标是指在初步设计或施工图设计完成后，用招标的方式选择施工单位的招标。施工单位最终向业主交付按招标文件规定的建筑产品。

(2)按照承包的范围分类

按照承包的范围可将工程招标划分为项目总承包招标、工程分承包招标及专项工程承包招标。

①项目总承包招标即选择项目全过程总承包人的招标，其又可分为两种类型：一种是指工程项目实施阶段的全过程招标；另一种是指工程项目建设全过程的招标。前者是在设计任务书完成后，从项目勘察、设计到施工交付使用进行的一次性招标；后者则是从项目的可行性研究到交付使用进行的一次性招标，业主只需提供项目投资和使用要求及竣工、交付使用期限，其可行性研究、勘察设计、材料和设备采购、土建施工设备安装及调试、生产准备和试运行、交付使用，均由一个总承包人负责承包，即所谓的“交钥匙工程”。

②工程分承包招标是指中标的工程总承包人作为其中标范围内的工程任务的招标人，将其中标范围内的工程任务通过招投标的方式分包给具有相应资质的分承包人，中标的分承包人只对招标的总承包人负责。

③专项工程承包招标是指在工程承包招标中，对其中某项比较复杂或专业性强、施工和制作要求特殊的单项工程进行单独招标。

(3)按照专业类别分类

按照专业类别划分，可将工程招标分为土建工程招标、勘察设计招标、货物或设备招标、安装工程招标、建筑装饰工程招标、生产工艺技术转让招标、工程造价咨询和监理招标等。

①土建工程招标是指对建设工程中土建工程施工任务进行的招标。

②勘察设计招标是指对建设项目的勘察、设计任务进行的招标。

③货物或设备招标是指对建设项目所需的建筑材料和设备采购任务进行的招标。

④安装工程招标是指对建设项目的设备安装任务进行的招标。

⑤建筑装饰工程招标是指对建设项目的建筑装饰装修的施工任务进行的招标。

⑥生产工艺技术转让招标是指对建设工程生产工艺技术转让进行的招标。

⑦工程造价咨询和监理招标是指对工程造价咨询、工程监理任务进行的招标。

2.1.2.2 工程招标的方式

(1)招标方式的分类

按照竞争开放程度，招标方式分为公开招标和邀请招标两种方式。招标项目应依据法律规定条件，项目的规模、技术、管理特点要求，投标人的选择空间以及实施的紧迫程度等因素选择合适的招标方式。依法必须招标的项目一般应采用公开招标，如符合条件，确实需要采用邀请招标方式的，须经有关行政主管部门核准。

①公开招标

公开招标属于非限制性竞争招标，是招标人以招标公告的方式邀请不特定的符合公开招标资格条件的法人或其他组织参加投标，按照法律程序和招标文件公开的评标方法、标准选择中标人的招标方式。

公开招标方式的优点：招标人可以在较广泛的范围内选择承包人，投标公平且竞争激烈，择优率更高，有利于招标人将工程项目交予可靠的承包人实施，并获得有竞争性的商业报价，同时大大降低串标、抬标和其他不正当交易的可能性。因此，国际上政府采购通常采用这种方式。

公开招标方式的缺点：准备招标、对投标申请者进行资格预审和评标的工作量大，招标时间长、费用高。同时，参加竞争的投标者越多，中标的机会就越小；投标风险越大，损失的费用也就越多，而这种费用的损失必然会反映在标价中，最终由招标人承担。故这种方式在一些国家较少采用。

②邀请招标

邀请招标属于有限竞争性招标，也称选择性招标，是指招标人选择若干供应商或承包人，向其发出投标邀请书，由被邀请的供应商、承包人投标竞争，从中选定中标人的招标方式。

邀请招标方式的优点：不必发布招标公告或招标资格预审文件，但应组织必要的资格审查，且投标人不应少于 3 个。不进行资格审核简化了招标程序，因而节约了招标费用，缩短了招标时间。而且由于招标人比较了解投标人以往的业绩和履约能力，从而减少了合同履行过程中承包人违约的风险。

邀请招标方式的缺点：由于投标的竞争程度较差，有可能会提高中标合同价，也有可能会排除某些在技术上或报价上有竞争力的承包人参与投标。

(2)招标方式的核准和变更

①招标方式的核准

《招标投标法实施条例》第七条规定，按照国家有关规定需要履行项目审批、核准手续的依法必须进行招标的项目，其招标范围、招标方式、招标组织形式应当报项目审批、核准部门审批、核准。项目审批、核准部门应当及时将审批、核准确定的招标范围、招标方式、招标组织形式通报有关行政监督部门。

②招标方式的变更

公开招标方式一旦确定就不应更改，但在某些情况下，如果公开招标失败，不能满足招标人的期望，就需要变更招标方式。在目前的操作实践中，各地关于招标方式有比较严格的规定。例如，有的地方就严格规定：只有在公开招标失败两次以后，才能改变招标方式，并且对重招标（第二次招标）的合格投标人的数量进行调整，无须满足 3 家合格投标人的限制要求。

2.1.2.3　工程招标的范围

(1)必须招标的范围

按照《招标投标法》第三条的规定，以下工程建设项目，包括项目的勘察、设计、施工、监理以及与工程建设有关的重要设备、材料等的采购，必须进行招标。国家发展改革委对必须招标项目的范围作出了新的调整，2018 年 6 月 1 日起实施。

①大型基础设施、公用事业等关系社会公共利益、公众安全的项目，具体范围包括：

a.煤炭、石油、天然气、电力、新能源等能源基础设施项目。

b. 铁路、公路、管道、水运，以及公共航空和 A1 级通用机场等交通运输基础设施项目。

c. 电信枢纽、通信信息网络等通信基础设施项目。

d. 防洪、灌溉、排涝、引(供)水等水利基础设施项目。

e. 城市轨道交通等城建项目。

②全部或者部分使用国有资金投资或者国家融资的项目，具体范围包括：

a. 使用预算资金 200 万元人民币以上，并且该资金占投资额 10%以上的项目。

b. 使用国有企业事业单位资金，并且该资金占控股或者主导地位的项目。

③使用国际组织或者外国政府贷款、援助资金的项目，具体范围包括：

a. 使用世界银行、亚洲开发银行等国际组织贷款、援助资金的项目。

b. 使用外国政府及其机构贷款、援助资金的项目。

(2)邀请招标的范围

根据《招标投标法实施条例》《工程建设项目施工招标投标办法》(2013 年修改)的规定，国有资金占控股或者主导地位的依法必须进行招标的项目，应当公开招标；依法必须进行公开招标的项目，有下列情形之一的，可以邀请招标：

①项目技术复杂或有特殊要求，或者受自然地域环境限制，只有少量潜在投标人可供选择。

②涉及国家安全、国家秘密或者抢险救灾，适宜招标但不宜公开招标。

③采用公开招标方式的费用占项目合同金额的比例过大。

有前款第二项所列情形，由项目审批、核准部门在审批、核准项目时作出认定；其他项目由招标人申请有关行政监督部门作出认定。

全部使用国有资金投资或者国有资金投资占控股或者主导地位并需要审批的工程建设项目的邀请招标，应当经项目审批部门批准。但项目审批部门只审批立项的，由有关行政监督部门批准。

(3)可以不招标的情形

根据《招标投标法实施条例》《工程建设项目施工招标投标办法》的规定，有下列情形之一的，可以不进行招标：

①涉及国家安全、国家秘密、抢险救灾或者属于利用扶贫资金实行以工代赈、需要使用农民工等特殊情况，不适宜进行招标；

②施工主要技术采用不可替代的专利或者专有技术；

③已通过招标方式选定的特许经营项目投资人依法能够自行建设；

④采购人依法能够自行建设；

⑤在建工程追加的附属小型工程或者主体加层工程，原中标人仍具备承包能力，并且其他人承担将影响施工或者功能配套要求；

⑥国家规定的其他情形。

招标人为适用以上情形规定弄虚作假的，属于《招标投标法》规定的规避招标。

(4)重新招标的情形

是指招标人对招标项目招标失败后依法对招标项目进行重新招标。在下列情况下，招标人应当重新招标：

①资格预审合格的潜在投标人不足 3 个的；

②在投标截止时间前提交投标文件的投标人少于 3 个的；
③所有投标均被废标处理或被否决的；
④评标委员会界定为不合格标或废标后，因有效投标不足 3 个，使得投标明显缺乏竞争的；
⑤评标委员会决定否决全部投标的；
⑥同意延长投标有效期的投标人少于 3 个的。

2.1.3　建设工程施工公开招标程序

建设工程公开招标大致可分为三个阶段：

(1)招标准备阶段。主要工作包括选择招标方式、办理招标备案、编制招标有关文件。

(2)招标阶段。主要工作包括发布招标广告、进行资格预审、出售招标文件、组织现场考察、解答投标人的质疑。

(3)决标成交阶段。主要工作包括开标、评标和定标。

建设工程施工公开招标的程序如图 2-1 所示。

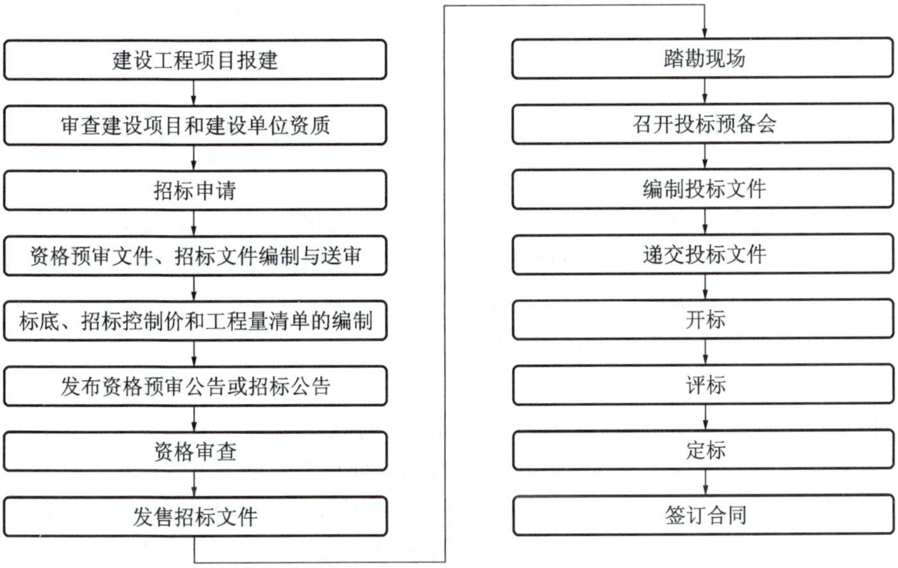

图 2-1　建设工程施工公开招标的程序

(1)建设工程项目报建

工程项目建设单位或个人在工程项目确立后的一定期限内向建设行政主管部门(建设工程招标投标管理机构)申报工程项目，办理项目登记手续。凡未报建的工程建设项目，不得办理招标投标手续和发放施工许可证，施工单位不得承接该项目的施工任务。

①建设工程项目报建范围

建设工程项目是指各类房屋建设、土木工程、设备安装、管道线路敷设、装饰装修等新建、扩建、改建、迁建、恢复建设等基本建设及技改项目。属于依法必须招标范围的工程项目都必须报建。

②建设工程项目报建内容

建设工程项目报建内容主要包括工程名称、建设地点、建设内容、投资规模、资金来源、当年投资额、工程规模、结构类型、发包方式、计划开工竣工日期、工程建设情况等。

③办理工程报建时应交验的文件资料

办理工程报建时应交验的文件资料有立项批准文件或年度投资计划、固定资产投资许可证、建设工程规划许可证、资金证明等。

(2)审查建设项目和建设单位资质

《工程建设项目施工招标投标办法》(2013 年修改)规定,依法必须招标的工程建设项目,应当具备下列条件才能进行施工招标:

①招标人已经依法成立;

②初步设计及概算应当履行审批手续的,已经批准;

③有相应资金或资金来源已经落实;

④有招标所需的设计图纸及技术资料。

(3)招标申请

招标人进行招标,要向招标投标管理机构提交招标申请书。招标申请书主要包括工程名称、建设地点、招标工程建设规模、结构类型、招标范围、招标方式、要求施工企业等级、施工前期准备情况(土地征用和拆迁情况、勘察设计情况、施工现场条件等)、招标机构组织情况等。招标申请书批准后,招标人就可以编制资格预审文件和招标文件。

(4)资格预审文件、招标文件编制与送审

资格预审文件是招标人根据招标项目本身的要求,阐述自己对资格审查的条件和具体要求的书面表达形式。

招标文件是招标活动中最重要的文件,它详细列出了招标人对招标项目的基本情况描述、投标人须知、工程量清单、技术规范或标准、合同条件、评标标准、投标文件填写格式等,是投标人编制投标文件的基础和依据,也是评标的依据。

(5)标底、招标控制价及工程量清单的编制

①标底

标底是招标工程的预期价格,招标人可根据项目特点决定是否编制标底。编制标底的,标底编制过程和标底在开标前必须保密。招标项目的标底应根据批准的初步设计、投资概算,依据有关计价办法,参照有关工程定额,结合市场供求状况,综合考虑投资、工期和质量等方面的因素合理确定。标底由招标人自行编制或委托中介机构编制。一个工程只能编制一个标底。任何单位和个人不得强制招标人编制或报审标底,或干预其确定标底。招标项目可以不设标底,进行无标底招标。标底应当在开标时公布。标底只能作为评标的参考,既不得规定以是否接近标底作为中标条件,也不得规定以投标报价超出标底上下浮动范围作为废标条件。

②招标控制价

招标控制价(最高投标限价)是招标人根据国家以及当地有关规定的计价依据和计价办法、招标文件、市场行情,并按工程项目设计施工图等具体条件调整编制的,对招标工程项目限定的最高工程造价。招标人设有最高投标限价的,应当在招标文件中明确最高投标限价或者最高投标限价的计算方法。招标人不得规定最低投标限价。

a. 国有资金投资的建设工程招标,招标人必须编制招标控制价。

b. 招标控制价应由具有编制能力的招标人或受其委托具有相应资质的工程造价咨询人编制和复核。

c. 工程造价咨询人接受招标人委托编制招标控制价时,不得再就同一工程接受投标人委

托编制投标报价。

d. 招标控制价不应上调或下浮。

e. 当招标控制价超过批准的概算时，招标人应将其报原概算审批部门审核。

f. 招标人应在发布招标文件时公布招标控制价，同时应将招标控制价及有关资料报送工程所在地或有该工程管辖权的行业管理部门和工程造价管理机构备查。

g. 投标人经复核认为招标人公布的招标控制价未按照规范的规定进行编制的，应在招标控制价公布后 5 天内向招投标监督机构和工程造价管理机构投诉。

h. 工程造价管理机构应当在受理投诉的 10 天内完成复查，特殊情况下可适当延长，并作出书面结论通知投诉人、被投诉人及负责该工程招投标监督的招投标管理机构。

i. 当招标控制价复查结论与原公布的招标控制价误差大于 ±3% 时，应当责成招标人改正。

j. 招标人根据招标控制价复查结论需要重新公布招标控制价的，其最终公布的时间至招标文件要求提交投标文件截止时间不足 15 天的，应相应延长投标文件的截止时间。

k. 采用工程量清单计价时，招标控制价的编制内容包括分部分项工程费、措施项目费、其他项目费、规费和税金。

l. 编制招标控制价时，采用的材料价格应是工程造价管理机构通过工程造价信息发布的材料单价，工程造价信息未发布材料单价的材料，其材料价格应通过市场调查确定。

m. 投标人的投标报价高于招标控制价的，其投标应予拒绝。

③工程量清单

工程量清单是招标文件的组成部分，工程量清单是建设工程的分部分项工程项目、措施项目、其他项目、规费项目和税金项目的名称和相应数量等的明细清单。它由分部分项工程量清单、措施项目清单、其他项目清单、规费和税金清单组成。全部使用国有资金投资或者以国有资金投资为主的建设工程，应当采用工程量清单计价；非国有资金投资的建设工程，宜依据国家制定的工程量清单计价规范、工程量计算规范采用工程量清单计价。

工程量清单由招标人提供，并对其准确性和完整性负责。招标工程量清单是工程量清单计价的基础，在招标投标过程中，招标人根据工程量清单编制招标控制价；投标人按照工程量清单所表述的内容，依据企业定额计算投标价格，自主填报工程量清单所列项目的单价与合价。工程量清单是编制招标控制价、投标报价、计算工程量、工程索赔、工程结(决)算的依据之一。

(6)发布资格预审公告或招标公告

《招标投标法》规定，招标人采用公开招标方式的，应当发布招标公告。依法必须进行招标的项目的招标公告，应当通过国家指定的报刊、信息网络或者其他媒介发布。进行资格预审的，应刊登资格预审通告。

(7)资格审查

资格审查是指招标人对申请人或潜在投标人的经营资格、专业资质、财务状况、技术能力、管理能力、业绩、信誉等方面评估审查，以判定其是否具有投标、订立和履行合同的资格及能力。

招标人可以对已发出的资格预审申请文件进行必要的澄清或者修改。澄清或者修改的内容可能影响资格预审申请文件编制的，招标人应当在提交资格预审申请文件截止时间至少 3

日前，以书面形式通知所有获取资格预审文件的潜在投标人；不足3日的，招标人应当顺延提交资格预审申请文件的截止时间。

潜在投标人或者其他利害关系人对资格预审文件有异议的，应当在提交资格预审申请文件截止时间2日前提出。招标人应当自收到异议之日起3日内作出答复；作出答复前，应当暂停招标投标活动。

(8)发售招标文件

招标人将招标文件、设计施工图和有关技术资料发售给通过资格预审获得投标资格的投标人。不进行资格预审的，发售给愿意参加投标的单位。投标人收到上述文件资料后，应认真核对，核对无误后应以书面形式予以确认。

招标文件的发售期不得少于5日，招标人应当确定投标人编制投标文件所需要的合理时间。

招标人可以对已发出的招标文件进行必要的澄清或者修改。澄清或者修改的内容可能影响投标文件编制的，招标人应当在投标截止时间至少15日前，以书面形式通知所有获取招标文件的潜在投标人；不足15日的，招标人应当顺延投标文件的截止时间。

潜在投标人或者其他利害关系人对招标文件有异议的，应当在投标截止时间10日前提出。招标人应当自收到异议之日起3日内作出答复；作出答复前，应当暂停招标投标活动。

(9)踏勘现场

招标文件发放后，招标人根据招标项目的具体情况，可以组织潜在投标人踏勘项目现场，向其介绍工程场地和相关环境的有关情况。潜在投标人依据招标人介绍的情况作出评判和决策，由投标人自行负责。

招标人不得单独或者分别组织任何一个投标人进行现场踏勘。

招标人应向投标人介绍有关现场的以下情况：①施工现场是否达到招标文件规定的条件；②施工现场的地理位置和地形、地貌；③施工现场的地质、土质、地下水位、水文等情况；④施工现场气候条件，如气温、湿度、风力、年雨雪量等；⑤现场环境，如交通、饮水、污水排放、生活用电、通信等；⑥工程在施工现场中的位置或布置；⑦临时用地、临时设施搭建情况。

(10)召开投标预备会

投标预备会又称答疑会、标前会议，是指招标人为澄清或解答招标文件或踏勘现场中的问题，以便投标人更好地编制投标文件而组织召开的会议。

①投标预备会的目的在于澄清招标文件中的疑问，解答投标人对招标文件和踏勘现场中所提出的疑问和问题。

②投标预备会在招标管理机构的监督下，由招标人组织并主持召开，参加会议的人员包括招标人、投标人、代理机构、招标文件的编制人员、招投标管理机构的管理人员等。所有参加投标预备会的投标人应签到登记，以证明出席投标预备会。

③在预备会上对招标文件和现场情况进行介绍或解释，并解答投标人提出的疑问，包括书面提出的和口头提出的询问。在投标预备会上还应对施工图进行交底和解释。

(11)投标文件的编制与递交

招标人应当确定投标人编制投标文件所需的合理时间，自招标文件开始发出之日起到投标截止日止，最短不得少于20天。

投标人应当按照招标文件的要求编制投标文件。投标文件应当对招标文件提出的实质性要求和条件作出响应。投标人可以在中标后将中标项目的部分非主体、非关键性工程进行分包的，应当在投标文件中载明。

依照《招标投标法》的规定，投标人应当在招标文件要求提交投标文件的截止时间前将投标文件送达投标地点。招标人收到投标文件后，应当签收保存，不得开启。投标人少于 3 个的，招标人应当依法重新招标。在招标文件要求提交投标文件的截止时间后送达的投标文件，招标人应当拒收。

投标人在招标文件要求提交投标文件的截止时间前，可以补充、修改或者替代或撤回已提交的投标文件，并书面通知招标人。补充、修改的内容为投标文件的组成部分。

在提交投标文件截止时间后到招标文件规定的投标有效期终止之前，投标人不得撤销其投标文件，否则招标人可以不退还其投标保证金。

(12)开标

开标是指把所有投标人递交的投标文件启封揭晓。开标应遵循以下各项规定：

①开标应当在招标文件确定的提交投标文件截止时间的同一时间公开进行；开标地点应当为招标文件中预先确定的地点。

②开标由招标人主持，邀请所有投标人参加。

③开标时，由投标人或者其推选的代表检查投标文件的密封情况，也可以由招标人委托的公证机构检查并公证；经确认无误后，由工作人员当众拆封，宣读投标人名称、投标价格和投标文件的其他主要内容。招标人在招标文件要求提交投标文件的截止时间之前收到的所有投标文件，开标时都应当众予以拆封、宣读。开标过程应当记录，并存档备查。

(13)评标

开标会结束后，招标人要组织评标。评标必须在招标投标管理机构的监督下，由招标人依法组建的评标组织进行。

(14)定标

经过评标后，就可确定出中标人。中标人的投标应当符合下列条件之一：

①能够最大限度地满足招标文件中规定的各项综合评价标准。

②能够满足招标文件的实质性要求，并且经评审的投标价格最低；但是投标价格低于成本的除外。

评标委员会经评审，认为所有投标都不符合招标文件要求的，可以否决所有投标。依法须进行招标的项目的所有投标被否决的，招标人应当依照《招标投标法》重新招标。在确定中标人之前，招标人不得与投标人就投标价格、投标方案等实质性内容进行谈判。

(15)合同签订

招标人和中标人应当自中标通知书发出之日起 30 日内，按照招标文件和中标人的投标文件订立书面合同。签订合同 5 日内，退还投标保证金及银行同期存款利息。

2.2　资格审查

资格审查是指招标人对潜在投标人的经营范围、专业资质、财务状况、技术能力、管理能力、业绩、信誉等多方面的综合评估审查，以判定其是否具有投标、订立和履行合同的资质及能力。资格审查既是招标人的权利，也是大多数招标项目的必要程序，它对于保护招标人和投标人的利益具有重要作用。

2.2.1 资格审查的原则、办法和程序

2.2.1.1 资格审查的原则

资格审查的内容一般包括申请人的资质条件、财务状况、业绩、信誉、项目管理机构及其投入人员的资格能力;招标人针对招标项目提出的其他要求等。资格审查应在坚持"公开、公平、公正和诚实信用"的基础上,遵守科学、择优和合法原则。

(1)科学原则。为了保证投标申请人具有合法的投标资格和相应的履约能力,招标人应根据招标项目的规模、技术管理特性要求,结合国家企业资质等级标准和市场竞争及其投标人状况,科学、合理地设立资格评审方法、条件和标准。招标人务必慎重对待投标资格的条件和标准,这将直接影响合格潜在投标人的质量和数量,进而影响到投标的竞争程度和项目招标的期望目标的实现。

(2)择优原则。通过资格审查,选择资格能力、业绩、信誉优秀的潜在投标人参加投标。

(3)合法原则。资格审查的标准、方法、程序应当符合法律规定。

2.2.1.2 资格审查的办法

根据《工程建设项目施工招标投标办法》第十七条的规定,资格审查分为资格预审和资格后审。

(1)资格预审

资格预审是招标人通过发布招标资格预审公告,向不特定的潜在投标人发出投标邀请,并组织招标资格审查委员会,按照招标资格预审公告和资格预审文件确定的资格预审条件、标准和方法,对投标申请人的经营资格、专业资质、财务状况、类似项目业绩、履约信誉、企业认证体系等条件进行评审,确定合格的潜在投标人。资格预审的办法包括合格制和有限数量制,一般情况下应采用合格制,潜在投标人过多的,可采用有限数量制。

资格预审可以减少评标阶段的工作量、缩短评标时间、减少评审费用、避免不合格投标人浪费不必要的投标费用,但因设置了招标资格预审环节而延长了招投标的过程,增加了招投标双方资格预审的费用。资格预审办法比较适合于技术难度较大或投标文件编制费用较高,且潜在投标人数量较多的招标项目。

(2)资格后审

资格后审是指在开标后的初步评审阶段,评标委员会根据招标文件规定的投标资格条件对投标人资格进行评审,投标资格评审合格的投标文件进入详细评审。

按照《工程建设项目施工招标投标办法》第十八条"采取资格后审的,招标人应当在招标文件中载明对投标人资格要求的条件、标准和方法"的规定,资格后审是作为招标评标的一个重要内容在组织评标时由评标委员会负责的,审查的内容与资格预审的内容一致。

评标委员会是按照招标文件规定的评审标准和方法进行评审的,在评标报告中包含了对投标人进行资格审查的内容。对资格后审不合格的投标人,评标委员会应当对其投标作为废标处理,不再进行详细评审。

资格后审办法可以避免招标与投标双方资格预审的工作环节和费用,缩短招投标过程,有利于增强投标的竞争性,但投标人过多时会增加社会成本和评标工作量。

2.2.1.3 审查的一般程序

(1)资格预审的评审程序

资格预审的评审工作包括组建资格审查委员会、初步审查、详细审查、澄清、评审和编写审

查报告等程序。

①组建资格审查委员会

招标人组建的资格审查委员会负责投标资格审查。政府投资项目招标，其资格审查委员会的构成和产生应参照评标委员会规定。其中，招标人的代表应具有完成相应项目资格审查的业务素质和能力，人数不能超过资格审查委员会成员的 1/3，有关技术、经济等方面的专家应当从事相关领域工作满 8 年并具有高级技术职称或者具有同等专业水平，不得少于成员总数的 2/3。

与投标资格申请人有利害关系的人不得进入相关项目的审查委员会，已经进入的应当更换。

审查委员会设负责人的，审查委员会负责人由审查委员会成员推举产生或者由招标人确定。审查委员会负责人与审查委员会的其他成员有同等的表决权。审查委员会成员的名单在审查结果确定前应当保密。

②初步审查

初步审查的因素主要有投标资格申请人名称、申请函签字盖章、申请文件格式、联合体申请人等。

审查标准是检查申请人名称与营业执照、资质证书、安全生产许可证是否一致；资格预审申请文件是否经法定代表人或其委托代理人签字或加盖单位印章；申请文件是否按照资格预审文件中规定的内容格式编写；联合体申请人是否提交联合体协议书，并明确联合体责任分工等。上述因素中只要有一项不合格，就不能通过初步审查。

③详细审查

详细审查是审查委员会对通过初步审查的申请人的资格预审申请文件进行审查。常见的审查因素和标准如下：

a. 营业执照。营业执照的营业范围是否与招标项目一致，有效期限是否过期。

b. 企业资质等级和生产许可。施工和服务企业资质的专业范围和等级是否满足资格条件要求；货物生产企业是否具有相应的生产许可证、国家强制认证等证明文件。

c. 安全生产许可证和质量管理体系认证书。安全生产许可范围是否与招标项目一致，有效期限是否过期；质量认证范围是否与招标项目一致，有效期限是否过期。

d. 职业健康安全管理体系认证书。认证范围是否与招标项目一致，有效期限是否过期。

e. 环境管理体系认证书。认证范围是否与招标项目一致，有效期限是否过期。

f. 财务状况。经会计师事务所或审计机构审计的近年财务报表，包括资产负债表、现金流量表、利润表和财务情况说明书以及银行授信额度。核实投标资格申请人的资产规模、营业收入、净资产收益率及营利能力、资产负债率及偿债能力、流动资金比率、速动比率等抵御财务风险的能力是否达到资格审查的标准要求。

g. 类似项目业绩。投标资格申请人提供近年完成的类似项目情况（随附中标通知书和合同协议书或工程竣工验收证明文件），以及正在施工或生产和新承接的项目情况（随附中标通知书和合同协议书）。根据投标资格申请人完成类似项目业绩的数量、质量、规模、运行情况，评审其已有类似项目的施工或生产经验的程度。

h. 信誉。根据投标资格申请人近年来发生的诉讼或仲裁情况、质量和安全事故、合同履约情况，以及银行资信，判断其是否满足资格预审文件规定的条件要求。

i.项目经理和技术负责人的资格。审核项目经理和其他技术管理人员的履历、任职、类似业绩、技术职称、职业资格等证明材料，评定其是否符合资格预审文件规定的资格、能力要求。

j.联合体申请人。审核联合体协议中联合体牵头人与其他成员的责任分工是否明确；联合体的资质等级、法人治理结构是否符合要求；联合体各方有无单独或参加其他联合体对同一标段的投标。

k.其他。审核资格预审申请文件是否满足资格预审文件规定的其他要求。特别注意是否存在投标人的限制情形。

④澄清

在审查过程中，审查委员会可以书面形式要求申请人对所提交的资格预审申请文件中不明确的内容进行必要的澄清或说明。申请人的澄清或说明采用书面形式，并不得改变资格预审申请文件的实质性内容。申请人的澄清和说明内容属于资格预审申请文件的组成部分。招标人和审查委员会不接受申请人主动提出的澄清或说明。

⑤评审

a.合格制。满足详细审查标准的申请人通过资格审查，获得购买招标文件及投标的资格。

b.有限数量制。通过详细审查的申请人不少于3人且没有超过资格预审文件规定数量的，均通过资格预审，不再进行评分；通过详细审查的申请人数量超过资格预审文件规定数量的，审查委员会可以按综合评估法进行评审，并依据规定的评分标准进行评分，按得分由高到低进行排序，选择资格预审文件规定数量的申请人通过资格预审。

⑥编写审查报告

审查委员会按照上述规定的程序对资格预审申请文件完成审查后，确定通过资格预审的申请人名单，并向招标人提交书面审查报告。

通过详细审查申请人的数量不足3人的，招标人重新组织资格预审或不再组织资格预审，而采用资格后审方式直接招标。

⑦确定通过评审的申请人名单

通过评审的申请人名单，一般由招标人根据审查报告和资格预审文件规定确定。其后，由招标人或招标代理机构向通过评审的申请人发出投标邀请书，邀请其购买投标文件和参与投标；同时，也向未通过评审的申请人发出未通过评审的通知。

(2)资格后审程序

资格后审一般在评标过程中的初步评审阶段进行。采用资格后审的，对投标人资格要求的审查内容、评审方法和标准与资格预审基本相同。评审工作由招标人依法组建的评标委员会负责。

2.2.2 资格审查的要素

资格审查应主要审查潜在投标人或者投标人是否符合下列条件：

(1)具有独立订立合同的权利；

(2)具有履行合同的能力，包括专业、技术资格和能力，资金、设备和其他物资设施状况，管理能力，经验、信誉和相应的从业人员；

(3)没有处于被责令停业，投标资格被取消，财产被接管、冻结，破产状态；

(4)最近三年内没有骗取中标和严重违约及重大工程质量问题；

(5)国家规定的其他资格条件。

资格审查时,招标人不得以不合理的条件限制、排斥潜在投标人或者投标人,不得对潜在投标人或者投标人实行歧视待遇。任何单位和个人不得以行政手段或者其他不合理方式限制投标人的数量。

2.2.3　资格预审文件

工程招标资格预审文件是告知投标申请人资格预审条件、标准和方法,并对投标申请人的经营资格、履约能力进行评审,确定合格授标人的依据。资格预审文件的基本内容和格式可参考《房屋建筑和市政工程标准施工招标资格预审文件》(2010 年版),招标人应结合招标项目的技术管理特点和需求,按照以下基本内容和要求编制招标资格预审文件:

2.2.3.1　资格预审公告

资格预审公告包括招标条件、项目概况与招标范围、申请人资格要求、资格预审办法、资格预审文件的获取与递交、发布公告的其他媒体、招标人的联系方式等内容。

2.2.3.2　申请人须知

(1)申请人须知前附表

前附表的编写内容及要求如下:

①招标人及招标代理机构的名称、地址、联系人与电话,便于申请人联系。

②工程建设项目基本情况,包括项目名称、建设地点、资金来源、出资比例、资金落实情况、招标范围、标段划分、计划工期、质量要求,使申请人了解项目的基本情况。

③申请人资格条件。告知投标申请人必须具备的工程施工资质、近年类似业绩、资金财务状况,以及拟投入人员、设备等技术力量等资格能力要素条件和近年发生诉讼、仲裁等履约信誉情况,以及是否接受联合体投标等要求。

④时间安排。明确申请人提出澄清资格预审文件要求的截止时间,招标人澄清、修改资格预审文件的截止时间,申请人确认收到资格预审文件澄清、修改文件的时间和资格预审申请截止时间,使投标申请人知悉资格预审活动的时间安排。

⑤申请文件的编写要求。明确申请文件的签字或盖章要求、申请文件的装订及文件份数,使投标申请人知悉资格预审申请文件的编写格式。

⑥申请文件的递交规定。明确申请文件的密封和标志要求、申请文件递交的截止时间及地点、是否退还,使投标人能够正确递交申请文件。

⑦简要写明资格审查采用的方法,资格预审结果的通知时间及确认时间。

(2)总则

编写总则时要把招标工程建设项目概况、资金来源和落实情况、招标范围和计划工期及质量要求叙述清楚,声明申请人资格要求,明确预审申请文件编写所用的语言,以及参加资格预审过程的费用承担者。

(3)资格预审文件

资格预审文件包括资格预审文件的组成、澄清及修改。

①资格预审文件由资格预审公告、申请人须知、资格审查办法、资格预审申请文件格式、项目建设概况以及对资格预审文件的澄清和修改组成。

②资格预审文件的澄清。要明确申请人提出澄清的时间、澄清问题的表达形式,招标人的

回复时间和回复方式,以及申请人对收到答复的确认时间及方式。

申请人通过仔细阅读和研究资格预审文件,对不明白、不理解的,意思表达模棱两可或错误的,或遗漏的事项,可以向招标人提出澄清要求,但澄清必须在资格预审文件规定的时间以前,以书面形式发送给招标人。

招标人认真研究收到的所有澄清问题后,应在规定时间前以书面澄清的形式发送给所有购买了资格预审文件的潜在投标人。

申请人应在收到澄清文件后,在规定的时间内以书面形式向招标人确认已经收到。

③资格预审文件的修改。明确招标人对资格预审文件进行修改、通知的方式及时间,以及申请人确认的方式及时间。

招标人可以对资格预审文件中存在的问题、疏漏进行修改,但必须在资格预审文件规定的时间前,以书面形式通知申请人。如果不能在该时间前通知,则招标人应顺延资格申请截止时间,使申请人有足够的时间编制申请文件。

申请人应在收到修改文件后进行确认。

④资格预审申请文件的编制。招标人应在本处明确告知资格预审申请人,资格预审申请文件的组成内容、编制要求、装订及签字要求。

⑤资格预审申请文件的递交。招标人一般在这部分明确资格预审申请文件应按统一的规定和要求进行密封和标识,并在规定的时间和地点递交。对于没有在规定的地点、时间递交的申请文件,一律拒绝接收。

⑥资格预审申请文件的审查。资格预审申请文件由招标人依法组建的审查委员会按照资格预审文件规定的审查办法进行审查。

⑦通知和确认。明确审查结果的通知时间及方式,以及合格申请人的回复方式及时间。

⑧纪律与监督。对资格预审期间的纪律、保密、投诉以及对违纪的处置方式进行规定。

2.2.3.3 资格审查办法

(1)选择资格审查办法　资格预审的合格制与有限数量制两种办法适用于不同的条件。

①合格制。一般情况下,应当采用合格制,凡符合资格预审文件规定资格条件和标准的投标申请人,即取得相应的投标资格。

合格制中,满足条件的投标申请人均获得投标资格。其优点有:①投标竞争性强,有利于获得更多、更好的投标人和投标方案;②对满足资格条件的所有投标申请人公平、公正。

其缺点是投标人可能较多,从而加大了投标和评标工作量,浪费社会资源。

②有限数量制。当潜在投标人过多时,可采用有限数量制。招标人在资格预审文件中既要规定投标资格条件、标准和评审方法,又需明确资格预审的投标申请人通过数量。例如,采用综合评估法对投标申请人的资格条件进行综合评审,根据评价结果的优劣排序,并按规定的限制数量择优选择通过资格预审的投标申请人。目前,除各行业部门规定外,尚未统一规定合格申请人的最少数量,原则上应满足 3 家以上。

采用有限数量制一般有利于降低招投标活动的社会综合成本,但在一定程度上可能限制潜在投标人的范围。

(2)审查标准　审查标准包括初步审查和详细审查的标准,以及采用有限数量制时的评分标准。

(3)审查程序　审查程序包括资格预审申请文件的初步审查、详细审查、申请文件的澄清,以及有限数量制的评分等内容和规则。

(4)审查结果　资格审查委员会完成资格预审申请文件的审查，确定通过资格预审的申请人名单，向招标人提交书面审查报告。

2.2.3.4　资格预审申请文件

资格预审申请文件包括以下基本内容和格式：

(1)资格预审申请函。资格预审申请函是申请人响应招标人、参加招标资格预审的申请函，同意招标人或其委托代表对申请文件进行审查，并应对所递交的资格预审申请文件及有关材料内容的完整性、真实性和有效性作出声明。

(2) 法定代表人身份证明或其授权委托书。

①法定代表人身份证明是申请人出具的用于证明法定代表人合法身份的证明。内容包括申请人的名称、单位性质、成立时间、经营期限，以及法定代表人的姓名、性别、年龄、职务等。

②授权委托书是申请人及其法定代表人出具的正式文书，明确授权其委托代理人在规定的期限内负责申请文件的签署、澄清、递交、撤回、修改等活动，其活动的后果由申请人及其法定代表人承担法律责任。

(3)联合体协议书适用于允许联合体投标的资格预审，是联合体各方联合声明共同参加资格预审和投标活动签订的联合协议。联合体协议书中应明确牵头人、各方职责分工及协议期限，承诺对递交文件承担法律责任等。

(4)申请人基本情况。

①申请人的名称、企业性质、主要投资股东、法人治理结构、法定代表人、经营范围与方式、营业执照、注册资金、成立时间、企业资质等级与资格声明、技术负责人、联系方式、开户银行、员工专业结构与人数等。

②申请人的施工、制造或服务能力。已承接任务的合同项目总价，最大施工、生产或服务规模能力(产值)，正在施工、生产或服务的规模数量(产值)，申请人的施工、制造或服务质量保证体系，拟投入本项目的主要设备仪器情况。

(5)近年财务状况。申请人应提交近年(一般近 3 年)经会计师事务所或审计机构审计的财务报表，包括资产负债表、利润表、现金流量表等，用于招标人判断投标人的总体财务状况以及营利能力和偿债能力，进而评估其承担招标项目的财务能力和抗风险能力。工程招标资格预审申请，特别需要反映申请人近 3 年每年的营业额、固定资产、流动资产、长期负债、流动负债、净资产等。必要时，应由开户银行出具金融信誉等级证书或银行资信证明。

(6)近年完成的类似项目情况。申请人应提供近年已经完成的与招标项目性质、类型、规模、标准类似的工程名称、地址，招标人名称、地址及联系电话，合同价格，申请人的职责定位、承担的工作内容、完成日期，实现的技术、经济和管理目标及使用状况，项目经理、技术负责人等。

(7)拟投入技术和管理人员状况。申请人拟投入招标项目的主要技术和管理人员的身份、资格、能力，包括岗位任职、工作经历、职业资格、技术或行政职务、职称，完成的主要类似项目业绩等证明材料。

(8)未完成和新承接项目情况。填报信息内容与“近年完成的类似项目情况”的要求相同。

(9)近年发生的诉讼及仲裁情况。申请人应提供近年来在合同履行中，因争议或纠纷引起的诉讼、仲裁情况，以及有无违法违规行为而被处罚的相关情况，包括法院或仲裁机构作出的判决、裁决、行政处罚决定等法律文书复印件。

(10)其他材料。申请人提交的其他材料包括两部分:①资格预审文件的须知、评审办法等没有要求,但申请文件格式中要求表述的内容,如 ISO 9000、ISO 14000、ISO 18000 等质量管理体系、环境管理体系、职业健康安全管理体系认证证书,企业、工程、产品的获奖荣誉证书等;②资格预审文件中没有要求提供,但申请人认为对自己通过预审比较重要的资料。

2.2.3.5 工程建设项目概况

工程建设项目概况的内容应包括项目说明、建设条件、建设要求和其他需要说明的情况。各部分具体编写要求如下:

(1)项目说明。首先,应概要介绍工程建设项目的建设任务、工程规模标准和预期效益;其次,说明项目的批准或核准情况;再次,介绍该工程的项目业主、项目投资人出资比例,以及资金来源;最后,概要介绍项目的建设地点、计划工期,招标范围和标段划分情况。

(2)建设条件。建设条件主要是描述建设项目所处位置的水文气象条件、工程地质条件、地理位置及交通条件等。

(3)建设要求。概要介绍工程施工技术规范、标准要求,工程建设质量、进度、安全和环境管理等要求。

(4)其他需要说明的情况。需结合项目的工程特点和项目业主的具体管理要求提出。

2.3 建设工程招标文件的编制

2.3.1 工程招标文件的编制内容

一般情况下,各类工程施工招标文件的内容大致相同,但组卷方式可能有所区别。此处以《中华人民共和国标准施工招标文件》(2007 版,以下简称《标准文件》)为范本,介绍工程施工招标文件的内容和编写要求。

(1)封面格式

《标准文件》的封面格式包括项目名称、标段名称(如有)、“招标文件”这四个字、招标人名称和单位印章、时间。

(2)招标公告与投标邀请书

招标公告与投标邀请书是《标准文件》的第一章。对于未进行资格预审的公开招标项目,招标文件应包括招标公告;对于邀请招标项目,招标文件应包括投标邀请书;对于已经进行资格预审的项目招标文件,也应包括投标邀请书(代资格预审通过通知书)。

①招标公告(未进行资格预审)包括项目名称、招标条件、项目概况与招标范围、投标人资格要求、招标文件的获取、投标文件的递交、发布公告的媒体和联系方式等内容。

②投标邀请书(适用于邀请招标)一般包括项目名称、被邀请人名称、招标条件、项目概况与招标范围、投标人资格要求、招标文件的获取、投标文件的递交、确认时间和联系方式等内容。其中大部分内容与招标公告基本相同,唯一的区别是投标邀请书无须说明发布公告的媒体,但对投标人增加了在收到投标邀请书后的约定时间内,以传真或快递方式予以确认是否参加投标的要求。

③投标邀请书(代资格预审通过通知书)一般包括项目名称、被邀请人名称、购买招标文件的时间、售价、投标截止时间、收到邀请书的确认时间和联系方式等。与适用于邀请招标的投

标邀请书相比，由于已经过了资格预审阶段，所以在带资格预审通过通知书的投标邀请书里，不包括招标条件、项目概况与招标范围及投标人资格要求等内容。

(3)投标人须知

投标人须知是招投标活动应遵循的程序规则和对投标的要求。但投标人须知不是合同文件的组成部分，希望有合同约束力的内容应在构成合同文本组成部分的合同条款、技术标准与要求等文件中界定。

投标人须知包括投标人须知前附表、总则、招标文件、投标文件、投标、开标、评标和合同授予八部分。

①投标人须知前附表的主要作用有两个：a. 将投标人须知中的关键内容和数据列表，起到强调和提醒作用，为投标人迅速掌握投标人须知内容提供方便，但必须与招标文件相关章节的内容衔接一致；b. 对投标人须知正文中由前附表明确的内容给予具体约定。

②总则。投标人须知正文中的“总则”内容包括：a. 项目概况；b. 资金来源和落实情况；c. 招标范围、计划工期和质量要求；d. 投标人资格要求；e. 保密，要求参加招投标活动的各方应对招标文件和投标文件中的商业和技术等秘密保密；f. 语言文字；g. 计量单位。

③招标文件。招标文件是指对招标活动具有法律约束力的最主要文件。投标人须知应该阐明招标文件的组成、招标文件的澄清和修改。投标人须知中没有载明具体内容的，不构成招标文件的组成部分，对招标人和投标人没有约束力。

④投标文件。投标文件是投标人响应和依据招标文件向招标人发出的要约文件。招标人在投标人须知中对投标文件的组成、投标报价、投标有效期、投标保证金、资格审查资料、备选方案和投标文件的编制和递交应提出明确要求。

⑤投标。投标包括投标文件的密封和标志、投标文件的递交时间和地点、投标文件的修改和撤回等规定。

⑥开标。开标包括开标时间、地点和开标程序等规定。

⑦评标。评标包括评标委员会、评标原则和评标方法等规定。

⑧合同授予。合同授予包括定标方式、中标通知、履约担保和签订合同等规定。

(4)评标办法

招标文件中的“评标办法”主要包括选择评标办法、确定评审因素和标准，以及确定评标程序三方面内容。

①评标办法。评标办法一般包括经评审的最低投标价法、综合评估法和法律、行政法规允许的其他评标办法。

②评审因素和标准。招标文件应针对初步评审和详细评审分别制定相应的评审因素和标准。

③评标程序。评标工作一般包括初步评审、详细评审、招标文件的澄清和说明及评标结果等具体程序。

(5) 合同条款及格式

《民法典》第七百九十五条规定，施工合同的内容一般包括工程范围、建设二期、中间交工工程的开工和竣工时间、工程质量、工程造价、技术资料交付时间、材料和设备供应责任、拨款和结算、竣工验收、质量保修范围和质量保证期、相互协作等条款。

为了提高效率，招标人可采用《标准文件》或者结合行业合同示范文本的合同条款复制招标项目的合同条款。

《标准文件》的合同条款包括一般约定、发包人义务、监理人、承包人、有关承包人义务的约定、材料和工程设备、施工设备和临时设施、交通运输、测量放线、施工安全、治安保卫和环境保护、进度计划、开工和竣工、暂停施工、工程质量、试验和检验、变更与变更的估价原则、价格调整原则、计量与支付、竣工验收、缺陷责任与保修责任、保险、不可抗力、违约、索赔、争议的解决等内容。

合同附件的格式包括合同协议书格式、履约担保格式、预付款担保格式等。

(6)招标工程量清单

招标工程量清单既是投标人投标报价和签订合同协议书的依据，也是确定合同价格的唯一载体。《标准文件》第五章“工程量清单”包括四部分内容：工程量清单说明、投标报价说明、其他说明和招标工程量清单。其中，前三部分均是说明性内容，为解读和使用第四部分的内容服务。第四部分提供的是系列表格。这些表格包括工程量清单表、计日工表、暂估价表、投标报价汇总表、工程量清单综合单价分析表等。

(7)设计图

设计图是合同文件的重要组成部分，既是编制工程量清单及投标报价的重要依据，也是进行施工和验收的依据。通常，招标时的图样并不是工程所需的全部图样。投标人中标后还会陆续发布新的图样，以及对招标时的图样进行修改。因此，在招标文件中，除了附上招标图样外，还应该列明图样目录。图样目录一般包括序号、图名、图号、版本、出图日期等。图样目录以及相应的图样对施工过程的合同管理以及争议的解决发挥着重要作用。

(8)技术标准和要求

技术标准和要求也是合同文件的组成部分。技术标准的内容主要包括各项工艺指标、施工要求、材料检验标准，以及各分部、分项工程施工成形后的检验和验收标准等。有些项目根据所属行业的习惯，也将构成子项目的计量支付内容写进技术标准和要求中。项目的专业特点和所应用的行业标准的不同，决定了不同项目的技术标准和要求存在区别；同一项技术指标，可引用的行业标准和国家标准不止一个，招标文件可以引用；有些大型项目还有必要将其作为专门的科研项目来研究。

(9)投标文件格式

投标文件格式的主要作用是为投标人编制投标文件提供固定的格式和编排顺序，以规范投标文件的编制，同时便于评标委员会评标。

2.3.2 招标工程量清单的编制内容

招标工程量清单应由具有编制能力的招标人或受其委托、具有相应资质的工程造价咨询人员编制。招标工程量清单必须作为招标文件的组成部分，其准确性和完整性应由招标人负责。招标工程量清单是工程量清单计价的基础，应作为编制招标控制价、投标报价、计算或调整工程量、索赔等的依据之一。

(1)编制依据

编制招标工程量清单应依据：

①《建设工程工程量清单计价规范》(GB 50500—2013)和相关工程的国家计量规范；

②国家或省级、行业建设主管部门颁发的计价定额和办法；

③建设工程设计文件及相关资料；

④与建设工程有关的标准、规范、技术资料；

⑤拟定的招标文件；

⑥施工现场情况、地勘水文资料、工程特点及常规施工方案；

⑦其他相关资料。

(2)投标报价说明

①工程量清单中的每一子目必须填入单价或价格，且只允许有一个报价。

②工程量清单中填入的单价或金额，应包括所需人工费、施工机械使用费、材料费、其他费用(运杂费、质检费、安装费、缺陷修复费、保险费，以及合同明示或暗示的风险、责任和义务等)，以及管理费、利润等。措施项目与其他项目费用，是否分摊到分部分项工程的子目单价中，涉及工程量清单的子目列项和表现形式，可以在行业标准施工招标文件或招标人编制的招标文件中明确。

子目单价组成不包括规费和税金等不可竞争的费用。需要注意的是，目前在水利水电、公路、航道港口等工程项目中实行的工程量清单单价，以及国际工程项目上通行的工程量清单综合单价，一般是指全费用的综合单价。

③工程量清单中投标人没有填入单价或价格的子目，其费用视为已分摊在工程量清单中其他相关子目的单价或价格之中。

④暂列金额的数量及拟用子目的说明。暂列金额如何计入投标总价，涉及暂列金额的构成。对房屋建筑工程项目而言，工程量清单中列出的暂列金额包括除规费和税金以外的修理费、利润等税费。不同行业或具体项目中暂列金额的组成，以及规费和税金的计列方式等，需要与《标准文件》相衔接。

⑤暂估价的数量及拟用子目的说明。暂估价的数量和拟用子目应当结合工程量清单中的暂估价表给予补充说明，如果暂估价表已包括拟用子目的说明，则此处无须作重复说明，只需提醒投标人暂估价的价格组成及其与投标报价的关系。如果暂估价表中没有包括拟用子目的说明，则可以在此处说明，如以下两种情况所示：

a. 材料、工程设备暂估价说明。材料、工程设备的暂估价仅指此类材料、工程设备本身运至指定地点的价格，不包括这些材料、工程设备的安装，安装所必需的辅助材料，驻厂建造和发生在现场内的验收、存储、保管、开箱，二次倒运，从存放地点运至安装地点以及其他任何必要的辅助工作所发生的费用，这些费用已经包括在投标价格中并且固定保存。

b. 专业工程暂估价说明。专业工程暂估价是指分包人实施专业分包工程所有供应、安装、完工、调试、修复缺陷等全部工作费用，包括管理费和利润，不包括税金和规费。除了合同约定的承包人应承担的总包管理、协调、配合和服务责任所对应的费用以外，承包人为履行其总包管理、配合、协调和服务所发生的费用已经包括在投标价格中并且固定保存。

(3)其他说明

其他说明是招标人认为有助于投标人正确解读工程量清单和准备有竞争力报价的有关内容，如对招标范围的详细界定、工程量清单组成介绍、工程概况等，以及招标文件其他部分指明应在工程量清单中说明的其他事项。

(4)工程量清单表

关于工程量清单表，《标准文件》给出的是通用表格，具体到招标项目时，工程量清单表的具体表现形式应当按照国家或行业标准进行细化。

2.3.3 编写招标文件应注意的问题

在编写招标文件时，需要特别注意以下几个关键问题，以确保招标过程公开、公正、公平，同时满足项目的实际需求。

(1)内容完整性与准确性

招标文件应包含项目的所有必要信息，如项目名称、背景、目标、范围、技术要求、质量标准、工期要求、合同条款等。所有内容应准确无误，避免使用模糊或含糊不清的表述，以免引发误解或争议。

(2)格式规范与统一

招标文件需要按照一定的格式进行编写，包括封面、目录、正文、附件等部分。格式应规范统一，便于投标人阅读和查阅。同时，文档排版应整洁清晰，避免过于复杂或难以理解的格式。

(3)合理性与公平性

招标文件中的招标条件、评分标准和要求等应合理、公平、公正，避免对某些投标人有倾向性或歧视性。同时，应明确资格要求、投标人资格审查标准等，以便筛选出真正符合项目需求的投标人。

(4)法律合规性

招标文件应符合国家相关法律法规的要求，如《招标投标法》《民法典》等。在编写过程中，应注意遵守法律法规的规定，确保招标活动的合法性和合规性。

(5)时间安排的合理性

招标文件中应明确投标截止时间、开标时间、评标时间等重要时间节点，确保投标人有足够的时间准备投标文件，同时也有利于招标人合理安排评标和合同签订等工作。

(6)保密性与安全性

对于涉及商业秘密或敏感信息的招标文件，应采取必要的保密措施，确保信息不被泄露。同时，应使用安全可靠的电子文档管理系统，防止招标文件被篡改或损坏。

(7)明确沟通渠道与方式

在招标文件中，应提供招标人的联系方式和沟通渠道，以便投标人在投标过程中有疑问或需要澄清的事项时能够及时与招标人取得联系。

编写招标文件是一项严谨而细致的工作，需要充分考虑项目的实际需求、法律法规的要求以及投标人的利益。只有在确保招标文件内容完整、准确、合法且易于理解的基础上，才能吸引更多优质的投标人参与竞标，为项目的顺利实施奠定坚实的基础。

习 题

一、单项选择题

1. 根据《招标投标法实施条例》，潜在投标人对招标文件有异议的，应当在投标截止时间(　　)日前提出。

A. 3　　B. 5　　C. 10　　D. 15

2. 依据《招标投标法》，项目公开招标的资格预审阶段，在“申请人须知”文件中，可以(　　)。

A. 要求投标人必须组成联合体投标　　B. 要求严格的专业资质等级

C. 要求必须使用某种品牌的建筑材料　　D. 对本行业外的投标人提出特别要求

3. 某工程项目招标过程中，甲投标人研究招标文件后，以书面形式提出质疑问题。招标人给予了书面解答，则该解答(　　)

A. 只对甲投标人有效

B. 对全体投标人有效，但无须发送给其他投标人

C. 应发送给全体投标人，并说明问题来源

D. 应发送给全体投标人，但不说明问题来源

4. 关于招标人解答投标人质疑的说法，正确的是(　　)。

A. 招标人给予口头答复即可　　B. 招标人答复只给予提问者

C. 招标人答复作为招标文件的组成部分　　D. 招标人答复与招标文件不一致的，以招标文件为准

5. 关于招标控制价的相关规定，下列说法中正确的是(　　)。

A. 国有资金投资的工程建设项目应编制招标控制价

B. 招标控制价应在招标文件中公布，仅需公布总价

C. 招标控制价超过批准概算 3%以内时，招标人不必将其报原概算审批部门审核

D. 当招标控制价复查结论超过原公布的招标控制价 3%以内时，应责成招标人改正

6. 关于依法必须招标工程的标底与招标控制价，下列说法中正确的是(　　)。

A. 招标人有权自行决定是否采用设标底招标、无标底招标以及招标控制价招标

B. 采用设标底招标的，招标人有权决定标底是否在招标文件中公开

C. 采用招标控制价招标的，招标人应在招标文件中明确招标控制价，也可以规定最低投标限价

D. 公布招标控制价时，还应公布各单位工程的分部分项工程费、措施项目费、其他项目费、规费和税金

二、多项选择题

1. 以下说法正确的是(　　)。

A. 公开招标属于非限制性竞争招标　　B. 公开招标招标时间长、费用高

C. 公开招标可能会提高中标合同价　　D. 邀请招标需要发布招标公告

E. 邀请招标应组织必要的资格审查

2. 可以不进行招标的情形是(　　)。

A. 项目技术复杂或有特殊要求，或者受自然地域环境限制

B. 采用公开招标方式的费用占项目合同金额的比例过大

C. 施工主要技术采用不可替代的专利或者专有技术

D. 已通过招标方式选定的特许经营项目投资人依法能够自行建设

E. 采购人依法能够自行建设

3. 以下说法正确的是(　　)。

A. 标底应当在开标时公布　　B. 标底应当在招标文件中公布

C. 招标人不得规定最低投标限价　　D. 招标控制价不应上调或下浮

E. 投标人的投标报价高于招标控制价的，其投标应予拒绝

三、思考题

1. 建设单位自行招标应具备哪些条件？
2. 工程招标方式有哪些？分别简述其优缺点。
3. 简述必须招标的范围。
4. 简述可以不进行招标的情形。
5. 依法必须招标的工程建设项目，应当具备哪些条件才能进行施工招标？
6. 招标控制价的编制依据和规定有哪些？
7. 简述工程量清单的组成。

第3章　建设工程投标

思维导图

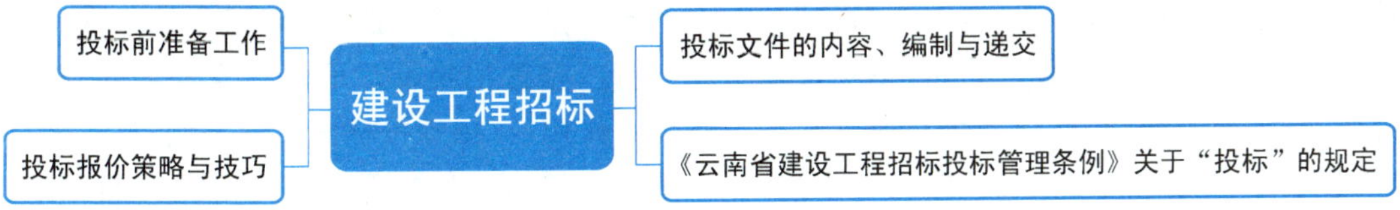

章节目标

知识目标：

1. 阐述投标准备工作的内容；
2. 阐述投标文件的内容；
3. 明确已标价工程量清单的要素；
4. 明确施工组织设计的内容和要求；
5. 理解投标报价策略的方法和技巧。

能力目标：

1. 编写投标文件的内容；
2. 审核已标价工程量清单；
3. 审核施工组织设计的内容；
4. 区别不同投标报价策略的应用。

素质目标：

1. 通过审核施工组织设计的内容，培养学生的系统思维能力；
2. 通过不同投标报价策略的选择和应用，培养学生分析问题、解决问题的能力。

思政目标：

1. 通过投标报价文件中“营改增”的变化，引导学生树立终身学习的发展观；
2. 通过招投标过程的案例分析，引导学生形成牢固的法治精神和遵守招投标法律法规的意识。

案例分析

背景：某国有企业通过电子采购交易平台进行某工程项目招标，招标文件规定投标截止时间10日前，投标人可要求招标人澄清招标文件。投标截止时间13日前，投标人A发现某标段缺少必要的图纸，并请求招标人补充。显然，该问题涉及招标文件的实质性要求，招标人对此作出的澄清会影响投标文件的编制，而此时距投标截止时间已不足 15 日，根据《招标投标法》第二十三条、《招标投标法实施条例》第二十一条的规定，招标人应当顺延投标截止时间，以确保投标者有足够的时间准备其投标文件。然而，由于这次招标涵盖了多个标段，如果只延长一个标段的开标时间，可能会对整个招标流程产生不利影响，影响采购工作的顺利进行。为避免此类情形，招标人考虑在以后的招标文件中将“投标人要求澄清招标文件”的时间提前到投标截止时间 18 日前，请问是否可行？

分析：根据《招标投标法实施条例》第二十二条的规定，“潜在投标人或者其他利害关系人对招标文件有异议的，应当在投标截止时间 10 日前提出。”因此，“投标人要求澄清招标文件”的时间只能是“在投标截止时间 10 日前”。本案例要求投标人过早提出澄清违反法律规定。

本案例中的招投标程序符合《招标投标法》的规定，依法招投标对于促进竞争、预防腐败、保障工程质量与安全、优化市场环境具有不可替代的作用。《招标投标法实施条例》的实施，一方面体现了招投标过程的公开性与公正性，保证了所有符合条件的企业都能在同一起跑线上竞争，不仅激发了市场的活力，也杜绝了私下交易和不正当竞争的现象。另一方面，通过严谨的评标流程，能够筛选出技术实力强、信誉好、报价合理的承包商或供应商，从而保证项目的实施质量和经济效益。招投标制度有助于建立统一、开放、竞争有序的市场体系，推动行业健康发展，提升整体经济效率。

3.1 投标前准备工作

知识链接：《云南省建设工程招标投标管理条例》关于“投标”的规定

投标前的准备工作是一项复杂且细致的流程，涉及对招标公告和招标文件的仔细阅读与理解。投标人必须充分掌握项目要求和投标条件，评估自身的资质和能力，确保符合招标人的要求。投标人应在市场调研的基础上，制定合理的报价策略，考虑风险评估和管理，准备应对可能出现的澄清和答疑环节。这些准备工作做得扎实细致与否，直接关系到对招标项目分析的研究是否深入，提出的投标策略和投标报价是否合理，从而确保投标过程的顺利进行。

下面介绍投标准备工作的主要内容。

3.1.1 招标信息的来源及分析

获取招标信息是投标人参与招标过程的第一步，获取招标信息后投标人才有机会参与竞争并赢得项目合同。准确的招标信息可以帮助投标人评估项目的相关性和适合性，制定有效的投标策略，准备符合要求的投标文件，并合理安排各类资源。此外，及时获取招标信息还有助于投标人发现新的商业机会，扩展业务范围，增加市场份额，从而对企业的长期发展和成功有决定性的影响。

招标信息的来源通常包括以下几种渠道：

（1）官方公告：政府或国有企业的招标信息通常在官方公告平台上发布，例如中国政府采购网、各地方公共资源交易平台等。

（2）招标代理机构：部分招标项目会委托专业的招标代理机构来进行，相关机构会在其官方网站或相关媒体上发布招标信息。

(3)行业协会和商会:行业协会或商会在其官方网站或内部通讯中会分享行业内的招标信息。

(4)数据库和信息服务平台:一些商业数据库和信息服务平台会收集和整理各类招标信息,供用户查询。

(5)企业内部渠道:企业可能会通过内部渠道,如市场部门、业务发展部门等,获取招标信息。

(6)行业展会和会议:在行业展会和专业会议上,主办方或参展商会发布相关的招标信息。

(7)订阅服务:投标人可以通过订阅服务来定期接收招标信息的更新。

(8)合作伙伴和业务联系:通过合作伙伴或业务联系,企业可能会获得招标信息的内部消息。

招标信息的分析是对招标公告、招标文件以及相关市场和竞争对手情况的深入研究,以确保投标者能够准确理解项目需求、评估自身优势和劣势、制定合理的报价策略,并预测可能的风险和挑战。通过细致地分析,投标者可以优化其投标文件,提高中标率,为后续的项目实施阶段奠定坚实的基础。

3.1.2　资格预审

资格预审是招标人对投标企业的资质等级、财务状况、业绩记录、技术能力、管理水平、法律合规性以及社会责任等方面的评估。有关资格预审文件的要求、内容以及资格预审评定的内容在招标文件中已有明确要求。这里仅就投标人申报资格预审时应注意的事项作以下介绍。

(1)充分准备

根据招标文件要求准备所有证明材料,如企业资质等级、安全生产许可证、财务报表、业绩资料等,并确保材料的真实性和有效性。

(2)有效沟通

在有疑问或不确定的情况下,及时与招标人或招标代理机构沟通,获取明确指导。

(3)及时提交

注意预审材料的提交截止日期,确保按时提交所有预审材料。对于涉及商业机密或敏感信息的材料,应确保在提交过程中的保密性。

(4)关注反馈

提交预审材料后,关注招标人或招标代理机构的反馈,如有需要,及时补充或更正信息。

3.1.3　组建投标工作机构

投标工作机构通常由以下人员组成:

(1)投标决策人

投标决策人通常由部门经理和副经理担任,也可由总经济师负责。

(2)技术负责人

技术负责人可由总工程师或主任工程师担任,其主要责任是制定施工方案,并保证方案的可行性和先进性。

(3)商务负责人

商务负责人由经营部门主管造价的负责人、造价专业技术人员等担任,负责投标文件中的商务报价部分,包括成本分析、报价策略等。

(4)文档管理人员

文档管理人员由行政部或办公室副经理担任，主要负责资格审查资料的整理、装订、盖章和密封等，确保文件的准确性和完整性。

此外，法律、财务、IT技术等部门也应积极配合，投标过程中在法律咨询、市场调查、电子投标、费用开支及有关成本费用等方面需给予大力协助。

投标机构的人员应经验丰富且受过良好的培训，有娴熟的技巧和较强的应变能力，要求工作认真、纪律性强，尤其要对公司绝对忠诚。投标机构的人员不宜过多，特别是最后决策阶段，应严格控制参与的人数，以确保投标报价保密。

3.1.4 研究招标文件

研究招标文件能帮助投标人准确把握招标要求，确保投标方案的针对性和符合性，从而制定合理的投标策略和报价，预防法律和合规风险，及时发现并解决潜在问题。

在研究招标文件时，必须对招标文件进行认真研读，若发现不清楚或矛盾处，要提请招标单位澄清。研究招标文件的内容通常有：

(1)研究工程项目

研究招标工程的项目信息，从而了解工程项目的全貌。具体内容包括：

①项目的地址、背景、目的、范围和主要目标等信息。

②研究设计图、技术说明、编制说明、补充通知等。掌握工程的技术细节，各部位做法和材料品种、规格、尺寸，以及各种图样之间的关系。

(2)研究招标文件条款

①熟悉投标须知。明确投标人资质要求、投标保证金、投标有效期等要求。在投标过程中，明确投标人应在什么时间做什么和不应做什么，提高工作效率，避免因低级错误造成废标。

②熟悉投标文件的要求：明确投标文件的结构、内容、格式、必要的附件等相关要求。

(3)研究评标标准和方法

评标标准是衡量投标文件优劣的评价指标。对投标人来说，必须具有丰富的投标经验并熟悉评标标准，才能很好地把握全局，提高投标文件的最终得分。评标标准一般从技术符合性、投标报价、公司资质、财务状况、业绩条件、项目组织实施、创新与可持续发展等方面来综合确定。

评标方法是招标人评定投标文件采用的具体程序和方式。常见的评标方法包括：

①综合评分法：在最大限度地满足招标文件实质性要求的前提下，综合评审价格、技术、财务、状况、信誉、业绩、服务等各项因素后，以得分最高的投标供应商作为中标候选人的评标方法。

②最低投标价法：指评标委员会会根据评标标准确定的每一投标不同方面的货币数额，然后将那些数额与投标价格放在一起来比较。估值后的价格(即评标价)最低的投标可作为中标预选。

③合理最低投标价法：指将能够满足招标文件的各项要求，且投标价格最低的投标作为中选投标。

④性价比分析：指按照要求对投标文件进行评审后，计算出每个有效投标人除价格因素以外的其他各项评分因素的汇总得分，并除以该投标人的投标报价，以商数(评标总得分)最高的投标人为中标候选供应商或者中标供应商的评标方法。

⑤专家评议法：评委们根据判断对标书进行排序或投票，根据排序打分或得票数来决定中

标者。这种方法适用于金额特别小的招标项目或只能定性评审、无法量化评审的项目。

⑥评标标准和评标方法一般会在招标文件中明确，它们是评定投标文件优劣和决定中标结果的关键依据。了解和掌握这些标准和方法，可以帮助投标人制定符合招标要求的投标策略，准备高质量的投标文件，合理制定报价，展现自身的技术优势和管理能力，从而提高中标的可能性。

(4)研究合同条款

合同条款是招标文件的组成部分，双方的最终法律责任和履约价格的体现形式主要是合同。研究合同首先要知道合同的构成及主要条款，可以主要从以下几方面进行分析：

①工程款支付的时间、比例。

②履约保证金的缴纳方式、比例和退还时间。

③工程结算方法、方式、时间等。

④材料的供给方式、价格确定方式。

⑤工期和质量的要求，开、竣工时间及工期惩罚等。

(5)研究招标工程量清单

招标文件中的工程量清单直接影响投标报价及中标机会，因此在确定投标报价时，首先要根据施工图和施工组织设计计算工程量，并列出工程量对比表；然后根据工程项目信息分析各工程量在施工过程中及最终结算时是否会变更等情况，是否存在工程数量、项目特征和设计图不一致等情况。

由于招标工程量清单的准确性和完整性由招标人负责，因此研究招标工程量清单，对投标人科学运用不平衡报价技巧，提高中标概率和中标后的利润有很大的影响。

3.1.5　投标报价的准备工作

3.1.5.1　搜集投标报价的主要依据

(1)招标文件：投标报价必须严格依据招标文件中的技术规格、工程量清单、服务要求等进行详细说明，因此投标人需要搜集招标人发布的招标文件和相关投标答疑文件作为投标报价的主要依据。

(2)政策和法规：投标报价前根据工程概况、建设地点等项目信息，需搜集建设工程工程量清单计价规范、计价定额、费用定额，以及各地有关工程造价的文件，有条件的企业应尽量采用企业定额。

(3)市场调研数据：在整个投标文件的编制中，投标报价的确定是最关键的一个环节，因此必须充分了解当前市场上类似项目或服务的价格水平，以及材料、人工等成本的市场价格。

(4)工程项目资料：详细了解工程的地质水文和施工条件，才能在投标过程中合理选择竞争策略和方案，因此，确定投标报价前需搜集地质勘察报告、施工图、相关的图集、施工规范、标准等相关资料。

(5)其他：投标报价还应结合技术文件中关于施工方案和施工进度计划等信息合理编制。

3.1.5.2　现场调研

现场调研是投标人投标报价的主要准备工作和重要依据之一。通过现场调研，投标人可以详细了解工程的地理位置、施工条件、当地材料和劳动力的市场供应情况和价格，以及可能影响项目进度和成本的特殊因素。这些信息对于制定合理的报价策略、优化施工方案和确保项目成功实施至关重要。因此，现场调研是投标报价中不可或缺的一环，它直接影响到投标的竞争力和中标后的项目管理效率。

现场调研一般主要包括以下内容：

(1)自然地理条件

自然地理条件包括施工现场的地理位置；地形、地貌；用地范围；气象、水文情况；地质情况；地震及抗震设防烈度；洪水、台风及其他自然灾害情况等。自然地理条件关系到施工方案的选择，影响风险费用的估算，是现场调研的重要内容。

(2)市场询价

询价工作是投标程序中重要的一环，是投标人编制投标报价的重要依据，能够为投标人选择投标策略提供重要依据。因此，在报价前必须通过供应商、咨询公司、互联网等多种渠道进行市场调查或询价。市场询价的内容包括劳务工人、建筑材料和设备、各种构配件和半成品、商品混凝土和砂浆、施工机械设备、生活用品等资源的供应状况、价格水平。其中劳务工人的信息主要从劳务公司和劳务市场招聘的工人获取。

询价时应特别注意三个问题，一是产品质量必须可靠且符合招标文件的有关规定；二是供货方式、时间、地点，有无附加条件和费用；三是现款采购和赊账采购的价格差异。

(3)施工条件

施工条件包括临时设施、生活用地位置和大小；给水排水、供电、进场道路、通信设施现状；引接给水排水、电源、通信线路和道路的条件和距离；附近现有建(构)筑物、地下和空中管线情况；环境对施工的限制等。

这些施工条件，一方面会影响施工方案的选择和施工工期的长短，另一方面直接关系到临时设施费支出的多少，从而影响整个工程的施工成本。

(4)其他条件

其他条件包括交通运输条件、工地现场附近的治安情况等。

交通运输条件直接关系到材料和设备的到场价格，对工程造价的影响十分显著。治安情况则关系到材料的非生产性损耗，因而也会影响工程成本。

3.1.5.3 复核招标工程量

复核工程量是投标报价中的一项重要准备工作，是对工程量清单的准确性、合理性进行再次审查。由于工程量是投标报价的最直接依据，也是进行不平衡报价的主要依据。因此，复核工程量的准确程度，将直接影响投标人的经营行为。一方面通过明确复核后的工程量与招标清单工程量之间的差距，来考虑相应的投标策略，从而为不平衡报价策略提供依据；另一方面根据工程量的大小可以采取合适的施工方法，选择适用、经济的施工机具设备，投入相应的劳动力数量，科学组织工程施工。

(1)复核招标工程量的主要内容

①工程量清单复核：检查工程量清单中的项目是否齐全，数量是否准确。

②图纸与清单对照：将工程量清单与设计图纸进行对照，确保清单中的项目与图纸相符。

③计算方法检查：审查工程量的计算方法是否正确，是否符合相关规范和标准。

④材料和规格核对：检查材料的种类、规格是否与设计要求一致。

(2)复核招标工程量的要求

①准确性：确保工程量的计算结果准确无误。

②完整性:确保所有工程内容都被包含在工程量清单中。

③合规性:工程量的计算和复核应符合国家和行业的相关标准和规范。

④及时性:工程量复核应在规定的时间内完成,以免影响投标文件的编制进度。

(3)复核招标工程量的注意事项

①投标人应认真根据招标说明、图样、地质勘察资料等招标文件资料,主要核实招标工程量清单中造价比重大或工程量偏差大的分项工程。

②不可修改招标工程量,即使有误,投标人也不能修改招标工程量清单中的工程量,以避免因修改工程量清单导致投标文件未响应招标文件而被否决的情况发生。

③针对招标工程量清单中工程量的遗漏或错误,是否向招标人提出修改意见取决于投标策略。投标人可以向招标人提出,由招标人统一修改并把修改情况通知所有投标人;也可以运用一些报价的技巧提高报价的质量,争取在中标后能获得更大的收益。

④可按大项分类汇总主要工程总量,据此采用合适的施工方法,选择适用的施工设备,以便把握整个工程的施工规模。中标后还能准确地确定订货及采购物资的数量,防止因超量或少购等带来的浪费、积压或停工待料。

3.2 投标文件

投标文件是投标人根据招标文件的要求编制的,向招标人发出的要约文件。

3.2.1 投标文件的组成

投标文件应当对招标文件提出的实质性要求和条件作出响应。

投标文件一般包括下列内容:

(1)投标函。

(2)投标报价。

(3)施工组织设计。

(4)资格审查资料。

投标函是投标人提交的最重要的文件。投标报价、施工组织设计、资格审查资料都是投标函的支持性文件。投标函体现了投标人对招标项目的响应意愿和承诺,必须加盖单位公章或经其法定代表人或其委托代理人签字或盖章,并且在开标会上当众宣读。

3.2.2 投标函及其附录

投标函及其附录是指投标人按照投标文件的条件和要求,向招标人提交的有关报价、质量目标等承诺和说明的函件,是投标人为响应招标文件相关要求所做的概括性函件,一般位于投标文件的首要部分,其内容、格式必须符合招标文件的规定。

3.2.2.1 投标函的内容及格式

投标函包括投标人告知招标人本次所投的项目具体名称和具体标段,以及本次投标的报价、承诺工期和达到的质量目标,主要内容有投标有效期、投标保证金、中标后的承诺、投标函的签署四个方面。投标函的格式如下:

投 标 函

＿＿＿＿＿＿＿＿（招标人名称）：

1.我方已仔细研究了＿＿＿＿＿＿＿＿（项目名称）＿＿＿标段施工招标文件的全部内容，愿意以人民币（大写）＿＿拾（亿）＿＿亿＿＿仟（万）＿＿佰（万）＿＿拾（万）＿＿万＿＿仟＿＿佰＿＿拾＿＿元（￥＿＿＿＿）的投标总报价，其中人工费合计＿＿＿＿元，人工占比＿＿＿%，工期＿＿＿日历天，按合同约定实施和完成承包工程，修补工程中的任何缺陷，工程质量达到＿＿＿。

2.我方承诺在投标有效期内不修改、撤销投标文件。

3.随同本投标函提交投标保证金一份，金额为人民币（大写）＿＿＿＿＿＿元（￥＿＿＿＿）。

4.如我方中标：

(1)我方承诺在收到中标通知书后，在中标通知书规定的期限内，与你方按照招标文件和我方的投标文件签订合同。

(2)随同本投标函递交的投标函附录属于合同文件的组成部分。

(3)我方承诺按照招标文件规定向你方递交履约担保。

(4)我方承诺在合同约定的期限内完成并移交全部合同工程。

(5)我方承诺不因施工组织设计方案发生变更而增加工程造价。

5.＿＿＿＿＿＿＿＿＿＿＿＿＿＿＿＿＿＿＿＿（其他补充说明）。

投　标　人（电子签章）：＿＿＿＿＿＿＿＿

法定代表人（电子签章）：＿＿＿＿＿＿＿＿

地　　址：＿＿＿＿＿＿＿＿＿＿＿＿

网　　址：＿＿＿＿＿＿＿＿＿＿＿＿

电　　话：＿＿＿＿＿＿＿＿＿＿＿＿

传　　真：＿＿＿＿＿＿＿＿＿＿＿＿

邮政编码：＿＿＿＿＿＿＿＿＿＿＿＿

＿＿＿＿年＿＿＿＿月＿＿＿＿日

3.2.2.2　投标函附录的内容及格式

投标函附录一般附于投标函之后，是投标函的补充文件，与投标函共同构成合同文件的重要组成部分，主要内容是对投标文件中涉及关键性或实质性内容的条款进行说明或强调。

投标人填报投标函附录时，在满足招标文件实质性要求的基础上，可以提出比招标文件要求更有利于招标人的承诺，一般以表格形式摘录列举。投标函附录除对合同重点条款进行摘录外，也可以根据项目的特点、需要，并结合合同执行者重视的内容进行摘录。

投标函附录的格式如表 3-1 所示。

表 3-1　投标函附录

工程名称：＿＿＿＿＿＿＿＿＿＿＿＿（项目名称）＿＿＿＿＿ 标段

序 号	条款内容	合同条款号	约定内容	备 注
1				
2				
3				
4				
5				
6				
7				
8				
9				
10				
11				
12				
⋮				
备注：投标人在响应招标文件中规定的实质性要求和条件的基础上，可做出其他有利于招标人的承诺。此类承诺可在本表中予以补充填写。				

投标人（电子签章）：＿＿＿＿＿＿＿＿＿＿＿＿

法定代表人（电子签章）：＿＿＿＿＿＿＿＿＿＿

日期：＿＿＿＿年＿＿＿＿月＿＿＿＿日

3.2.3　法定代表人身份证明或授权委托书

3.2.3.1　法定代表人身份证明

在招投标活动中，法定代表人身份证明是一个重要的法律文件，用以证明某人是公司的法定代表人，有权代表公司参与招投标等法律活动。它是招投标过程中必须提供的证明之一。法定代表人应获得经过严格审核的身份证明，以证明其代表资格和服务的合法性。

法定代表人身份证明适用于法定代表人亲自投标而不委托代理人投标的情况。这份文件应包含法定代表人的基本信息、公司信息、授权范围和有效期限等，并由法定代表人签字或公司盖章确认。法定代表人身份证明的格式如下：

法定代表人身份证明

投 标 人：________________

单位性质：________________

地　　址：________________

成立时间：______年______月______日

经营期限：________________

姓　　名：________　性　别：________

年　　龄：________　职　务：________

系________________（投标人名称）的法定代表人。

特此证明。

投标人：____________（电子签章）

______年______月______日

注：附法定代表人身份证扫描件（正反面）。

3.2.3.2 授权委托书

授权委托书适用于法定代表人不能亲自投标而委托代理人投标的情况。一般规定经授权委托书指定的代理人不能再次委托，即代理人无转委托权。授权委托书的格式如下：

授权委托书

本人________（姓名）系________________（投标人名称）的法定代表人，现委托________（姓名）为我方代理人。代理人根据授权，以我方名义签署、澄清、说明、补正、递交、撤回、修改________________（项目名称）________标段施工投标文件、签订合同和处理有关事宜，其法律后果由我方承担。

委托期限：________________

________________。

代理人无转委托权。

附：委托代理人身份证扫描件（正反面）。

投　标　人：____________（电子签章）

法定代表人：____________（电子签章）

身份证号码：____________

委托代理人：____________

身份证号码：____________

______年______月______日

注：以联合体形式投标的，本授权委托书应由联合体牵头人的法定代表人按上述规定进行电子签章。

3.2.4 联合体协议书

联合体协议书是两个或多个法人、组织或个人为了共同完成某个项目或任务而签订的合作协议。由于联合体是合作各方为了能够共同投标并在中标后共同完成中标项目而必须先组建的临时性组织，不具有法人资格。而联合体成员均为独立法人或具有完全民事行为能力的组织或个人，因此需要共同签订联合体协议书。

如果合作各方共同注册并进行长期的经营活动的“合资公司”等法人形式的联合体，则不属于此处所称的联合体。凡联合体参与投标的，均应签署并提交联合体协议书。

(1)联合体投标的注意事项

①联合体的范围：根据《中华人民共和国政府采购法》，联合体可以由自然人、法人或其他组织组成，但《招标投标法》规定不包括自然人。

②联合体各方应具备的条件：所有参与联合体的成员都应具备独立承担民事责任的能力、良好的商业信誉、健全的财务会计制度、必要的设备和专业技能、依法缴纳税收和社会保障资金的良好记录，以及近三年内无重大违法记录。

③联合体资质等级的确认：如果联合体中有同类资质的成员等级不同，应按照资质等级较低的供应商确定联合体的资质等级。

④联合体投标的禁止行为：联合体成员不得再单独参加或与其他供应商组成新的联合体参加同一合同项下的政府采购活动。

⑤联合体投标的组合形式：联合体可以由法人组成，也可以由非法人组织组成，还可以由法人与其他组织组成。联合体是临时性组织，不具有法人资格。

⑥联合体对外的身份：联合体对外以一个投标人的身份出现，联合体成员应共同与招标人签订合同，并对外承担连带责任。

⑦联合体投标的常见情形：联合体投标多见于大型建设项目和结构较为复杂的建设项目，可以由不同资质等级的单位组成，但应按照资质等级低的单位的业务许可范围承揽工程。

⑧联合体投标的无效情形：如果联合体成员在同一招标项目中以自己的名义单独投标或参加其他联合体投标，相关投标均无效。

⑨合同履行：联合体中标后，各方应共同与招标人签订合同，并就中标项目向招标人承担连带责任。

⑩内部职责分工：联合体成员应明确内部职责分工，包括各自承担的工作量和相应的责任。

(2)联合体协议书的内容

①联合体成员的数量：联合体协议书中首先必须明确联合体成员的数量。其数量必须符合招标文件的规定，否则将被视为不响应招标文件规定而作为废标。

②牵头人和成员单位名称。

③联合体协议中牵头人和各方的职责、权利及义务约定。

④联合体内部分工：约定联合体各方拟承担的具体工作。

⑤签署：联合体协议书应按招标文件规定进行签署和盖章。

(3)联合体协议书的格式如下：

联合体协议书

（所有成员单位名称） 自愿组成 （联合体名称） 联合体，共同参加 （项目名称） 标段施工投标。现就联合体投标事宜订立如下协议：

1. （某成员单位名称） 为 （联合体名称） 牵头人。

2. 联合体牵头人合法代表联合体各成员负责本招标项目投标文件编制和合同谈判活动，并代表联合体提交和接收相关的资料、信息及指示，并处理与之有关的一切事务，负责合同实施阶段的主办、组织和协调工作。

3. 联合体将严格按照招标文件的各项要求，递交投标文件，履行合同，并对外承担连带责任。

4. 联合体各成员单位内部的职责分工如下：____________________

5. 本协议书自签署之日起生效，合同履行完毕后自动失效。

6. 本协议书一式____份，联合体成员和招标人各执一份。

注：本协议书由委托代理人签字的，应附法定代表人签字的授权委托书。

牵头人名称：____________________（盖单位章）

法定代表人或其委托代理人：____________________（签字）

成员一名称：____________________（盖单位章）

法定代表人或其委托代理人：____________________（签字）

成员二名称：____________________（盖单位章）

法定代表人或其委托代理人：____________________（签字）

____年____月____日

3.2.5 投标保证金

投标保证金是指投标人按照招标文件的要求向招标人出具的，以一定金额表示的投标责任担保。其实质是为了避免因投标人在投标有效期内随意撤回、撤销投标或中标后不能提交履约保证金和签署合同等行为而给招标人造成损失。投标保证金除现金外，可以是银行出具的银行保函、银行汇票或现金支票等。

招标投标是一项严肃的法律活动，招标人的招标是一种要约邀请行为.投标人作为要约人，向招标人递交投标文件之后，即意味着响应招标人发出的要约邀请。在投标文件递交截止时间至招标人确定中标人的这段时间内，投标人不能要求退出竞标或者修改投标文件；而一旦招标人发出中标通知书，作出承诺，则合同即告成立，中标的投标人必须接受，并受到约束。否则，投标人就要承担合同订立过程中的缔约过失责任，就要承担投标保证金被招标人没收的法律后果。这实际上是对投标人违背诚实信用原则的一种惩罚。所以，投标保证金能够对投标人的投标行为产生约束作用，这是投标保证金最基本的功能。

3.2.5.1 投标保证金的形式

投标保证金除现金外，还可以是银行出具的银行汇票、银行保函、支票等。

(1)现金。对于数额较小的投标保证金而言,采用现金方式提交是一个不错的选择。

(2)银行汇票。银行汇票是汇票的一种,是一种汇款凭证,由银行开出,交由汇款人转交给异地收款人,异地收款人再凭银行汇票在当地银行兑取汇款。对于用作投标保证金的银行汇票而言,则是由银行开出,交由投标人递交给招标人,招标人再凭银行汇票在自己的开户银行兑取汇款。

(3)银行保函。一般招标人会在招标文件中给出银行保函的格式和内容,且要求保函的主要内容不能改变,否则将以不符合招标文件要求作废标处理。应单独提交银行保函正本,并在投标文件中附上复印件或将银行保函正本装订在投标文件正本中。

(4)支票。支票是出票人签发的,委托办理支票存款业务的银行或者其他金融机构在见票时无条件支付确定的金额给收款人或者持票人的票据。投标人应确保招标人收到支票后在招标文件规定的截止时间之前,将投标保证金划拨到招标人指定账户,否则视为投标保证金无效。

3.2.5.2　投标保证金的金额

投标保证金的金额通常有相对比例金额和固定金额两种方式。《招标投标法实施条例》第二十六条规定:“招标人在招标文件中要求投标人提交投标保证金的,投标保证金不得超过招标项目估算价的 2%。投标保证金有效期应当与投标有效期一致。依法必须进行招标的项目的境内投标单位,以现金或者支票形式提交的投标保证金应当从其基本账户转出。”

《工程建设项目勘察设计招标投标办法》(2013 年修订)规定:“招标文件要求投标人提交投标保证金的,保证金数额不得超过勘察设计估算费用的 2%,最多不超过十万元人民币。依法必须进行招标的项目的境内投标单位,以现金或者支票形式提交的投标保证金应当从其基本账户转出。”

根据招标文件的要求和相关法律法规的规定,投标人应提交规定金额的投标保证金,并作为其投标书的一部分。

3.2.5.3　投标保证金的提交

投标保证金作为投标文件的有效组成部分,投标人不按招标文件要求提交投标保证金的,其投标文件作废标处理。

依法必须进行招标的项目的境内投标单位,以现金或者支票形式提交的投标保证金应当从其基本账户转出;投标人应当按照招标文件要求的方式和金额,将投标保证金随投标文件提交给招标人;投标保证金是投标文件的必需要件,是招标文件的实质性要求;联合体投标时,投标保证金可以由联合体各方共同提交或由联合体中的一方提交,对联合体各方均具有约束力。

3.2.5.4　投标保证金的有效期

投标保证金对投标人的约束作用是有一定时间限制的,这一时间即为投标有效期。如果超出了投标有效期,则投标人不对其投标的法律后果承担任何责任。因此,投标保证金只是在一个明确的期限内保持有效,从而可以防止招标人无限期地延长定标时间,影响投标人的经营决策以及合理调配自己的资源。

投标保证金一般在投标文件提交截止时间之前提交,它的投标有效期是以递交投标文件的截止时间为起点,以招标文件中规定的时间为终点的一段时间。在这段时间内,投标人必须对其递交的投标文件负责,受其约束。而在投标有效期开始生效之前(即递交投标文件截止时间之前),投标人(潜在投标人)可以自主决定是否投标、对投标文件进行补充修改,甚至撤回已递交的投标文件;在投标有效期届满之后,投标人可以拒绝招标人的中标通知而不受任何约束或惩罚。

3.2.5.5 投标保证金的退还

《招标投标法实施条例》第三十一条规定:“招标人终止招标的,应当及时发布公告,或者以书面形式通知被邀请的或者已经获取资格预审文件、招标文件的潜在投标人。已经发售资格预审文件、招标文件或者已经收取投标保证金的,招标人应当及时退还所收取的资格预审文件、招标文件的费用,以及所收取的投标保证金及银行同期存款利息。”

招标人最迟应当在书面合同签订后 5 日内向中标人和未中标的投标人退还投标保证金及银行同期存款利息。但是,下列任何情况发生时,投标保证金将被没收:

1)投标截止后投标人撤销投标文件的。

2)中标人在规定期限内未能按规定签订合同或按规定接受对错误的修正;或未根据招标文件规定提交履约保证金。

3)投标人采用不正当的手段骗取中标。

3.2.5.6 投标保证金的格式

投标保证金的格式如下:

投标保证金

________________(招标人名称):

本投标人自愿参加________(项目名称)________标段施工的投标,并按招标文件要求缴纳投标保证金,金额为人民币(大写)________元(¥________)。

本投标人承诺所交纳投标保证金是从本公司基本账户以转账方式按照招标文件中投标人须知前附表 3.4.1 项要求交纳的,若有虚假,由此引起的一切责任均由我公司承担。

附:银行转账回单或保证金收款收据(招标代理机构开具给投标人)复印件。

投 标 人:______________(盖单位章)

法定代表人或其委托代理人:________________(签字)

______年______月______日

3.2.6 已标价工程量清单

已标价工程量清单是合同文件的组成部分之一,是投标文件中已标明价格、经算术性错误修正(如有)且承包人已确认的工程量清单,包括对其的说明和表格。招标工程量清单给出的子目编码、子目名称、子目特征、计量单位和工程量在已标价工程量清单中不能改动。

3.2.6.1 已标价工程量清单的编制原则

(1)自主报价原则:投标人报价由投标人自主确定,但必须执行《建设工程工程量清单计价规范》(GB 50500—2013)的强制性规定。

(2)不低于成本原则:《招标投标法》规定,投标文件要能够满足招标文件的实质性要求,并且经评审的投标价格最低,但是投标价格低于成本的除外。

(3)不高于最高投标限价原则:最高投标限价是指根据国家或省级建设行政主管部门颁发

的有关计价依据和办法，依据拟定的招标文件和招标工程量清单，结合工程具体情况发布的招标工程的最高投标限价。

《建筑工程施工发包与承包计价管理办法》规定“国有资金投资的建筑工程招标的，应当设有最高投标限价；非国有资金投资的建筑工程招标的，可以设有最高投标限价或者招标标底。”

《招标投标法实施条例》第二十七条第三款规定“招标人设有最高投标限价的，应当在招标文件中明确最高投标限价或者最高投标限价的计算方法。招标人不得规定最低投标限价。”

3.2.6.2　已标价工程量清单的内容

已标价工程量清单应包括的内容根据招标文件确定，特别是投标文件是否附“工程量清单综合单价分析表”，需要根据招标文件的明确规定提交；若未明确是否提交该表，则投标人可以自行决定。根据《建设工程工程量清单计价规范》(GB 50500—2013)，已标价工程量清单的内容包括：

(1)封面、扉页、说明

①投标报价封面。

②投标报价扉页。

③编制说明。

(2)投标报价汇总表

①建设项目投标报价汇总表。

②单项工程投标报价汇总表。

③单位工程投标报价汇总表。

(3)分部分项工程和措施项目计价表

①分部分项工程和施工技术措施项目清单与计价表。

②综合单价计算表。

③施工组织(总价)措施项目清单与计价表。

(4)其他项目计价表

①其他项目清单与计价表。

②暂列金额明细表。

③材料(工程设备)暂估单价及调整表。

④专业工程暂估价(结算价)表。

⑤计日工表。

⑥总承包服务费计价表。

(5)规费、税金计价表。

3.2.7　施工组织设计

施工组织设计是编制投标报价的基础，是反映投标企业施工技术水平和施工能力的重要标志。投标文件中的施工组织设计也称技术标，是指导拟建工程施工全过程中各项活动的技术、经济和组织的综合性文件。

投标人应结合招标项目特点、难点和需求，研究项目技术方案，并根据招标文件的统一格式和要求编制施工组织设计，做到层次分明、逻辑缜密，突出项目特点及招标人需求，并能体现投标人的技术水平和能力特长。

3.2.7.1 施工组织设计的编制原则

施工组织设计的编制必须确保施工过程中的效率、安全、质量和经济性，同时符合法律法规和行业标准。它的编制应遵循以下原则：

(1)重视工程的组织对施工的指导作用。

(2)提高施工的工业化程度。

(3)重视管理创新和技术创新。

(4)重视工程施工的目标控制。

(5)积极采用国内外先进的施工技术。

(6)充分利用时间和空间，合理安排施工顺序，提高施工的连续性和均衡性。

(7)合理部署施工现场，实现文明施工。

3.2.7.2 施工组织设计的编制内容

投标文件中施工组织设计的内容尽可能采用文字并结合图表形式来说明施工方法，直观、准确地表达方案的意思和作用。技术复杂的项目对技术文件的编写内容及格式均有详细要求，投标人应根据招标文件和对现场的踏勘情况，参考以下要点编制施工组织设计：

(1)编写说明；

(2)工程概况及施工条件分析；

(3)施工部署及准备；

(4)工程特点、重难点分析及主要施工方案；

(5)施工总进度计划及保证措施(包括横道图或注明关键线路的网络进度计划，主要施工机械设备、劳动力需求计划，材料设备进场计划，以及工期保证措施等)；

(6)质量保证措施和创优计划；

(7)安全保证措施；

(8)文明施工措施；

(9)应急救援组织方案；

(10)冬季和雨季施工方案；

(11)施工现场总平面布置(投标人应递交一份施工总平面图，在空间上规划现场临时设施，内容包括垂直起重机械、现场道路、临时设施、原材料及半成品的加工及储存、现场办公、供电、供水、卫生、绿化、消防等设施)；

(12)“四新”技术；

(13)招标文件规定的其他内容。

3.2.7.3 施工组织设计的编制要求

(1)若“投标人须知”规定施工组织设计采用技术“暗标”方式评审，则应按“暗标”编制和装订施工组织设计。

(2)施工组织设计除采用文字表述外还可附下列图表：

①拟投入本工程的主要施工设备表。

②拟配备本工程的试验和检测仪器设备表。

③劳动力计划表。

④计划开、竣工日期和施工进度网络图。

⑤施工总平面图。

⑥临时用地表。

3.2.8　项目管理组织机构和拟分包项目情况

项目管理组织机构是负责工程项目管理的组织机构，其目的是确保项目按照合同约定的质量、成本、进度目标顺利完成。项目管理组织机构一般包括管理班子机构设置、项目管理班子配备情况、主要人员情况，以及相关证明等资料。

(1)项目管理组织机构。项目管理组织机构根据项目概况和合同要求进行配置，在项目经理的领导下，组建合同部、技术部、工程部、物资部、测量组实验室、安全部等部门。

(2)施工现场专业(管理)人员基本情况表如表 3-2 所示。

表 3-2　施工现场专业(管理)人员基本情况表

岗位	姓名	性别	出生年月	工作年限	职称	学历	岗位证书(资格证书)及编号	岗位要求
项目负责人								专职：□ 可兼任：□
技术负责人								专职：□ 可兼任：□
施工员								专职：□ 可兼任：□
安全员								专职：□ 可兼任：□
质量员								专职：□ 可兼任：□
标准员								专职：□ 可兼任：□
材料员								专职：□ 可兼任：□
机械员								专职：□ 可兼任：□
劳务员								专职：□ 可兼任：□
资料员								专职：□ 可兼任：□

注：①此表须符合招标文件中“施工现场专业(管理)人员配备表”的要求；

②表中“岗位要求”一栏，“专职”“可兼任”由投标人在□内打“√”；

③相关证书及资料附后。

(3)主要项目管理人员简历。主要项目管理人员是指项目经理、项目副经理、技术负责人、专职安全生产管理人员等岗位人员。项目负责人应附建造师执业资格证书、注册证书、安全生产考核合格证书、身份证、职称证、学历证、养老保险扫描件及未担任其他在建建设工程项目的项目负责人的承诺书，管理过的项目业绩须附合同协议书和竣工验收备案登记表扫描件。类似项目限于以项目负责人身份参与的项目。

项目负责人简历表如表 3-3 所示。

表 3-3 项目负责人简历表

姓 名		年 龄		学历	
职 称		职 务		拟在本工程任职	项目负责人
注册建造师执业资格等级			级	建造师专业	
安全生产考核合格证书				注册单位	
毕业学校	年毕业于		学校	专业	
主要工作经历					

序号	参加过的类似项目名称	项目地址	业主名称	联系人姓名及电话	合同金额	完成时间	在项目中担任何种职务

承 诺 书

________________(招标人名称)：

我方在此声明，我方拟派往______________(项目名称)______标段(以下简称“本工程”)的项目负责人______________(项目负责人姓名)现阶段没有担任任何在建建设工程项目的项目负责人。

我方保证上述信息的真实和准确，并愿意承担因我方就此弄虚作假所引起的一切法律后果。

特此承诺

投标人：________________________(电子签章)

法定代表人：________________________(电子签章)

____年____月____日

(4)项目拟分包情况。如有分包工程，投标人应说明工程的内容、分包人的资质及以往类似工程业绩等。

项目拟分包情况表，如表 3-4 所示。

表 3-4　项目拟分包情况表

<table>
<tr><td>分包人姓名</td><td colspan="2"></td><td>地址</td><td colspan="2"></td></tr>
<tr><td>法定代表人</td><td></td><td>营业执
照号码</td><td></td><td>资质等级证书号码</td><td></td></tr>
<tr><td>拟分包的工程项目</td><td colspan="2">主要内容</td><td colspan="2">结算造价</td><td>工程业绩</td></tr>
<tr><td></td><td colspan="2"></td><td colspan="2"></td><td rowspan="2"></td></tr>
<tr><td></td><td colspan="2"></td><td colspan="2"></td></tr>
</table>

3.2.9　投标文件的编制与递交

3.2.9.1　投标文件的编写、签署、装订、密封

(1)投标文件的编写

①投标文件须按照招标文件要求的格式编制，包括页边距、字体、图表的形式等。如有必要，可增加附页，作为投标文件的组成部分。投标文件的语言表达要清晰、准确，避免模糊不清的描述；使用的图表、图片和附件要前后一致，数据准确。

②投标文件须对工期、投标有效期、质量要求、技术标准和要求、招标范围等实质性内容作出全面具体的响应。投标函及其附录可在满足招标文件实质性要求的基础上，提出比招标文件要求更有利于招标人的承诺。

③投标文件正本应用不褪色墨水书写或打印。投标文件应尽量避免涂改、行间插字或删除，若出现上述情况，改动之处应由投标人的法定代表人(或委托代理人)签字确认并盖投标人公章。

(2)投标文件的签署

组成投标文件的投标函及投标函附录、已报价工程量清单、调价函及调价后报价明细目录等内容，应由投标人的法定代表人或其委托代理人逐页签署姓名(该页正文内容已由投标人的法定代表人或其委托代理人签署姓名的，可不签署)，并逐页加盖投标人单位印章或按招标文件签署规定执行。

(3)投标文件的装订

①投标文件正本与副本应分别装订成册，并编制目录，封面上应标记“正本”或“副本”，正本和副本份数应符合招标文件规定。

②投标文件正本与副本都不得采用活页夹。否则，招标人对投标文件因装订松散而造成的丢失或其他后果不承担任何责任。

③如果需要提交电子版投标文件，须确保文件格式(如 PDF)正确，并检查电子文件的可读性。

(4)投标文件的密封、包装

投标文件包含投标报价书、商务应答、技术方案三部分，需独立封装。首先，将各部分分别

装入信封并标注公司名称和项目名称。然后，将所有已密封的部分放入一个大密封袋中，并再次标注。最后，确保密封袋外清晰可见公司名称和项目名称，以符合招标规定。

投标文件密封的相关规定如下：

①投标文件正本与副本应分别包装在内层封套里；投标文件电子文件（如需要）应置于正本的同一内层封套里，然后统一密封在一个外层封套中，加密封条和盖投标人密封印章。国内招标的投标文件一般采用一层封套。

②投标文件内层封套上应清楚标记"正本"或"副本"字样。投标文件内层封套应写明投标人邮政编码、投标人地址、投标人名称、所投项目名称和标段。投标文件外层封套应写明招标人地址及名称、所投项目名称和标段、开启时间等。

③招标文件有其他要求的须按照具体要求进行密封和标记。未按招标文件规定要求密封和加写标记的投标文件，招标人将拒绝接收。

3.2.9.2 投标文件的递交和有效期

(1)投标文件的递交

《招标投标法》第二十八条规定："投标人应当在招标文件要求提交投标文件的截止时间前，将投标文件送达投标地点。招标人收到投标文件后，应当签收保存，不得开启。""在招标文件要求提交投标文件的截止时间后送达的投标文件，招标人应当拒收。"

根据《招标投标法》的规定，投标人必须按照招标文件要求在规定时间内将投标文件送达投标地点。递交投标文件的方式有直接送达、委托代理人送达或者邮寄。其中，直接送达或者委托代理人送达的方式可以获得招标代理机构已收到投标文件的回执；邮寄方式需要注意的是投标人必须留出邮寄的时间，确保投标文件能够在截止时间之前送达招标人指定地点。

(2)投标文件的接收

招标人收到投标文件后应当签收保存。为保护投标人的合法权益，招标人必须履行完备、规范的签收手续，记录投标文件递交的时间、地点以及密封状况，并在签收后将所有签收的投标文件妥善保存。在招标文件规定的开标时间前不得开启任何一份投标文件。

(3)投标有效期

《工程建设项目货物招标投标办法》第二十八条规定："招标文件应当规定一个适当的投标有效期，以保证招标人有足够的时间完成评标和与中标人签订合同。"投标有效期一方面起到了约束投标人在投标有效期内不能随意更改和撤回投标的作用；另一方面也促使招标方加快评标、定标和签约过程，从而保证投标人的投标不至于因招标方无限期拖延而增加投标人的风险。投标有效期对招标人和投标人双方都起到了保护和约束的双重作用。

投标有效期从提交投标文件截止日起计算，一般不宜超过 90 天，根据招标项目的性质、规模、评标难易程度等诸多因素的不同，评标时间也有所不同。重要的设备和材料评标的时间为 15～30 天；中小型工程评标时间为 15～30 天；大中型工程评标时间为 20～60 天。在此期限内，所有投标文件均保持有效，招标人需在投标文件有效期截止前完成评标，向中标单位发出中标通知书以及签订合同协议书。

在原投标有效期结束前，出现特殊情况的，招标人应以书面形式要求所有投标人延长投标有效期。投标人同意延长的，应立即以书面形式对此要求向招标人作出答复，相应延长其投标保证金的有效期；投标人拒绝延长的，其投标失效，但投标人有权收回其投标保证金，如果投标人在投标文件有效期内撤回投标文件，则其投标担保（保证金）将被没收。

3.3　投标报价策略与技巧

投标报价竞争的胜负，决定了企业是否能够在激烈的市场竞争中脱颖而出，获得项目中标，这不仅取决于竞争者的经济实力和技术水平，而且还取决于竞争策略是否正确和投标报价的技巧运用是否得当。正确的报价策略需要综合考虑成本分析、市场调研、风险评估和利润目标，同时运用有效的报价技巧，确保企业在满足客户需求的同时，实现经济效益最大化。此外，一个明智的报价策略还能帮助企业建立良好的市场声誉，促进与客户的长期合作关系，为企业的持续成长和市场扩张打下坚实基础。

3.3.1　投标报价策略的定义

所谓投标报价策略，是指投标单位在合法竞争条件下，依据自身的实力和条件确定的投标目标、竞争对策和报价技巧，即决定投标报价行为的决策思维和行动，包含投标报价目标、对策、技巧三要素。对投标单位来说，在掌握了竞争对手的信息动态和有关资料之后，一般是在对投标报价策略因素进行综合分析的基础上，决定是否参加投标报价；决定参加投标报价后确定怎样的投标目标；在竞争中采取怎样的对策以战胜竞争对手，达到中标的目的。这种研究分析，就是制定投标报价策略的具体过程。

3.3.2　投标报价策略的分类

投标报价时，既要考虑企业自身的优势和劣势，也要分析投标项目的特点。按照工程项目的不同特点、类别、施工条件等来选择报价策略。

(1)生存型

投标报价以克服生存危机为目标来争取中标，可以不考虑各种利益原则。由于社会、政治、经济环境的变化和投标人自身经营管理不善等，投标人的投标项目减少、企业经济状况压迫，可能造成一些投标人的生存危机。这时投标人应以生存为重，采取不盈利甚至赔本也要夺标的态度，暂时维持生存，渡过难关。

(2)竞争型

投标报价以竞争为手段，以开拓市场、降低盈利为目标，在精确计算成本的基础上，充分估计各竞争对手的报价目标，以有竞争力的报价达到中标的目的。一般投标人在经营状况不景气，竞争对手有威胁，或者开发新的地区业务、开拓新的工程施工类型，投标项目风险小，施工工艺简单、工程量大、社会效益好的项目等情况下可以采用竞争型投标报价策略。

(3)盈利型

投标报价充分发挥自身优势，以实现最佳盈利为目标，不太注重对竞争对手的动机分析和对策研究。投标人在遇到如下情况时可以采用：投标人在该地区已经打开局面，施工能力饱和、信誉度高、竞争对手少、具有技术优势并对招标人有较强的名牌效应，投标人的目标主要是扩大影响；或者施工条件差、难度高、资金支付条件不好、工期质量等要求苛刻，以及联合体投标的项目等。

不同投标报价策略类型的选择是依据一定的条件进行分析决定的。竞争型投标报价策略是投标单位采用的普遍形式。

3.3.3 投标报价的技巧

投标报价的技巧是针对评标办法，在深入分析工程本身的特点、竞争对手的心态、企业的实力和愿望的基础上，权衡竞争力、收益、风险之间的关系，从若干选择中确定最优报价。

确定最优报价是提高竞标能力的关键之一。在最优报价条件下，施工承包人既有中标机会，又能获取较为可观的利润。投标报价的策略有：

(1)不平衡报价法

不平衡报价法是指一个工程项目的投标报价，待总价基本确定后，如何调整内部各个项目的报价，以期既不提高总价、不影响中标，又能在结算时得到更理想的经济效益。这种方法在工程项目中运用得比较普遍。对于工程项目，一般可根据具体情况考虑采用不平衡报价法。

常见的不平衡报价法有：

①项目前期的措施费、基础工程、土石方工程等报价可以调高，以利于资金周转，后期工程项目(如设备安装、装饰工程等)的报价可适当调低。

②经过工程量核算，预计今后工程量会增加的项目，适当调高单价；而工程量有可能减少的项目，适当降低单价。需要注意的是，调整项目单价时要具体分析项目信息，具体确定，不能盲目抬高价格。

③对于设计图纸不明确，后期估计要变更设计、增加工程量的，可以提高单价，而工程内容说不清楚的，则可以降低单价。

(2)多方案报价法

除招标文件另有规定外，投标人不得递交备选投标方案。允许投标人递交备选投标方案的，中标人所递交的备选投标方案方可予以考虑。

多方案报价法首先按原招标条件报一个价，如果基本条款作某些变动，然后再提出报价可降低的额度。这样可以降低总价，吸引招标人。应用多方案报价法时，投标人应组织一批有经验的设计和施工方面的工程师，对原招标文件中的设计和施工方案仔细研究，提出更理想的方案以吸引招标人，促使自己的方案中标。这种新的建议可以降低总造价，或提前竣工或使工程运用更合理。但要注意的是，对原招标方案也要报价，而新方案报价是供招标人比较的。

(3)突然降价法

投标报价是一件保密工作，但是对手往往通过各种渠道、手段来刺探情报，因此在报价时可以采用迷惑对手的方法。即先按一般情况报价，到快要投标截止时再突然降价。采用这种方法时，一定要在准备投标的过程中考虑好降价的方案，在临近投标截止日期前，根据情报信息分析，再作出决策。

(4)先亏后盈法

对大型分期建设工程，在第一期工程投标时，可以将部分间接费分摊到第二期中去，少计算利润以争取中标。这样在第二期工程投标时，凭借第一期工程的经验、临时设施以及创立的信誉，比较容易拿到第二期工程。但第二期工程遥遥无期时，则不可以这样考虑。

(5)许诺优惠条件

投标报价附带优惠条件是行之有效的一种手段。招标人评标时，除了主要考虑报价和技术方案外，还要分析别的条件，如工期、支付条件等。所以，在投标时主动提出提前竣工、低息贷款、赠给施工设备，免费转让新技术或某种技术专利、免费技术协作、代为培训人员等，均是吸引招标人、利于中标的辅助手段。

(6)争取评标奖励

有时招标文件规定，对某些技术指标的评标，可以提供优于规定的指标值，评标时能给予适当的评标奖励。因此，投标人可以在这些指标方面提出优于规定标准的方案，从而获得评标奖励，有利于在竞争中取胜。但要注意，技术优于招标规定，将导致报价相应上涨，如果投标报价过高，即使获得评标奖励，也难以与报价上涨的部分相抵，这样评标奖励也就失去了意义。

总之，投标人只有很好地运用投标策略，才能对投标报价进行正确分析，并果断地做出决策，从而保证在中标的情况下获得预期的利润。

【案例】

某市计划建设一个新的城市公园，该项目通过公开招标的方式来选择承包商。市公共资源交易中心发布了详细的招标文件，明确了投标条件、评标标准和投标截止日期。A 公司和 B 公司是参与此次投标的两家主要竞争者。A 公司是一家成立多年的本地企业，拥有良好的业绩和信誉；B 公司则是一家新兴企业，虽然成立时间不长，但技术实力和创新能力较强。在投标截止日期前，B 公司的项目经理偶然发现了 A 公司投标文件中的一个技术错误，这个错误可能会影响 A 公司的评标结果。B 公司的项目经理面临一个道德选择：是利用这个信息来提高自己公司的中标机会，还是通知 A 公司并给予他们修正错误的机会。最终，B 公司的项目经理决定联系 A 公司，告知他们投标文件中的错误，并建议他们在截止日期前进行修正。A 公司对此表示感谢，并及时更正了错误。

最终，两家公司都提交了符合要求的投标文件。评标委员会根据招标文件中的评标标准，公正地评估了所有投标文件。A 公司因其综合实力和良好的信誉最终中标，而 B 公司虽然未能中标，但其诚信和公平竞争的行为赢得了业界的尊重和认可。

这个案例强调了诚信和公平竞争的重要性。在商业活动中，诚信不仅是个人品德的体现，也是企业社会责任的体现。通过公平竞争，企业可以建立良好的声誉，促进行业的健康发展。同时，这个案例也教育人们在面对利益诱惑时，应坚守道德底线，作出公正的选择。

习　　题

一、单项选择题

1. 开标过程中，以下哪项是正确的做法(　　)。

A. 开标应在投标截止时间之后立即进行

B. 开标可以在没有投标者在场的情况下进行

C. 开标时只需公开投标价格

D. 开标时可以讨论投标者的资质

2. 在评标过程中，评标委员会应该考虑以下哪些因素(　　)。

A. 投标者的财务能力　　B. 投标者的技术方案

C. 投标者的以往业绩　　D. 投标者的政治背景

3. 评标结束后，如果发现第一名中标候选人存在问题，以下哪项是正确的做法(　　)。

A. 直接选择第二名中标候选人　　B. 重新进行评标

C. 与第一名中标候选人协商解决问题　　D. 宣布本次招标无效

4. 在定标过程中，招标方需要做以下哪些工作（　　）。

A. 与中标者签订合同　　B. 退还所有未中标者的投标保证金

C. 公开中标结果　　D. 向未中标者解释未中标原因

5. 在开标、评标、定标过程中，以下哪种情况可能导致招标无效（　　）。

A. 所有投标者均未满足招标文件的最低要求

B. 评标委员会成员接受投标者的贿赂

C. 招标方未能在规定时间内完成评标

D. 招标方未能在规定时间内退还投标保证金

二、多项选择题

1. 在建设工程投标过程中，投标者需要准备哪些文件或资料（　　）。

A. 公司营业执照副本　　B. 法定代表人身份证明

C. 投标保证金缴纳凭证　　D. 工程量清单报价

2. 评标过程中，评标委员会可能会考虑以下哪些因素（　　）。

A. 投标者的财务状况　　B. 投标者过去的工程业绩

C. 投标价格　　D. 投标者的社会关系

3. 在建设工程投标中，以下哪些情况可能导致投标被拒绝（　　）。

A. 投标文件不完整　　B. 投标价格过高

C. 投标者资质不符合要求　　D. 投标者未按时提交投标文件

4. 建设工程投标中，以下哪些行为是被禁止的（　　）。

A. 提供虚假的资质证明　　B. 与其他投标者串通投标

C. 向评标委员会成员行贿　　D. 仅根据个人喜好选择中标者

5. 在建设工程投标过程中，以下哪些措施可以提高投标的成功率（　　）。

A. 仔细研究招标文件，确保理解所有要求　　B. 提供详尽的技术方案和施工计划

C. 确保投标文件的格式符合招标方要求　　D. 提供低于市场价格的报价以吸引注意

三、思考题

1. 投标前应做好哪些准备工作？

2. 组成投标文件的内容有哪些？

3. 投标文件的编制和递交应注意哪些细节？

4. 投标报价的策略和技巧有哪些？应怎样选用？

第4章　开标、评标与定标

思维导图

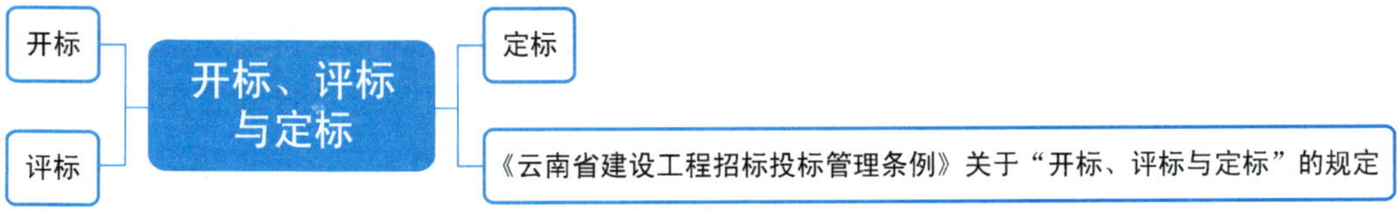

章节目标

知识目标：

1. 阐述开标的程序和相关规定；
2. 阐述评标工作的内容、原则和方法；
3. 说明开标、评标时废标的情况；
4. 说明初步评审的内容和要求；
5. 说明详细评审的内容和要求；
6. 阐述评标报告的内容；
7. 阐述定标程序与规定。

能力目标：

1. 能够指出不同评标方法中详细评审的区别；
2. 能够按照开标程序组织开标；
3. 能够对投标文件的内容进行评审；
4. 能够编制中标通知书等文件。

素质目标：

1. 通过学习开标、评标、定标的要求，培养学生的法律意识；
2. 通过学习开标、评标、定标的过程，规范学生的职业行为。

思政目标：

1. 通过案例的学习，培养学生恪守职业道德、遵纪守法、诚实守信的品质。

案例分析

背景：某民营石化公司，因生产规模扩大，需要新盖一个建筑面积5000平方米的四层厂房。公司采用公开招标的方式对厂房的土建工程进行招标。招标公告发出后，有四家企业报名参加，并购买了招标文件。开标时四家企业均按时递交了合格的投标文件。评标委员会根据招标文件确定的评标标准进行评审，推荐了综合得分最高的前三名B、C、A公司为中标候选人，并在公共平台上公示了结果。公示期结束后，在没有异议的情况下，招标人（石化公司）决定由第一名B公司中标。由于公司组织结构拆分重组，B公司不再具备履约能力，遂声明放弃中标权。于是招标人（石化公司）选择了三家中标候选人之外的第四家公司D中标。为此，排名第二和第三的公司向石化公司提出异议，石化公司认为是自愿招标项目，完全由其自主，两家公司遂将投诉意见反映到当地行业招标监管部门。请问：招标人（石化公司）的做法是否可行？

分析：根据《招标投标法》第四十条的规定："……招标人根据评标委员会提出的书面评标报告和推荐的中标候选人确定中标人，招标人也可以授权评标委员会直接确定中标人。"根据《招标投标法实施条例》第五十五条的规定："国有资金占控股或者主导地位的依法必须进行招标的项目，招标人应当确定排名第一的中标候选人为中标人。排名第一的中标候选人放弃中标、因不可抗力不能履行合同、不按照招标文件要求提交履约保证金，或者被查实存在影响中标结果的违法行为等情形，不符合中标条件的，招标人可以按照评标委员会提出的中标候选人名单排序依次确定其他中标候选人为中标人，也可以重新招标。"

本案例中招标人（石化公司）不选择第一中标候选人B公司的做法可行，但需要向公众和相关利害关系人说明合法的理由。招标人（石化公司）取消C、A公司作为中标候选人的资格，而选用中标候选人名单外的D公司的做法不可行。根据法律规定和招标文件的要求，招标人应该依次选择其他中标候选人，或者重新招标。虽然重新招标可能会增加招标成本并延长项目实施时间，但是取消其他已公示的中标候选人资格，且未给出合法的理由；未重新组织招标，而确定D公司中标的做法是不可行的。

本案例中招标人不按照法律规定和公示结果选择中标人，违反了公开、公平、公正的原则，若处理不当，会影响人们对法治的信任和尊重；且招标人未提供充分、合理的解释，单方面弃用中标候选人，属于失信行为，违反了诚实守信原则，影响公司的长期发展。

4.1 开　　标

知识链接：《云南省建设工程招标投标管理条例》关于"开标、评标、定标"的规定

开标是招投标过程中的一个重要环节，需要遵循公开、公平、公正和诚实守信的原则，确保招投标活动的透明度和合法性。根据《招标投标法》的规定：

（1）开标应当在招标文件确定的提交投标文件截止时间的同一时间公开进行；开标地点应当为招标文件中预先确定的地点。

（2）开标由招标人主持，并邀请所有投标人参加。

（3）开标时，应检查投标文件的密封情况，并在确认无误后，由工作人员当众拆封，宣读投标人名称、投标价格和投标文件的其他主要内容。

招标人按照招标文件规定的开标地点，在投标截止时间的同一时间组织开标，开标会应邀

请所有投标人的法定代表人或其委托代理人参加，并通知有关监督机构代表到场监督；如需要，也可邀请公证机构人员到场公证。开标会的参加人、开标时间、开标地点等要求都必须事先在招标文件里表述清楚、准确，并在开标前做好周密的组织。

开标不仅是一个程序性环节，还具有法律效力，标志着投标文件正式成为对招标方的要约，投标人不能随意撤回或更改其投标内容。开标的合法性、规范性和透明性对于维护所有参与方的权益至关重要。

4.1.1　开标准备工作

开标准备工作主要包括以下五个方面：

(1)审查投标文件

招标人应当安排专人，在招标文件指定地点接收投标人递交的投标文件，并如实记录投标文件的送达时间，审查投标文件的密封情况和标记。未通过资格预审、逾期送达、不按照招标文件要求密封的投标文件，招标人应当拒收。招标人应保证受理的投标文件不丢失、不损坏、不泄密。

(2)准备开标场所

招标人应精细、周全地准备好开标必备的场所，包括提前布置开标会议室，准备开标需要的设备、设施和服务等，并组织工作人员将收到的投标文件按时送到开标地点。

(3)制定开标流程

明确开标的步骤和流程，包括投标文件的拆封、宣读、记录等环节。

(4)组织开标人员

确定主持开标的人员，组织招标人和参与开标会的有关工作人员按时到达开标现场，开标人员不仅包括主持人、开标人、唱标人、记录人、监标人，还需要有足够的工作人员协助开标过程。

(5)准备开标资料

招标人应准备好与开标流程相关的资料，包括开标记录(一览)表、标底文件(如有)、投标文件、接收登记表、签收凭证等；招标人还应准备相关法律法规，以及招标文件的澄清、修改或补充文件，以备必要时使用。

4.1.2　开标会程序

开标会是指在投标人提交投标文件后，招标人依据招标文件规定的时间和地点，开启投标人提交的投标文件，公开宣布投标人的名称、投标价格及其他主要内容的行为。开标会一般由招标人或招标代理主持，全过程应公开进行，并做好记录。

开标的基本程序如下：

(1)宣布开标纪律

主持人宣布开标纪律，对参与开标会的人员提出会场要求。

①开标会由招标人或招标代理机构人员主持，现场监督人员依法进行监督。招标人、招标代理机构人员、现场监督人员和投标人代表共同参会，其他人员一律不得进入开标现场。

②全体与会人员自觉遵守采购工作的纪律规定，将通信工具调至静音，不得接打电话，不

得拍照录像、不得随意走动，严禁大声喧哗，自觉维护会场秩序。

③各投标人要严格遵守职业道德，不得诋毁其他投标人，严禁围标、串标，坚决反对不正当竞争。

④开标过程中，投标人代表若有异议，应举手示意，在征得主持人同意后方可提出，招标人/招标代理机构应当场响应并做好记录。

(2)确认投标人代表的身份

招标人按照招标文件的约定，现场核验投标人、授权代理人的授权委托书和有效身份证件，确认授权代表的有效性，并留存授权委托书和身份证件的复印件。

(3)公布投标文件的接收情况

开标时，招标人应在所有参与方的见证下将在截止时间前收到的所有投标文件公开拆封，不能遗漏，以保证流程的完整性和公正性。招标人必须逐一确认投标文件信息，确保没有遗漏任何一份投标文件，并且在整个过程中对所有投标人保持公平和中立。对投标文件截止时间以后收到的投标文件，不得将其拆封，应保持文件原状，直接退回给相应的投标人。

(4)宣布有关人员

开标会主持人介绍招标人代表、招标代理机构代表、监督人代表或公证人员等，依次宣布开标人、唱标人、记录人、监标人以及相关工作人员的姓名。

(5)检查投标文件的密封情况

依据招标文件约定的方式，主持人组织投标文件的密封检查。检查可由投标人代表或招标人委托的公证人员检查，主要目的在于检查开标现场的投标文件密封状况是否与受理时相一致，以及是否与招标文件的要求相匹配。

(6)宣布开标顺序

主持人宣布开标顺序。如招标文件未约定开标顺序的，一般按照投标文件递交的顺序或倒序进行唱标。

(7)公布标底

招标人设有参考标底的，应予以公布。也可以在唱标后公布标底。

(8)唱标

在开标过程中，唱标人需遵循公开宣布的开标顺序公开开标。唱标人应按照招标文件约定的唱标内容，严格依据投标函及其附录唱标，并当即做好唱标记录。记录内容包括投标报价、备选投标方案报价(如有)、工程计划工期、投标方承诺的质量目标、投标保证金等。

唱标过程务必保证准确性和透明度，以便所有投标人代表都能清楚了解各投标人的投标详情。

(9)确认开标记录

开标记录是对开标过程的内容及存在的问题的记录，有助于开标过程公正透明，有助于保护投标竞争的公平性，有助于解决在开标和投标过程中产生的争议。在开标会中应当做好书面记录，如实记录开标会的全部内容，包括开标时间、地点、程序，出席开标会的单位和代表，开标会程序、主持人、记录人、参会单位及主要人员、唱标记录、公证机构和公证结果(如有)等。开标记录应由现场各方代表及公证人员等在开标记录上签字确认，并存档备查。投标人代表对开标记录有异议的可以注明。

4.1.3　开标注意事项

开标应注意的事项如下：

(1)会议开始前的事项

投标截止时间前，投标人书面通知招标人撤回其投标的，无须进入开标程序。

投标人不参加开标，将被视为其放弃对开标活动和开标记录行使确认和监督的权力。一般不强制要求所有投标人代表参加，具体根据招标文件的规定执行。

递交投标文件的投标人少于 3 家的，不得开标，招标人应将提交的投标文件原封不动地退回投标人，并依法重新组织招标。

(2)签字

投标人代表在开标记录上签字确认不是强制性要求。投标人未派代表出席的，视为其认同记录内容。

(3)异议处理

在开标过程中，投标人对开标有异议的，应当场提出，招标人应当场核实并予以答复，并按要求对开标过程中的重要事项进行记录。

开标时，开标工作人员应认真核验并如实记录投标文件的密封、标志以及投标报价、投标保证金等开标、唱标情况，发现投标文件存在问题或投标人提出争议的，特别是涉及影响评标委员会对投标文件评审结论的，应如实记录在开标记录上。但招标人不应在开标现场对投标文件是否有效作出判断和决定，应递交评标委员会评定。

(4)录音录像

开标会应全程录音录像，音像资料应当清晰可辨，并存档保存。

4.2　评　　标

评标是指招标人依法组建的评标委员会依据招标文件规定的评标标准和方法对投标文件进行审查、评审和比较的行为。评标是否真正做到公开、公平、公正，决定着整个招标投标活动是否公平和公正；评标的质量决定着招标人能否从众多投标竞争者中选出最能满足招标项目各项要求的中标者。

评标的一般程序包括评标准备、组建评标委员会、初步评审和详细评审，并编写评标报告。

4.2.1　评标准备工作

招标人及其招标代理机构应为评标委员会评标做好充分的评标准备工作：

(1)准备评标需用的资料及评标相关表格，如招标文件的澄清与修改、标底文件、开标记录等。

(2)选择评标地点和评标场所。

(3)布置评标现场，准备评标工作所需工具。

(4)妥善保管开标后的投标文件并运到评标现场。

(5)与评标安全、保密和服务等有关的工作。

4.2.2 组建评标委员会

4.2.2.1 评标专家资格

根据《招标投标法》《招标投标法实施条例》《评标委员会和评标方法暂行规定》《评标专家和评标专家库管理暂行办法》(2013 年修订)的规定,评标专家库的专家必须具备的条件如下:

(1)从事相关领域工作满八年并具有高级职称或同等专业水平;

(2)熟悉有关招投标的法律法规,并具有与招标项目相关的实践经验;

(3)能够认真、公正、诚实、廉洁地履行职责;

(4)身体健康,能够承担评标工作;

(5)法规规章规定的其他条件。

专家入选评标专家库,采取个人申请和单位推荐两种方式。采取单位推荐方式的,应事先征得被推荐人同意。组建评标专家库的省级人民政府、政府部门或者政府招标代理机构,应当对申请人或被推荐人进行评审,决定是否接受申请或者推荐,并向符合规定条件的申请人或被推荐人颁发评标专家证书。

4.2.2.2 评标专家享有的权利

评标专家库的专家,可以享受的权力如下:

(1)接受招标人或其招标代理机构聘请,担任评标委员会成员;

(2)依法对投标文件进行独立评审,提出评审意见,不受任何单位或者个人的干预;

(3)享受参加评标活动的劳务报酬;

(4)国家规定的其他权利。

4.2.2.3 评标专家的义务

(1)遇到不得担任招标项目评标委员会成员的情况,应当主动回避;

(2)遵守评标工作纪律,不得私下接触投标人,不得收受投标人或者其他利害关系人的财物或者其他好处,不得透露对投标文件的评审和比较、中标候选人的推荐情况,以及与评标有关的其他情况;

(3)客观公正地进行评标;

(4)协助、配合有关行政监督部门的监督、检查;

(5)国家规定的其他义务。

4.2.2.4 组建评标组织

评标应由招标人依法组建的评标委员会负责,即由招标人按照法律的规定,挑选符合条件的人员组成评标委员会,负责各投标文件的评审工作。

(1)评标委员会的组成

评标委员会须由招标人的代表、技术方面的专家、经济方面的专家、其他方面的专家组成。招标人的代表在评标过程中充分表达招标人的意见,与评标委员会的其他成员进行沟通,并对评标的全过程实施必要的监督;技术方面的专家对投标文件所提方案在技术上的可行性、合理性、先进性和质量可靠性等技术指标进行评审比较,以确定在技术和质量方面确能满足招标文件的要求;经济方面的专家对投标文件所报的投标价格、投标方案的运营成本、投标人的财务状况等投标文件的商务条款进行评审比较,以确定在经济上对招标人最有利;其他专家,比如法律方面的专家，可以对投标文件的合法性进行审查把关。

评标委员会由招标人或其委托的招标代理机构熟悉相关业务的代表，以及有关技术、经济等方面的专家组成，成员人数为 5 人以上的单数，其中技术、经济等方面的专家不得少于成员总数的 2/3。当采购项目的采购预算金额在 1000 万元以上，或技术复杂，或社会影响较大的，评标委员会成员人数应当为 7 人以上的单数。

(2)专家成员的确定

评标委员会设负责人的，负责人由评标委员会成员推举产生或者由招标人确定。评标委员会的专家成员应当从省级以上人民政府有关部门提供的专家名册或者招标代理机构的专家库内的相关专家名单中确定，可以采取随机抽取或者直接确定的方式。一般项目，可以采取随机抽取的方式；技术特别复杂、专业性要求特别高或者国家有特殊要求的招标项目，采取随机抽取方式确定的专家难以胜任的，可以由招标人直接确定。

(3)回避制度

评标专家有下列可能影响公正评标情况的，应当回避：

①是投标人的雇员或投标人主要负责人的近亲属；

②是项目主管部门或者行政监督主管部门的人员；

③与投标人有经济利益关系，可能影响对投标的公正评审。

④因在招标、评标以及其他与招标有关的活动中从事违法行为而受过行政处罚或刑事处罚。

评标专家从发生和知晓上述规定情形之日起，应当主动回避评标。招标人可以要求评标专家签署承诺书，确认其不存在上述法定回避情形。评标时，如发现某位评标专家存在法定回避情形的，则该评标专家已经完成的评标结果无效，招标人应重新确定满足要求的专家。

4.2.3　评标原则、工作要求与纪律

4.2.3.1　评标原则与工作要求

评标活动应当遵循公平、公正、科学、择优的原则。评标委员会成员应当客观、公正地履行职务，遵守职业道德，根据评标标准对所提出的评审意见承担个人责任。

评标工作应符合以下基本要求：

(1)认真阅读招标文件，正确把握招标项目特点和需求；

(2)全面审查、分析投标文件；

(3)根据招标文件约定的评标标准和方法，评标委员会对投标文件进行评审和比较，并对评标结果确认签字；

(4)按法律规定推荐中标候选人或依据招标人授权直接确定中标人，完成评标报告。

4.2.3.2　评标纪律

(1)评标活动由评标委员会依法进行，任何单位和个人不得非法干预、影响评标的过程和结果。

(2)评标委员会成员不得私下接触投标人，不得收受投标人的财物或者其他好处；评标委员会成员和参与评标的有关工作人员不得透露对投标文件的评审和比较、中标候选人的推荐情况以及与评标有关的其他情况。

(3)评标委员会及其成员不得违反评标纪律发表倾向性意见或者征询招标人的倾向性意

见;不得对需要专业判断的主观评审因素协商评分。

(4)评标委员会及其成员不得在评标过程中擅离职守,影响评标程序的正常进行。

(5)招标人或其委托的招标代理机构应当采取有效措施保证评标活动严格保密,评标活动参与人员应当严格遵守保密规则,不得泄露与评标有关的任何情节;不得记录、复制或者带走任何评标资料。

在评标过程中,招标人应当采取必要的措施,保证评标在严格保密的情况下进行;必要时,可以集中管理和使用与外界联系的通信工具等,同时禁止任何人员私自携带与评标活动有关的资料离开评标现场。

4.2.4 初步评审

初步评审是评标委员会按照招标文件确定的评标标准和方法,对投标文件进行形式、资格、响应性评审,以判断投标文件是否存在重大偏离或保留,是否实质上响应了招标文件的要求。初步评标工作比较简单,但却是非常重要的一步。需要初步审核投标人资格是否符合要求,投标文件是否完整,是否按规定方式提交投标保证金,投标文件是否基本上符合招标文件的要求,有无计算上的错误等。

经评审认定投标文件没有重大偏离,实质上响应招标文件要求的,才能进入详细评审。投标文件进行初步评审有一项不符合评审标准的,应否决其投标,不得允许投标人通过修改投标文件或撤销不合要求的部分而使其投标具有响应性。

投标文件的初步评审内容包括形式评审、资格评审和响应性评审。采用最低评标价法时,还应对施工组织设计和项目管理机构的合格响应性进行初步评审。

4.2.4.1 形式评审

形式评审是对投标文件外在形式的评审,主要包括投标人的名称和经营范围,投标函签字、盖章,投标文件格式和内容,报价唯一性等。

(1)投标人的名称和经营范围等与投标文件中的营业执照、资质证书、相关许可证是否一致、有效。

(2)投标函签字、盖章是否齐全有效。评审投标文件法定代表人身份证明或法定代表人的代理人是否有效,投标文件的签字、盖章是否符合招标文件规定;如有授权委托书,还应审核授权委托书的内容和形式是否符合招标文件规定。

(3)投标文件格式和内容。形式评审需审查投标文件(如投标函、法定代表人身份证明、授权委托书等)是否按照招标文件规定的格式和内容填写,字迹是否清晰可辨。如有联合体投标,还应审查联合体投标文件(包括联合体协议书、牵头人、联合体成员数量等)的内容是否符合招标文件的规定。

(4)投标报价是否唯一。一份投标文件只能有一个投标报价,在招标文件没有规定的情况下,不得提交选择性报价,如果提交了调价区,则应审查调价区是否符合招标文件规定。

形式评审是初步评审的一部分,如果投标文件在形式评审中不合格,通常会被直接否决,不能进入后续的资格评审和响应性评审环节。形式评审的通过是投标文件能够继续参与评标的前提条件。

(5)形式评审记录表见表 4-1。

表 4-1　形式评审记录表

工程名称：________________(项目名称)________标段

序号	评审因素	投标人名称及评审意见								
1	投标人名称									
2	投标函签字盖章									
3	投标文件格式									
4	联合体投标人									
5	报价唯一									
6										
是否通过评审										

评委确认签字：　　　　　　　　　　年　　月　　日

4.2.4.2　资格评审

资格评审是对投标人投标资格的评审，主要包括营业执照、安全生产许可证、资质等级、项目经理、财务状况、类似项目业绩、投标人(或联合体投标人)等内容。资格评审在招投标过程中通常有两种形式:资格预审和资格后审。

(1)资格预审

资格预审是在招标前对潜在投标人进行的资格审查，目的是筛选出符合特定条件的投标人，以缩小正式投标的参与者范围。评审内容主要包括投标人的资质、财务状况、业绩、信誉、项目经理、技术能力等。通过预审可以确保所有参与投标的单位或个人都具备基本的资质和能力，减少评标阶段的工作量，提高评标效率。

在递交资格预审申请文件后、投标截止时间前发生可能影响其资格条件或履约能力新情况的，投标人应按照招标文件中投标人须知的规定提交更新或补充资料，对其更新或补充资料进行评审。评审按照资格预审文件要求的审查办法进行。

(2)资格后审

资格后审是在投标结束后，对提交了投标文件的投标人进行的资格审查，通常是在评标过程中进行的，从而确保进入评标阶段的投标人不仅在形式上符合要求，而且在实质上具备完成项目的能力。

资格后审必须与投标人须知前附表中对投标人资质、财务状况、业绩、信誉、项目经理的要求以及其他要求一致，除此之外，还需对投标文件中提出的具体方案、报价等进行符合性审查。合格的投标人将继续参与到技术和商务评审中，不合格的投标人将被淘汰。

(3)资格评审记录表的格式

资格评审记录表的格式见表 4-2。

表 4-2 资格评审记录表

工程名称：________（项目名称）________标段

序号	评审因素	投标人名称及评审意见								
1	营业执照									
2	生产安全许可证									
3	资质等级									
4	财务状况									
5	类似项目业绩									
6	信誉									
7	项目经理									
8	其他要求									
9	联合体投标人									
10										
是否通过评审										

评委确认签字：　　　　　　　　　　　　　　　　　　　　　　　　年　　月　　日

4.2.4.3 响应性评审

响应性评审的依据主要是招标文件中的具体要求和标准，它是对投标文件是否响应招标文件实质性要求的评审，内容包括投标报价、投标内容、工期、工程质量标准和要求、投标有效期、投标保证金、权利和义务、已标价工程量清单、其他等。

(1)投标报价与投标内容。核实投标内容和范围是否符合招标范围和内容，有无实质性偏差；核实投标报价是否在招标文件规定的最高限价之内，以及报价是否唯一且明确；招标文件设有招标控制价的，投标报价不能超过招标控制价，是否可以等于招标控制价，应根据具体招标文件的规定来确定。

(2)工期。检查投标文件中提出的工程项目完成时间是否符合招标文件的要求，是否提供响应时间要求的进度计划安排的图表等。

(3)工程质量标准和要求。评估投标文件中承诺的质量标准是否满足或超过招标文件的规定。

(4)投标有效期。检查投标文件中承诺的投标有效期是否符合招标文件的要求。

(5)投标保证金。核实投标人是否按照招标文件规定的时间、方式、金额及有效期递交投标保证金。

(6)权利和义务。检查投标文件是否明确了投标人和招标方之间的权利和义务关系；是否存在对招标文件合同条款有重大保留、偏离和不响应内容。

(7)已标价工程量清单。投标人是否按照招标文件规定的内容范围及工程量清单进行报价；是否存在算术性错误，并需要按规定修正。

(8)其他。根据招标文件中的其他具体要求来评审投标文件的响应性，如环保要求、社会责任等。

4.2.4.4　重大偏差与细微偏差

评标委员会应当根据招标文件，审查并逐项列出投标文件的全部投标偏差。投标偏差分为重大偏差和细微偏差。

(1)重大偏差

①没有按照招标文件要求提供投标担保，或者所提供的投标担保有瑕疵；

②投标文件没有投标人授权代表人签字和加盖公章；

③投标文件载明的招标项目完成期限超过招标文件规定的期限；

④明显不符合技术规范、技术标准的要求；

⑤投标文件载明的货物包装方式、检验标准和方法等不符合招标文件的要求；

⑥投标文件附有招标人不能接受的条件，或不符合招标文件中规定的其他实质性要求。

投标文件有上述情形之一的，视为非实质性响应标，按废标处理。招标文件对重大偏差另有规定的，从其规定。

(2)细微偏差

细微偏差是指投标文件在实质上响应招标文件要求，但在个别地方存在漏项或者提供了不完整的技术信息和数据等情况，并且补正这些遗漏或者不完整不会对其他投标人造成不公平的结果。细微偏差不影响投标文件的有效性。

细微偏差的处理：评标委员会应当书面要求存在细微偏差的投标人在评标结束前予以补正。拒不补正的，在详细评审时可以对细微偏差做不利于该投标人的量化，量化标准应当在招标文件中规定。投标文件报价出现前后不一致的，除招标文件另有规定外，按照下列规定修正：

①投标文件中开标一览表内容与投标文件中相应内容不一致的，以开标一览表为准；

②大写金额和小写金额不一致的，以大写金额为准；

③单价金额小数点或者百分比有明显错位的，以开标一览表的总价为准，并修改单价；

④总价金额与按单价汇总的金额不一致的，以单价金额计算结果为准。

同时出现两种以上不一致的，按照前款规定的顺序修正。修正后的报价按照相关规定经投标人确认后产生约束力，投标人不确认的，其投标无效。

4.2.5　评标方法

评标方法是指评标委员会在评标过程中所采用的评审技术和程序，用以确定中标候选人或直接确定中标人。评标方法分为最低评标价法和综合评估法。

4.2.5.1　最低评标价法

最低评标价法，是指投标文件满足招标文件全部实质性要求，且投标报价最低的投标人为中标候选人的评标方法。采用最低评标价法评标时，除了算术修正和落实政府采购政策需进行的价格扣除外，不能对投标人的投标价格进行任何调整。

最低评标价法一般适用于以价格为主要竞争因素的项目，适用于具有通用技术、性能指标或者招标人对其技术、性能标准没有特殊要求的招标项目。

采用最低评标价法的，评标结果按投标报价由低到高的顺序排列，投标报价相同的并列。投标文件满足招标文件全部实质性要求且投标报价最低的投标人为排名第一的中标候选人。

4.2.5.2 综合评估法

综合评估法,是指投标文件满足招标文件全部实质性要求,且按照评审因素的量化指标评审得分最高的投标人为中标候选人的评标方法。评审因素的设定应当与投标人所提供项目的质量相关,包括投标报价、技术或者服务水平、履约能力、售后服务等。资格条件不得作为评审因素。评审因素应当在招标文件中规定。评审因素应当细化和量化,且与相应的商务条件和采购需求对应。商务条件和采购需求指标有区间规定的,评审因素应当量化到相应区间,并设置各区间对应的不同分值。

综合评估法一般适用于招标人对技术、性能有特殊要求的招标项目。大型复杂工程及其他不宜采用经评审的最低投标价法的招标项目,应当采取综合评估法进行评审。

评标时,评标委员会各成员应当独立对每个投标人的投标文件进行评价,并汇总每个投标人的得分。价格分应当采用低价优先法计算,即满足招标文件要求且投标价格最低的投标报价为评标基准价,其价格分为满分。其他投标人的价格统一按照下列公式计算:

$$投标报价得分=(评标基准价 / 投标报价)\times 100$$

$$评标总得分=F_1\times A_1+F_2\times A_2+\cdots+F_n\times A_n$$

式中 F_1、F_2、…、F_n——各项评审因素的得分;

A_1、A_2、…、A_n——各项评审因素所占的权重($A_1+A_2+\cdots+A_n=1$)。

评标过程中,不得去掉报价中的最高报价和最低报价。因落实政府采购政策进行价格调整的,以调整后的价格计算评标基准价和投标报价。

采用综合评估法的,评标结果按评审后得分由高到低的顺序排列。得分相同的,按投标报价由低到高的顺序排列,得分且投标报价相同的并列。投标文件满足招标文件全部实质性要求,且按照评审因素的量化指标评审得分最高的投标人为排名第一的中标候选人。

4.2.6 详细评审

详细评审是指评标委员会根据招标文件确定的评标标准和方法,对经过初步评审合格的投标文件的技术部分、商务部分作进一步的评审和比较,确定投标文件的竞争性。

(1) 评审内容

最低评标价法的详细评审是折算评标价。在评审过程中以该标书的报价为基数,将投标报价之外需要评定的要素按规定的折算办法换算为货币价值,按照投标书对招标人有利或不利的原则,在其报价上增加或扣减一定的金额,从而构成最终的评标价格。最低评标价法以评审价格最低的投标书为最优标书。

综合评估法的详细评审是一个综合评价的过程,在详细评审的过程中通常从投标报价、施工组织设计、项目管理机构、其他因素等方面进行综合评审。评标委员会可使用打分的方法或者其他方法(货币折算)来评定投标文件的分值,从而衡量投标文件最大限度地满足招标文件中规定的各项评价标准的响应程度。

(2)评审量化折算

①最低评标价法

评审的内容中有些要素是直接用价格(元)表示的,比如投标报价;但也有某些要素的基本单位不是价格,如投标工期的单位是年(或月)。对于不能直接用价格计算的要素,需要用一定的方法将其折算为价格,以便在投标价上予以增减。可以折算成价格的评审要素一般包括:

a. 投标书承诺的工期。工期提前可能给项目带来超前收益，评标时可以以月为单位按预定计算规则将工期提前的收益折算为相应的货币值，从该投标人的评标价内扣减。

b. 投标文件中的项目漏项。评标过程中发现标书有明显漏报的部分，而在项目实施过程中又必然发生的项目，可以给予相应的补项，增加到投标报价上。例如，安全文明措施费在报价中出现漏项，这笔费用在工程施工过程中一定会发生，且必然作为施工成本出现，则应把此笔费用加到评标价中，以评定投标人漏报这笔费用在实施过程中可能给发包人带来的风险。

c."四新"技术。新技术、新材料的采用可能带来的实际经济效益，评标时应按预定的比例进行折算，在计算评标价时减去该值。

d. 优惠条件。投标书内提出的优惠条件可能给招标人带来的好处，以开标日为准，按一定的方法折算后，作为评审价格因素之一。例如，招标文件中说明工程预付款为合同价的20%，投标人在标书内承诺只要求发包方支付 10%的预付款，则少要的 10%预付款是发包人资金不到位向银行少付的利息；也可以按一定的方法或比例，折算为相应的费用计算到评标价内。

e. 其他。对其他可以折算为价格的要素，按照对招标人有利或不利的原则，增加或减少到投标报价上。

②综合评估法

不宜采用经评审的最低投标价法的招标项目，一般应当采取综合评估法进行评审。

根据综合评估法，最大限度地满足招标文件中规定的各项综合评价标准的投标，应当推荐为中标候选人。衡量投标文件是否最大限度地满足招标文件中规定的各项评价标准，可以采取折算为货币的方法、打分的方法或者其他方法。需量化的因素及其权重应当在招标文件中明确规定。

评标委员会对各个评审因素进行量化时，应当将量化指标建立在同一基础或者同一标准上，使各投标文件具有可比性。对技术部分和商务部分进行量化后，评标委员会应当对这两部分的量化结果进行加权，计算出每一投标文件的综合评估价或者综合评估分。在对评审因素进行打分时，一般从技术标得分、商务标得分、信用及履约能力等几个方面综合考虑，计算出投标人得分，并对得分进行排序。综合评估打分法投标人得分汇总表见表 4-3。

表 4-3　综合评估打分法投标人得分汇总表

工程名称：________________（项目名称）________ 标段________________

序号	投标人	技术标得分	商务标得分	信用及履约能力得分	投标人得分	最后排名
1						
2						
3						
4						
5						
6						

评委确认签字：　　　　　　　　　　　　　　　　　　年　　月　　日

注：一般招标文件规定评分分值计算保留小数点后两位，小数点后第三位"四舍五入"。

根据综合评估法完成评标后，评标委员会应当拟定一份“综合评估比较表”，连同书面评标报告提交给招标人。“综合评估比较表”应当载明投标人的投标报价、所作的修正、商务偏差的调整、技术偏差的调整、各评审因素的评估以及每一投标文件的最终评审结果。

4.2.7 投标文件的澄清、说明和补正

投标文件中有含义不明确的内容、遗漏、明显文字或者计算错误，或者矛盾之处，评标委员会认为需要投标人作出必要澄清、说明或者对细微偏差进行补正的，应当书面通知该投标人。

需要注意的是：

(1)评标委员会不得暗示或者诱导投标人作出澄清、说明，不得接受投标人主动提出的澄清、说明。

(2)投标人的澄清、说明应当采用书面形式，并不得超出投标文件的范围或者改变投标文件的实质性内容(技术性错误修正的除外)。投标人的书面澄清、说明和补正属于投标文件的组成部分。

(3)评标委员会对投标人提交的澄清、说明或补正有疑问的，可以要求投标人进一步澄清、说明或补正，直至满足评标委员会的要求。

(4)评标委员会发现投标人的报价明显低于其他投标报价，或者在设有标底时投标报价明显低于标底，使得其可能低于个别成本的，应当要求该投标人作出书面说明并提供相应的证明材料。投标人不能合理说明或者不能提供相应证明材料的，由评标委员会认定该投标人以低于成本报价竞标，其投标作废标处理。

投标人在接收到评标委员会要求其作出澄清、说明或补正的书面文件后，由于投标时间紧迫，往往会有些不知所措，或者因理解不充分、画蛇添足而导致无效投标。针对这个问题，投标人在对投标文件进行澄清、说明或补正时需要注意以下几个要点：

(1)对修改或补充的任何招标文件中的信息，必须以书面形式签收，并确保这些信息的真实性、正式性和可追溯性。

(2)投标人应当保持冷静和专业态度。收到评标委员会的澄清请求时，务必认真阅读通知内容，理解其指出的具体问题和需要澄清的相关内容，避免匆忙应对而忽略关键信息。

(3)在回复澄清要求时，务必准确、简洁。回应时应针对需要澄清的具体问题进行有效答复，避免无关的解释和冗余信息。

(4)投标人递交的澄清或补正的资料，其内容不得改变原投标文件的实质性条款。任何试图更改投标报价、主要技术规格、交货期或合同条件等核心商业条款的行为，都可能被视为对原投标的实质性变更，从而导致投标失效。

(5)投标人应注重澄清文件的格式和结构。清晰的标题、编号和列表有助于评审人员阅读和理解，规范的文档排版，也能够体现出投标人的专业性。

(6)投标人需要严格遵守招标人设定的澄清回复截止时间。澄清回复的及时性非常关键，错过截止时间可能会被视为放弃澄清机会，甚至可能导致投标无效。

(7)投标人需保留所有澄清、说明或补正过程的文档和通信记录。

4.2.8 评标报告

评标报告是评标委员会根据全体评标成员签字的原始评标记录和评标结果编写的报告。

4.2.8.1　评标报告的内容

依据《评标委员会和评标方法暂行规定》的相关规定：评标委员会完成评标后，应当向招标人提出书面评标报告，并抄送有关行政监督部门。评标报告应当如实记载以下内容：

(1)基本情况和数据表。

(2)评标委员会成员名单。

(3)开标记录。

(4)符合要求的投标一览表。

(5)废标情况说明。

(6)评标标准、评标方法或者评标因素一览表。

(7)经评价的价格或者评分比较一览表。

(8)经评审的投标人排名。

(9)推荐的中标候选人名单与签订合同前要处理的事宜。

(10)澄清、说明、补正事项纪要。

4.2.8.2　评标报告的确认

评标报告应当由评标委员会全体成员签字。对评标结果有不同意见的评标委员会成员应当以书面形式说明其不同意见和理由，评标报告应当注明该不同意见。评标委员会成员拒绝在评标报告上签字但又未书面说明其不同意见和理由的，视为同意评标结果。

评标委员会向招标人提交书面评标报告和建议后，评标委员会即告解散。评标过程中使用的文件、表格以及其他资料应当立即归还招标人。

4.3　定　　标

4.3.1　确定中标人

4.3.1.1　推荐中标候选人的要求

评标完成后，评标委员会应当向招标人提交书面评标报告和中标候选人名单。中标候选人应当不超过 3 个，并标明排序。

中标人的投标应当符合下列条件之一：

(1)采用综合评估法评审的，应能够最大限度地满足招标文件中规定的各项综合评价标准；

(2)采用最低投标价法评审的，应能够满足招标文件的实质性要求，并且经评审的投标价格最低，但是投标价格低于成本的除外。

4.3.1.2　确定中标人

(1)中标候选人公示

依法必须进行招标的项目，招标人应当自收到评标报告之日起 3 日内公示中标候选人，公示期不得少于 3 日。投标人或者其他利害关系人对依法必须进行招标的项目的评标结果有异议的，应当在中标候选人公示期间提出。招标人应当自收到异议之日起 3 日内作出答复；作出答复前，应当暂停招标投标活动。

(2)确定中标人

国有资金占控股或者主导地位的依法必须进行招标的项目，招标人应当确定排名第一的中标候选人为中标人。排名第一的中标候选人放弃中标、因不可抗力不能履行合同、未按照招标文件要求提交履约保证金，或者被查实存在影响中标结果的违法行为等情形，不符合中标条件的，招标人可以按照评标委员会提出的中标候选人名单排序依次确定其他中标候选人为中标人，也可以重新招标。

中标候选人的经营、财务状况发生较大变化或者存在违法行为，招标人认为可能影响其履约能力的，应当在发出中标通知书前由原评标委员会按照招标文件规定的标准和方法审查确认。招标人可以授权评标委员会直接确定中标人，确定的中标人应在评标报告中注明。

4.3.2 中标通知书与中标结果备案

4.3.2.1 中标通知书

中标通知书是指招标人在确定中标人后，向中标人发出通知，通知其中标的书面凭证。中标通知书的内容应当简明扼要，只要告知招标项目已经由其中标，并确定签订合同的时间、地点即可。中标通知书的内容包括中标工程名称、中标价格、工程范围、工期、开工及竣工日期、质量等级等。

中标人确定后，招标人应当向中标人发出中标通知书，并同时将中标结果通知所有未中标的投标人。中标通知书对招标人和中标人具有法律效力。中标通知书发出后，招标人改变中标结果，或者中标人放弃中标项目的，应当依法承担法律责任。招标文件要求中标人提交履约保证金的，中标人应当提交。

中标通知书的格式如下：

中标通知书

__________________（中标人名称）：

你方于__________________（投标日期）所上传的__________________（项目名称）______________（标段）投标文件已被我方接受，被确定为中标人。

中标价：__________________元。

工　期：__________________日历天。

工程质量：符合__________________标准。

项目负责人：__________________（姓名）。

请你方在接到本通知书后的________日内到__________________（指定地点）与我方签订承包合同，在此之前按招标文件第二章“投标人须知”第 7.4 款规定向我方提交履约担保。

随附的澄清、说明、补正事项纪要，是本中标通知书的组成部分。

特此通知。

附：澄清、说明、补正事项纪要

招　标　人：______________（盖单位章）

法定代表人：______________（签字）

招标代理机构：______________

______年______月______日

4.3.2.2　中标结果备案

依法必须进行招标的项目，招标人应当自确定中标人之日起 15 日内，向有关行政监督部门提交招投标情况的书面报告。

书面报告应当包括下列内容：

(1)招标人编写的招投标情况书面报告。

(2)评标委员会编写的评标报告。

(3)中标人的投标文件。

(4)中标通知书。

(5)中标候选人的公示信息。

(6)建设工程施工招标备案登记表。

(7)其他根据法律法规要求需要备案的文件资料。

4.3.3　签订合同及提交履约担保

工程承包合同是确定工程发包单位与承包单位双方之间权利与义务关系，并具有法律效力的经济契约。其内容主要包括施工企业承包工程的范围；建设单位提供的各项施工准备工作、提交施工图纸等技术资料的时间和设备、材料供应合同的副本；工程进度和工程竣工的具体时间以及工程造价、结算方式、工程质量要求；采用合理化建议节约的资金分配、设计变更手续、权限、竣工验收、完成合同的奖励和违反合同的处罚等规定。

按国际惯例，施工承包合同文件应包括中标单位的投标书及其附件、合同协议书和合同条件，招标单位接受投标函(即中标通知书)，设计图纸、工程说明书、技术规范和有关标准，工程量清单和单价表，合同履行过程中一切往来函电、传真，以及设计变更记录等全部书面材料。

4.3.3.1　签订合同

中标人应当自中标通知书发出之日起 30 日内，按照投标文件和招标人签订书面合同，合同的标的、价款、质量、履行期限等主要条款应当与招标文件和中标人的投标文件的内容一致。招标人和中标人不得再行订立背离合同实质性内容的其他协议。招标人与中标人不按照招标文件和中标人的投标文件订立合同的，或者招标人、中标人订立背离合同实质性内容的协议的，责令改正，可以处中标项目金额千分之五以上千分之十以下的罚款。

4.3.3.2　退还投标保证金

按照《招标投标法》的规定，招标人最迟应当在书面合同签订后 5 日内向中标人和未中标的投标人退还投标保证金及银行同期存款利息。除不可抗力外，中标人不与招标人签订合同的，招标人可以没收其投标保证金；招标人不与中标人签订合同的，应当向中标人双倍返还投标保证金。给对方造成损失的，应依法承担赔偿责任。

4.3.3.3　提交履约担保

履约担保是指发包人在招标文件中规定的要求承包人提交的保证履行合同义务的担保。履约担保是工程发包人为防止承包人在合同执行过程中违反合同规定或违约，弥补给发包人造成的经济损失。履约保证金是招标活动中，中标人为确保履行合同向招标人提供的金钱保证，具有履约担保的性质。

要求中标人提交一定金额的履约保证金，是招标人的一项权利。该保证金应按照招标人在招标文件中的规定，或者根据招标人在评标后作出的决定，以适当的格式和金额采用现金、支票、履约担保书或银行保函的形式提供，其金额应足以督促中标人履行合同。合同履行后招标人应予返还履约保证金。但在工程合同中，招标人可将一部分保证金延期至工程完工后返还，即直到工程最后验收为止。

招标文件中要求投标人提交履约保证金的，中标人应当按照招标文件的要求提交。履约保证金不得超过中标合同金额的 10%。中标人不履行与招标人订立的合同的，履约保证金不予退还，给招标人造成的损失超过履约保证金数额的，还应当对超过部分予以赔偿；没有提交履约保证金的，应当对招标人的损失承担赔偿责任。

履约保证金与定金的概念不同，履约保证金的目的是确保承包商完全履行合同，主要担保工期和质量符合合同的约定。承包商顺利履行完毕自己的义务，招标人必须全额返还保证金。履约保证金的功能，在于承包商违约时赔偿招标人的损失，即如果承包商违约，将丧失收回履约保证金的权利。

习 题

一、单项选择题

1. 在建设工程投标过程中，投标者需要提交的最重要文件是(　　)。

A. 投标意向书　B. 投标保证金　C. 投标文件　D. 工程量清单

2. 建设工程投标中，评标委员会通常根据(　　)来评估投标。

A. 投标价格和投标者的资质　B. 投标者的工作经验

C. 投标文件的格式　D. 投标者的个人爱好

3. 在建设工程投标中，(　　)是“最低价中标”原则。

A. 选择报价最高的投标者　B. 选择报价最低的投标者

C. 选择资质最高的投标者　D. 选择工程量最大的投标者

4. 在建设工程投标过程中，如果投标者发现招标文件中有错误或不明确之处，应该(　　)。

A. 忽略这些错误，继续投标　B. 直接修改招标文件

C. 向招标方提出疑问或要求澄清　D. 放弃投标

5. 建设工程投标中，投标保证金的主要作用是(　　)。

A. 确保投标者有足够资金完成工程　B. 确保投标者遵守投标规则

C. 作为工程预付款　D. 作为工程完成的奖励

二、多项选择题

1. 开标时，以下哪些行为是正确的。(　　)

A. 由招标方指定的人员公开宣读投标文件中的报价

B. 允许所有投标者或其代表参加开标会

C. 公开所有投标者的投标报价和相关重要信息

D. 记录开标过程，并由在场人员签字确认

2. 在评标过程中，评标委员会可能会考虑以下哪些因素。(　　)

A. 投标者提交的技术方案的创新性和可行性

B. 投标者的历史业绩和信誉

C. 投标价格与预算的匹配度
D. 投标者提供的售后服务和保证
3. 评标结束后，以下哪些情况可能导致重新评标。（　　）
A. 发现评标过程中存在重大错误或违规行为
B. 评标委员会成员之间存在严重分歧
C. 所有投标均不符合招标文件的要求
D. 招标方对评标结果不满意
4. 在定标阶段，招标方需要完成以下哪些工作。（　　）
A. 与中标者进行合同谈判　B. 向中标者发出中标通知书
C. 退还未中标者的投标保证金　D. 公布中标结果并说明中标理由
5. 在开标、评标、定标过程中，以下哪些行为是被禁止的。（　　）
A. 泄露投标者的商业秘密
B. 与投标者进行不正当接触
C. 在评标过程中对投标者进行歧视或偏袒
D. 在定标过程中更改评标结果

三、思考题

1. 开标时应做好哪些准备工作？
2. 怎样组建评标委员会？
3. 初步评审的内容有哪些？
4. 最低评标价法和综合评估法的适用范围和评审折算有什么不同？
5. 确定中标人的程序和要求有哪些？

第5章　建设工程承发包合同管理

思维导图

章节目标

知识目标：

1. 识记承发包合同的概念、特点及管理要点；熟悉建设工程承发包合同的订立、履行、变更、解除及监督各环节中合同管理的关键知识和法律规定。

2. 理解建设工程合同在工程建设中的重要作用和地位。

3. 将合同管理知识用于工程建设项目中的实际场景。

4. 分析合同管理中的关键流程和法律规定。

5. 评价承发包合同在工程建设中的实际应用和重要性。

6. 综合建设工程承发包合同的订立、履行、变更、解除及监督各环节知识，理解合同管理全过程。

能力目标：

1. 执行合同的谈判、签订、履行、变更、解除等各个环节的工作，同时应用合同管理工具和方法来提高效率和质量。

2. 分析合同管理过程中出现的各种问题和纠纷，并创造性地提出应对复杂多变的合同管理环境的解决方案。

3. 与发包方、承包方及其他相关方进行有效的沟通和协调，以促进建设工程参建各方之间的合作与信任，共同推进工程建设的顺利进行。这里的“沟通”和“协调”可以视为在合同管理中的高级“应用”技能。

素质目标：

1. 内化尊重合同、遵守合同法的职业素养，认同诚信守约、法治思维和责任担当在合同管理中的核心地位，并培养严谨细致、认真负责的工作态度。

2. 强化全局观念和团队精神，促进团队成员之间的紧密合作与协作，同时追求持续学习新的合同管理知识和技能，以提升自主学习能力和自我提升意识。

思政目标：

树立法治思维，以倡导法律在维护市场秩序、促进公平正义中的核心作用，强调诚信守约的重要性并培养契约精神，通过促进发包方、承包方等各方之间的信任和合作，认识并履行合同管理在工程建设中的社会责任和使命，从而推进工程建设的顺利进行。

案例分析

诚信为本，共筑品质工程——某市体育馆承发包合同管理案例

背景：某市为提升城市形象，满足市民日益增长的体育需求，决定新建一座现代化体育馆。该项目通过公开招标，最终由 A 建筑公司中标，负责体育馆的承建工作。为确保项目顺利进行，A 公司与项目业主 B 单位签订了详细的承发包合同，明确了双方的权利与义务。

A 公司与 B 单位在充分协商的基础上，签订了承发包合同，明确了工程范围、工期、质量标准、合同价款及支付方式等关键条款。该合同强调诚信原则，要求双方严格按照合同条款履行义务，确保工程质量与进度。A 公司在施工过程中，发现部分原材料的市场价格波动较大，导致成本增加。然而，A 公司并未擅自调整合同价款，而是主动与 B 单位沟通，寻求合理的解决方案。在施工过程中，A 公司遇到技术难题。为确保工程质量，A 公司积极引进新技术、新工艺，并投入更多的人力、物力。虽然这增加了成本，但 A 公司始终坚守诚信原则，未向 B 单位提出额外索赔。工程竣工后，A 公司按照合同约定，向 B 单位提交了完整的竣工资料及验收申请。B 单位组织专家对体育馆进行验收，发现工程质量符合合同要求及国家相关标准，给予了高度评价。

分析：A 公司通过坚守合同条款、主动沟通解决问题、不提出额外索赔、注重工程质量以及积极履行社会责任等方式，成功解决了在承发包合同管理中遇到的诚信问题。这些做法不仅保障了合同的顺利履行，也树立了企业的良好形象，赢得了社会的认可。从该案例中我们看到：

(1)诚信原则的重要性：在承发包合同管理中，诚信原则贯穿始终。只有双方都能坚守诚信，才能确保合同的顺利履行，实现合作共赢。诚信原则不仅是合同法的基本原则，也是社会主义核心价值观的重要内容之一。在建筑行业中，诚信原则更是企业生存和发展的基石。

(2)质量与责任的担当：A 公司在面对原材料的价格波动和技术难题时，始终坚守诚信原则，未擅自调整合同价款或提出额外索赔。这体现了 A 公司对工程质量的重视和对社会责任的担当。在建筑行业中，质量是企业的生命线。只有确保工程质量，才能赢得客户的信任和社会的认可。同时，企业还要积极承担社会责任，为社会的发展作出贡献。

(3)合作与共赢的理念：A 公司与 B 单位在合同履行过程中，始终保持良好的沟通与合作，共同解决问题。这种合作与共赢的理念是承发包合同管理的关键。在现代社会中，合作与共赢已成为各行各业发展的必然趋势。只有加强合作，才能实现资源共享、优势互补，共同推动社会的发展。

案例启示：本案例启示我们，在承发包合同管理中，要始终坚守诚信原则，确保合同的顺利履行。同时，还要注重质量与责任的担当，积极承担社会责任。此外，我们还要树立合作与共赢的理念，加强与其他企业的合作与交流，共同推动建筑行业的健康发展。

5.1 建设工程承发包合同概述

5.1.1 建设工程承发包合同的概念

建设工程承发包合同，通常称为建设工程合同，是一种民事法律行为，其中发包人（业主或项目所有者）与承包人（施工企业或服务提供者）就工程建设项目达成一致，明确双方的权利和义务。这种合同通常涵盖了工程的设计、施工、竣工以及后期维护等各个阶段。

建设工程承发包合同是指发包方与承包方就特定工程项目的建设施工、设备安装、调试以及工程保修等任务所达成的法律协议。该合同明确了双方的权利与义务。施工合同作为建设工程合同的一种，本质上是一种双向的、有偿的合同关系，其签订过程应遵循自愿、公平、诚实信用的原则。建设工程施工合同在各类建设工程合同中占据核心地位，其核心目的在于将设计蓝图转化为满足既定功能、质量标准、工程进度和投资预算等要求的实体建筑产品。这种合同不仅规定了工程的具体实施细节，也确保了发包人的预期投资目标得以实现，同时为承包人提供了明确的工作指导和权益保障。

5.1.2 建设工程承发包合同的特点

建设工程承发包合同是工程项目成功实施的基石，它不仅规范了双方的行为，还为项目的顺利进行提供了法律保障。通过明确双方的权利和义务，合同有助于降低项目风险，提高工程质量和效率，促进建筑市场的规范化和健康发展。

建设工程承发包合同的主要特点：

（1）建设工程承发包合同具有合法性。合同的签订和执行不仅必须遵循国家法律法规，还需符合行业标准和规范，确保合同的合法合规性。这包括但不限于《民法典》《建筑法》《招标投标法》等，以及相关的安全生产、环境保护法规。

（2）建设工程承发包合同具有明确性。合同条款应详尽无遗，明确工程的具体范围、详细规模、具体设计要求、严格的施工标准、明确的质量标准、具体的合同价格、具体的支付方式、确切的施工期限以及违约责任等，避免因含糊不清的条款而导致争议。

（3）建设工程承发包合同具有全面性。合同内容应全面覆盖工程的各个阶段和环节，从前期的勘测、设计，到中期的施工、材料和设备供应，再到后期的设备安装、竣工验收，确保无一遗漏。

（4）建设工程承发包合同具有互惠性。合同应体现公平原则，确保双方利益的平衡。发包人应获得质量合格、功能完善的工程，而承包人则应获得合理的报酬和利润，实现双赢。

（5）建设工程承发包合同具有约束性。合同的法律约束力要求双方严格遵守合同约定，任何一方违约都将面临法律后果，以此确保合同的严肃性和执行力。

（6）建设工程承发包合同具有可执行性。合同条款应具备高度的可操作性，确保在施工过程中的每一项工作都能按照合同规定顺利进行，减少执行难度。

（7）建设工程承发包合同具有风险分担的特性。合同中应包含风险管理条款，明确双方在面对不可抗力、设计变更、施工风险等情况下的责任和义务，合理分配风险。

（8）建设工程承发包合同具有管理动态性。鉴于工程项目的复杂性，合同应具有一定的灵活性，以适应项目实施过程中可能出现的各种变化和调整。

(9)建设工程承发包合同具有透明性。合同的签订和执行应保持高度透明，确保所有相关方都能够及时了解合同的进展和变更情况。

(10)建设工程承发包合同具有专业性。鉴于建设工程的专业性和技术性，合同的编写和执行应由具有相关专业知识和经验的人员负责，确保合同的专业性和权威性。

5.1.3 建设工程承发包合同的分类

建设工程承发包合同的分类是多维度的，涉及工程的不同阶段、性质、参与主体和合同形式。

(1)按工作性质划分

①勘察合同。勘察合同专注于项目前期的自然环境与地质条件调查。包括详细的地形勘察，以了解项目所在地的地貌特征；地质勘察，深入探究地下岩层的稳定性和潜在风险；水文地质勘察，研究地下水的分布与影响；环境勘察，评估项目对周边环境的影响，确保工程建设的科学性与可持续性。这些勘察工作为后续的工程设计与施工提供了至关重要的基础数据。

②设计合同。设计合同涵盖了从概念构思到施工图绘制的全过程。首先，概念设计提出项目的整体构想与风格定位；随后，方案设计进一步细化，确定建筑布局与功能分区；初步设计则进行技术经济分析，明确技术路线与材料选择；最终，施工图设计将设计方案转化为详细的施工图纸，确保施工过程的顺利进行。此外，对于复杂项目，还可能需要进行深化设计，以解决施工中的技术难题。

③施工合同。施工合同是工程建设的核心部分，它涵盖了从土建施工到装饰装修的各个环节。土建施工负责地基处理、基础施工与主体结构建造，为建筑提供稳固的基础；安装施工则负责给排水、电气、暖通等系统的设备安装与调试，确保建筑功能的完善；装饰装修则通过内外墙装饰、地面铺装等手段，提升建筑的美观性与使用舒适度。此外，专项施工(如幕墙工程、园林绿化等)也需由专业队伍完成。施工合同中还应明确施工管理要求，包括施工组织设计、进度控制、质量控制、安全管理与环境保护等，以确保施工过程的规范性与高效性。

例如，某市智慧科技园建设项目，从勘察到设计再到施工，各环节紧密衔接。项目初期，某市建设局与某地质勘察院签订勘察合同，全面调查了自然环境与地质条件，为后续设计提供了坚实基础。随后，某市规划局与某建筑设计院签订设计合同，从概念到施工图，精心打造了集科技、绿色、智能于一体的科技园设计方案。最终，某市建设集团有限公司与某建设工程公司签订施工合同，专业团队高效完成了从土建施工到装饰装修的全流程建设，确保了科技园的稳固基础、完善功能与美观外观。经过一年努力，智慧科技园顺利竣工并投入使用，成为某市科技创新与产业升级的新地标。

(2)按合同主体划分

在建设工程合同的分类中，根据合同主体的国籍或注册地不同，可以进一步细分为国内建设工程合同与国外建设工程合同，这两者在法律适用、合同条款、执行流程以及风险防控等方面均存在显著差异。

①国内建设工程合同。国内建设工程合同是指合同双方均为中国境内的法人或其他组织(如企业、事业单位、社会团体等)所签订的合同。这类合同主要遵循中国国内的法律法规体系，包括但不限于《建筑法》《民法典》合同编、《建设工程质量管理条例》等。在国内建设工程合

同中，合同双方的权利义务、违约责任、争议解决方式等均需按照国内法律进行明确和约定。由于合同双方处于同一法律管辖区域内，因此在合同履行过程中，法律适用性和执行效率相对较高。

②国外建设工程合同。国外建设工程合同则是指合同双方中至少有一方为外国法人或其他组织(包括外国公司、跨国企业、国际组织等)所签订的合同。这类合同不仅涉及国内法律法规，还可能涉及国际贸易法、国际商事惯例以及不同国家的法律体系。由于合同双方可能来自不同的法律体系和司法管辖区域，因此在合同谈判、签订、履行及争议解决等各个环节都可能面临更为复杂的法律问题和风险。国外建设工程合同通常需要对合同语言、适用法律、仲裁机构或法院管辖等条款进行特别约定，以确保合同的有效性和可执行性。此外，在合同履行过程中，还需关注国际政治经济形势变化、汇率波动、文化差异等外部因素对合同执行的影响，并采取相应的风险防控措施。

例如，中国建筑企业 A 公司，一方面在国内承接了一个商业写字楼的建设项目，并与另一家国内的设计企业 B 公司签订了国内建设工程合同；另一方面还参与了一个国外的基础设施建设项目，与国外的一家建筑材料供应商 C 公司签订了国外建设工程合同。

对于国内建设工程合同，其主要遵循国内的法律法规，如《民法典》《建设工程质量管理条例》等。合同条款明确双方的权利义务及违约责任，争议解决方式通常选择国内仲裁机构或诉讼。在执行流程方面，由于双方都在国内，处于相同法律管辖区域，沟通协调便利、执行效率较高。风险防控主要针对工程质量、工期延误等风险，可通过加强施工管理、严格质量控制等措施来降低。而国外建设工程合同则涉及国内和国外法律法规，除中国相关法律外还可能有国际贸易法等。合同条款中合同语言可能为英语或双方认可的其他语言，适用法律和仲裁机构或法院管辖需经双方协商明确约定。执行时因双方来自不同国家，存在文化、时区差异等，沟通协调复杂，需加强信息交流，确保理解一致。其风险更为复杂多样，国际政治经济形势变化可能引发原材料价格波动、贸易限制；汇率波动影响成本收益；文化差异可能导致沟通障碍。A 公司需采取市场调研、风险评估、选择汇率风险管理工具、加强跨文化沟通培训等多种风险防控措施，合同中也需约定价格调整机制、不可抗力条款等应对风险。

(3)按承发包方式划分

①总承包合同(EPC/交钥匙合同)。EPC(Engineering, Procurement, Construction)合同即设计—采购—施工一体化合同，也称为交钥匙合同。在此模式下，承包方不仅负责整个工程的施工管理，还涵盖了从项目设计、设备材料采购到施工建设直至竣工交付的全过程。业主只需提出项目需求及目标，其余工作均由总承包方负责完成，最终向业主提交一个满足功能要求的工程项目。其特点有：责任集中、风险共担、减少协调工作量、缩短建设周期。

②分承包合同(分包合同)。分包又可以细化为专业分包和劳务分包。专业分包，如土建分包、机电安装分包、装饰装修分包等。每个分包商负责其专业领域的施工任务。劳务分包主要提供劳动力资源，不涉及材料采购及施工组织设计，仅负责具体施工操作。其特点有：专业化程度高、利于质量控制、降低成本风险，但需有效管理各分包商之间的协调与配合。

③联合体承包合同。当单个承包商无法独立完成整个项目时，多个承包商可以组成联合体共同投标并承担项目。联合体内部需明确各自的责任范围、权利义务及利益分配机制。其特点是资源整合、优势互补、风险共担，适用于大型、复杂或技术要求高的工程项目。

④平行承发包合同。业主将工程项目的设计、施工等任务分别发包给多个承包商，各承包

商之间处于平行关系，分别负责自己的工作内容，但业主需负责各承包商之间的协调与配合。其特点是灵活性高、利于引入竞争机制、降低工程总造价，但管理复杂程度高，易产生协调问题。

⑤施工总承包管理(MC)合同。与 EPC 模式不同，MC 模式下施工总承包管理单位不直接参与具体施工，而是对整个施工过程进行总体规划、协调和控制，包括选择分包商，控制施工进度、质量和成本等。其特点是强调管理能力，有利于缩短工期、提高质量、控制成本，同时减少业主的协调工作量。

⑥项目管理承包(PMC)合同。PMC 模式是指项目管理承包商代表业主对工程项目进行全过程或若干阶段的管理和服务。包括项目的前期策划、可行性研究、项目定义、设计管理、采购管理、施工管理、试运行，直到竣工验收等。其特点是高度专业化管理，减轻业主负担，确保项目目标实现，尤其适用于大型、复杂或跨国项目。

(4) 按合同计价方法划分

①总价合同。承发包双方约定以施工图及其预算和有关条件进行合同价款计算、调整和确认的建设工程施工合同。总价合同是指在建设工程施工过程中，发包方与承包方根据施工图纸、预算以及相关条件，共同约定一个固定的合同总价。这个总价通常涵盖了工程项目的全部费用，包括但不限于材料费、人工费、机械使用费、管理费以及预期利润等。在此类合同中，除非发生合同中明确规定的变更或调整情况，否则合同价款将保持不变。总价合同为双方提供了明确的预算和费用预期，有助于发包方进行资金规划和风险控制，同时也要求承包方在项目实施过程中严格控制成本，确保项目按照预定的总价完成。

②单价合同。这是建设工程施工合同的一种重要形式，承发包双方约定以工程量清单及其综合单价为基础进行合同价款的计算、调整和确认。这种合同模式以其灵活性、风险分担明确性和条款完善性而著称，特别适用于设计深度不足、工期长且工程量变化大或市场竞争激烈的项目。在单价合同中，工程量清单需准确、全面反映工作内容及工程量，综合单价则合理覆盖成本、利润及风险，确保合同双方的权利义务清晰。同时，合同条款还需明确单价调整条件、程序及争议解决机制，以保障合同的顺利履行。单价合同展现了高度的灵活性，它允许在工程量发生变动时，仅依据合同中既定的单价与实际完成的工程量灵活调整合同价款，从而有效适应工程变更及现场实际状况。同时，该合同模式通过综合单价的形式实现了风险的合理分担，承包方负责承担单价保持稳定的风险，而业主则承担因工程量变动而产生的风险。此外，工程量清单与综合单价的明确约定，确保了合同双方在合同执行过程中能够清晰界定各自的权利与义务，进而减少了潜在的争议，保障了合同的顺畅履行。

③成本加酬金合同。这是一种灵活的建设工程施工合同模式，它允许承发包双方基于施工工程的实际成本加上事先约定的酬金来计算、调整和确认合同价款。这种合同模式不仅实现了风险的合理分担，即承包方负责成本控制，业主通过支付酬金来激励承包方提高效率，还因其高度的灵活性而适用于设计频繁变更、工期紧迫或施工风险较高的项目。在签订此类合同时，双方需明确成本定义、合理确定酬金水平，并建立有效的成本监控机制，同时完善合同条款以确保合同的顺利履行。根据计价方式和合同条款的不同可分为多种类型，主要包括成本加固定酬金合同，其中酬金不受成本变动影响；成本加固定百分比酬金合同，酬金随成本增加而增加；成本加可变酬金合同，酬金根据一定条件或标准进行调整；成本加定比费用合同，酬金与工作量挂钩；成本加目标奖金合同，通过设定目标来激励承包方；最大成本加费用合同，设定

最大成本并分享节省的成本;成本加提成合同,将项目利润作为承包方的酬金。这些分类反映了成本加酬金合同在适应不同项目需求、激励承包方、控制成本风险等方面的多样性和灵活性。

例如,在某医院建设项目中,医院的主体结构工程采用总价合同。发包方根据详细的施工图纸和预算,与承包方约定了一个固定的合同总价,为5000万元。合同中明确规定,除非出现重大设计变更、不可抗力等特殊情况,否则合同总价不变。在施工过程中,承包方按照施工图纸进行施工,负责主体结构的建设,包括钢筋混凝土工程、砌体工程等,所有的材料采购、人工费用、机械设备使用费用等都包含在这5000万元的总价中。医院的装修工程采用单价合同。发包方制定了详细的工程量清单,比如墙面瓷砖铺贴每平方米的综合单价为200元,地面石材铺设每平方米的综合单价为300元等。在施工过程中,由于实际装修需求的变化,墙面瓷砖铺贴的面积有所增加。根据单价合同的特点,只需要按照实际增加的墙面瓷砖铺贴面积和每平方米200元的单价来调整合同价款;而地面石材铺设的单价保持不变,同样根据实际完成的面积进行结算。医院的一些特殊医疗设备的安装调试工程采用成本加酬金合同。双方约定以实际发生的成本为基础,再加上一定比例的酬金作为合同价款。在施工过程中,承包方负责设备的安装调试工作,详细记录各项成本支出,包括设备采购成本、人工成本、技术咨询费用等。酬金按照成本的一定百分比计算,比如成本的10%作为酬金。如果在安装调试过程中出现了一些技术难题,需要额外的费用投入。这些成本也会被计算在内,最终合同价款就是实际成本加上约定的酬金。在这个案例中,不同类型的工程项目可以适用于不同的合同,不同类型的合同也可适用于不同的工程部分。合同主体可以根据工程的特点和需求进行选择,更好地保障双方的权益和项目顺利进行。

(5)按工程内容划分

①土建工程合同。土建工程合同是建设工程项目中不可或缺的一部分,它专注于建筑物的基础与主体结构施工。这类合同详细规定了地基处理、桩基建设、地下室施工以及墙体、梁柱、楼板等主体结构的施工要求。土建工程是建筑物的根基,直接关系到其稳定性和耐久性。因此,合同内容需明确施工技术、材料标准、质量控制措施及验收标准,以确保工程质量符合设计要求和安全规范。同时,土建工程常与其他专业工程存在交叉作业,合同还需明确施工进度计划、协调机制及界面划分,以促进各专业间的顺畅衔接。

②安装工程合同。安装工程合同聚焦于电气系统、给排水系统、暖通系统、消防系统以及各类设备的安装与调试。这一合同类型涵盖了从电气布线、管道铺设到设备安装的全方位工作,是建筑物功能实现的关键环节。安装工程合同需明确系统安装的具体要求、设备调试与运行的流程,并强调安全施工和遵守相关规范的重要性。此外,安装工程还需与土建工程、装修工程等紧密配合。合同中应设立协调机制,确保各专业间的无缝衔接,共同推动项目的顺利进行。

③装修工程合同。装修工程合同则专注于提升建筑物内部空间及外立面的美观度和使用功能。这类合同详细规定了室内装修和外立面装饰的设计方案、风格定位、材料选择以及施工工艺流程。装修工程旨在通过精心设计和施工,满足业主对居住环境或商业空间的特定需求。合同中不仅需明确装修效果和材料标准,还需规定质量控制标准和验收程序,以确保装修质量符合业主期望。同时,环保与安全也是装修工程合同不可忽视的重要方面,需选用符合环保标准的材料,并在施工过程中采取必要的安全措施。此外,装修工程的后期维护与保修也是合同

中的重要内容，为业主提供长期的售后保障。

例如，为了明确某城市中心区域的办公楼项目各阶段工作内容和责任，业主方分别签订了三种不同类型的施工合同。首先，与 A 建筑公司签订了土建工程合同，涵盖基础工程、主体结构及相关土方、砌筑工程施工，确保建筑物稳固可靠。随后，与 B 安装工程公司签订了安装工程合同，负责电气、给排水、暖通及消防系统的安装与调试，保障办公楼功能完善。最后，与 C 装修公司签订了装修工程合同，专注于室内装修和外立面装饰，提升建筑美观与商业价值，同时提供环保、安全的施工环境及售后保修服务。这三份合同共同确保了办公楼项目的顺利推进与高质量完成。

(6)按工程建设阶段划分

①前期合同。前期合同是工程项目启动的基石，它涵盖了项目建议书编制、可行性研究、环境评估及立项审批等关键前期工作。这些合同不仅明确了项目初期的方向和可行性，还通过详细的任务划分和时间节点，为项目的顺利推进奠定了坚实的基础。建设单位与专业咨询机构的紧密合作，确保了前期工作的科学性和准确性，为后续设计和施工阶段的顺利进行提供了有力保障。

②设计阶段合同。设计阶段合同是项目从概念转化为实际蓝图的桥梁。它详细规定了方案设计、施工图设计的内容、深度、标准及成果交付要求。设计合同的签订，确保了设计单位能够按照既定的设计理念和标准，高效、准确地完成设计工作。同时，合同中关于设计协调、变更及知识产权的约定，为设计过程中的问题解决和权益保护提供了法律依据。设计阶段的成果不仅影响着项目的建设质量和功能实现，也是后续施工阶段的重要依据。

③施工阶段合同。施工阶段合同是工程项目建设的核心法律文书，它全面覆盖了施工准备、施工实施、竣工验收及保修期服务等各个环节。施工合同明确了施工任务、质量标准、工期要求及价款支付等关键条款，为施工单位提供了明确的施工指导和要求。同时，合同中的进度控制、工期管理、安全文明施工等条款，保障了施工过程的顺利进行和项目的按时完成。竣工验收与保修条款，则确保了项目交付后的质量保障和售后服务，为建设单位和使用者提供了长期保障。

(7)按获得承包任务的途径划分

①计划分配获得。计划分配是一种较为传统的承包任务获得方式，它主要基于政府或企业的长期发展规划。在这种方式下，特定的工程项目会被直接分配给指定的承包商，通常这些承包商与政府或企业有着长期的合作关系或特定的资质要求。计划分配有助于确保项目的稳定性和连续性，同时也能够体现政策导向和战略意图。然而，这种方式可能缺乏市场竞争机制，难以保证项目成本的最优化和质量的最高标准。

②投标竞争获得。投标竞争是当前工程项目建设中最为普遍和重要的承包任务获得方式。它通过公开招标、邀请招标等公开透明的程序，吸引多家具备相应资质的承包商参与竞争。投标竞争有助于激发市场活力，促进承包商之间的良性竞争，从而推动技术创新和成本控制。同时，通过严格的评审和筛选机制，能够选择出最具实力和经验的承包商来承担项目，确保项目的顺利实施和高质量完成。但是，投标竞争也可能导致一些小型或新兴承包商难以获得机会，以及可能出现不正当竞争和串标等违法违规行为。

③委托(协商)承包获得。委托(协商)承包是一种基于双方协商的承包任务获得方式，它通常适用于小型或特殊工程项目。在这种方式下，项目发包方与承包商之间通过直接协商和

谈判，就项目的具体内容、要求、价格等达成一致意见，并签订承包合同。委托承包具有灵活性高、效率高、成本相对较低等优点，能够较好地满足项目发包方的特定需求。但是，由于协商过程中可能缺乏公开透明的监督机制，容易出现信息不对称和利益输送等问题，因此，需要加强监管和约束，确保协商过程的公正性和合法性。

例如，某市政府在筹备新建公共图书馆项目时，根据项目的不同特性和需求，灵活采用了多种承包任务获得方式。对于主体结构施工这一关键部分，该市政府直接通过计划分配的方式，将工程委托给经验丰富的A建设集团，以确保项目的稳定性和安全性。而对于室内装修工程，为了提升品质并引入竞争机制，该市政府采取了公开招标的方式，最终B装修公司凭借出色表现中标。此外，针对特色阅读区的定制化需求，该市政府与C设计公司进行了深入协商，通过委托(协商)承包的方式，达成了满足双方期望的合作协议。这一系列举措不仅展现了该市政府在项目管理上的灵活性和专业性，也为公共图书馆项目的成功实施奠定了坚实基础。

(8) 按承包人的地位划分

在工程项目建设中，按承包人的地位划分，合同主要可以分为总承包合同和分承包合同两种类型。

①总承包合同。总承包商是工程项目中的核心角色，他们承担着整个工程或主要部分的责任。总承包商不仅负责具体的施工工作，还负责工程的整体协调和管理。他们需要与项目业主、设计单位、监理单位以及各分承包商进行紧密的沟通和协作，确保项目的各个环节能够顺利衔接，并按照既定的计划和质量标准推进。总承包商通常具备较强的综合实力和丰富的项目管理经验，能够应对复杂的工程环境和多变的项目需求。

②分承包合同。分承包商则针对工程项目中的特定专业工程或劳务进行承包。他们与总承包商签订合同，按照合同约定的内容、标准和时间要求完成相应的工程任务。分承包商通常具备在某个专业领域内的专业技术和施工能力，能够为总承包商提供有力的支持。在项目管理中，分承包商需要服从总承包商的整体协调和管理，同时也需要与项目业主、设计单位、监理单位等各方保持有效的沟通和协作。通过合理的分工和协作，分承包商与总承包商共同推动着工程项目的顺利进行。

总承包和分承包是工程项目建设中按承包人地位划分的两种主要类型。总承包商负责整个工程或主要部分的责任和管理，而分承包商则专注于特定专业工程或劳务的承包。两者在项目管理中相互依存、相互支持，共同为工程项目的成功实施贡献力量。

例如，某大型企业为扩建生产基地，采取了总承包与分承包相结合的管理模式。首先，与具备丰富经验的B建设集团签订了总承包合同，由其负责整体规划、设计协调、施工管理及交付验收。随后，B建设集团根据项目需求，分别与专业的C钢结构公司、D电气安装公司和E设备调试公司签订了分承包合同，将特定专业工程委托给这些分承包商实施。这种管理模式不仅确保了项目的整体控制和管理，还充分发挥了专业技术的优势，提高了工程建设的效率和质量。

(9)按合同的复杂性和规模划分

在工程项目管理中，根据合同的复杂性和规模，可以进一步将合同划分为小型工程合同和大型工程合同。

①小型工程合同。在工程项目管理中，小型工程合同主要面向作业量较小或造价较低的工程项目，如日常维修、小型装修及绿化工程等。这些项目通常建筑面积不足2000平方米或

造价低于 50 万元人民币，技术要求相对较低，施工难度不大，且涉及的专业领域较为单一。小型工程合同的参与方较少，主要包括项目业主、施工单位及可能的设计单位或监理单位。合同条款相对简单，主要涵盖工程范围、质量标准、工期要求及价款支付等基本要素。在合同管理过程中，注重灵活性和执行效率，以便快速响应项目需求并有效控制成本。由于项目规模较小，风险相对可控，使得合同管理过程相对简单。

②大型工程合同。相比之下，大型工程合同则适用于规模庞大、技术复杂的工程项目，如大型基础设施、高层建筑及复杂工业厂房等。这些项目的建筑面积和投资额度往往远超小型工程，技术要求高、施工难度大，需要采用先进的技术手段和管理方法。大型工程合同的参与方众多，包括项目业主、总承包商、多个分承包商、设计单位、监理单位、材料设备供应商及专业咨询单位等。合同条款复杂多样，除了基本要素外，还需详细规定各方的权利义务、协调机制、风险管理及变更控制等内容。在合同管理过程中，需建立完善的合同管理体系和流程，以确保合同的全面履行和项目的顺利实施。鉴于项目规模庞大、风险较高，合同管理需更加注重细节和风险管理，以保障项目的质量和安全。

(10)按合同的法律环境划分

①国内法合同：国内法合同是指那些主要遵循国内法律规定，并受国内法律体系管辖的合同。在中国，这类合同必须严格遵守《民法典》及其他相关法律法规。国内法合同通常涉及的项目和交易均在国内进行，合同的签订、履行、变更及争议解决均依据中国的法律法规进行。由于法律环境相对熟悉且稳定，国内法合同在工程项目管理中具有较高的可操作性和可预测性。

②国际法合同：国际法合同则是指那些可能涉及国际公约、国际惯例或不同国家法律体系的合同。这类合同通常发生在跨国项目或国际贸易中，如国际工程承包、国际货物销售等。国际法合同可能受到多个国家法律或国际公约的约束，如《联合国国际货物销售合同公约》《国际商事合同通则》等。由于不同国家的法律体系存在差异，国际法合同在签订和执行过程中需要特别注意法律适用范围、管辖权、争议解决机制等问题。此外，国际法合同还可能涉及外汇管理、关税、国际贸易政策等方面的规定，增加了合同管理的复杂性和风险性。

(11)按合同的融资方式划分

①自筹资金合同。自筹资金合同是指发包方(通常是项目业主)自行筹集项目所需资金，并依据合同约定向承包方支付工程款项，而承包方则负责按照合同要求完成工程建设。在这种合同模式下，发包方承担了主要的资金筹集责任，包括自有资金、银行贷款、债券发行等多种融资方式；承包方则主要关注工程建设的进度、质量和成本控制，确保项目按时按质完成。自筹资金合同的优势在于资金来源明确、项目管理相对简单，但也可能因为资金筹集不足或延迟而影响工程进度。

②融资＋建造合同。融资＋建造合同是一种更为复杂的合同模式，其中承包方或第三方不仅负责工程建设，还承担了为项目提供融资的责任。这种合同模式通常出现在资金需求量大、投资回收期长的项目中，如大型基础设施、公共设施等。在融资＋建造合同中，承包方或第三方会利用自身的融资能力，通过银行贷款、项目融资、股权融资等方式筹集项目所需资金，并与发包方共同承担项目的风险和收益。承包方获得融资后，将按照合同约定进行工程建设，并在项目完成后获得相应的回报。融资＋建造合同的优势在于能够解决项目资金短缺的问题，促进项目的顺利实施，但同时也增加了合同管理的复杂性和风险性。

(12)按合同风险的分配划分

①风险共担合同。风险共担合同是一种合作模式,其中发包方(项目业主)和承包方共同承担项目执行过程中可能出现的风险。这种合同模式强调双方的合作关系和共同责任,通过协商和沟通来共同应对项目风险。在风险共担合同中,双方会明确各自的风险承担范围和责任,并在合同中设定相应的风险应对措施和补偿机制。例如,在遇到不可抗力或设计变更等风险时,双方可以根据合同约定共同分担损失或调整合同条款。风险共担合同有助于增强双方的信任和合作,促进项目的顺利进行,但同时也要求双方具备较高的风险意识和风险管理能力。

②风险转移合同。与风险共担合同相反,风险转移合同则更多地将风险转移给承包方承担。在这种合同模式下,承包方需要承担更多的项目风险,以确保项目的顺利实施和交付。固定总价合同是风险转移合同的一种典型形式,其中承包方在合同签订时就需要确定一个固定的工程总价,无论项目执行过程中发生何种变化(如设计变更、材料价格上涨等),都不会改变这个总价。这意味着承包方需要自行承担因这些变化而产生的额外费用和风险。固定总价合同有助于发包方控制项目成本,降低风险,但同时也要求承包方具备较高的风险承受能力和项目管理水平。

例如,在城市公园改造项目中,市政府作为发包方,通过公开招标选择园林建设公司作为承包方,并提出了风险共担合同与风险转移合同(如固定总价合同)两种方案供选择。A公司选择了风险共担合同,强调与市政府的长期合作,共同应对项目风险,包括设立了风险应对基金以应对建材价格上涨等不可预见因素。而B公司则选择了风险转移合同,承诺在任何情况下都按固定总价完成项目,但需自行承担设计变更、材料价格上涨等带来的额外风险。项目执行过程中,建材价格上涨和历史遗迹发现等挑战凸显了不同合同模式的影响。A公司通过与市政府协商来调整策略,成功应对了挑战;而B公司则承担了较大经济损失。此案例表明,在选择合同类型时,需综合考虑项目特点、双方风险承受能力,以确保项目成功及双方利益最大化。

通过这些详细的分类,建设工程承发包更精确地适应不同工程的特点和需求,为合同双方提供明确的权利义务框架,并为项目合同的顺利实施提供法律和经济上的保障。

【案例】 某市为了推动城市发展和提升市民生活质量,决定建设一个集购物、娱乐、办公、住宅于一体的城市综合体项目。该项目涉及多个阶段和领域,因此需要签订多种类型的合同以确保项目的顺利进行。为了确保项目的顺利进行,项目方需要与多个合作方进行密切合作,并签订一系列合同以明确各方的权利和义务。在城市综合体项目的全过程中,项目方与不同合作方签订了以下几种主要合同:

前期规划与设计合同。项目方与规划咨询公司签订了前期规划合同,确保项目规划符合城市总体规划和相关法规要求。与建筑设计院签订了设计合同,要求设计院提供符合项目定位、功能需求及美学要求的建筑设计方案。

施工总承包合同。项目方与一家具备丰富施工经验的大型建筑企业签订了施工总承包合同,由该企业负责项目的整体施工。该合同明确了工程的范围、质量、进度和成本要求,并约定了相应的违约责任和索赔条款。

专业分包合同。在施工总承包合同下,项目方还与多家专业分包商签订了专业分包合同,包括电气安装合同、管道安装合同、消防工程合同、幕墙工程合同等。这些合同明确了各专业工程的施工范围、技术标准和质量要求。

材料设备采购合同。项目方与多家材料设备供应商签订了采购合同，包括钢筋、水泥、玻璃、电梯等。该合同明确了材料的规格、数量、价格、交货期限及付款方式等条款。

监理合同。为确保项目的质量和进度，项目方与一家具有相应资质的监理公司签订了监理合同。监理公司负责监督施工过程中的质量、进度和安全等方面的工作，并向项目方提供独立的监理报告。

物业管理合同。在项目竣工后，项目方与一家专业的物业管理公司签订了物业管理合同。该合同明确了物业公司的管理范围、服务标准、费用及支付方式等条款，确保项目在投入使用后能够得到有效的维护和管理。

在该项目中，服务类合同包括前期规划与设计合同、监理合同和物业管理合同。这些合同主要关注的是服务提供商提供服务的范围、质量、时间和价格等要素。建设类合同有施工总承包合同、专业分包合同。这些合同主要涉及建设工程的施工范围、技术标准、质量要求、工期和成本等关键要素。购销类合同有材料设备采购合同。该合同主要关注的是购销双方对商品的数量、质量、价格、交货期限和付款方式等条款的约定。

5.2　建设工程承发包合同的订立

建设工程承发包合同的订立是一个复杂且重要的过程，它确保了工程项目的顺利进行，是双方权益的保障。建设单位和施工单位签订承包合同的过程可以细分为以下几个步骤：准备、招标与投标、评标与定标、合同谈判与签订、合同备案与后续工作。

5.2.1　建设工程承发包准备

5.2.1.1　尽职调查

尽职调查不仅是选择合格施工单位的必要步骤，更是保障工程项目质量、安全、进度和成本控制的重要前提。同时，尽职调查是一个多维度、多层次的过程，需要建设单位投入足够的时间和资源来全面、深入地了解施工单位的各个方面。通过这样的尽职调查，建设单位不仅能够选择到合适的合作伙伴，还能够为项目的顺利实施和成功交付奠定坚实的基础。

(1)法律合规性深入核查

①合同履约历史。除了查阅当前有效的合同和记录外，还应调查施工单位过去是否有违约行为、法律诉讼或仲裁案件，特别是与工程质量、工期延误或安全事故相关的案例。

②税务与社保缴纳。核实施工单位是否按时足额缴纳税款及社会保险，这直接关系到其经营的稳定性和社会责任感。

③环保合规。鉴于当前对环境保护的高度重视，需检查施工单位是否具备环保相关资质、过去项目中环保措施的执行情况及是否有环保违规记录。

(2)技术创新与能力评估

①技术创新与应用。了解施工单位在新技术、新材料、新工艺方面的应用情况，以及其自主研发或引进新技术的能力，这直接关系到工程项目的科技含量和竞争力。

②专业培训与人才储备。考察施工单位的技术人员结构、专业培训计划和人才储备情况，评估其持续学习和适应行业变革的能力。

(3)项目管理与协作能力

①项目管理体系。了解施工单位的项目管理制度、流程控制、进度管理、成本控制及质量监控体系,评估其项目管理的科学性和有效性。

②团队协作与沟通能力。通过访谈项目团队成员、客户或合作伙伴,评估施工单位的团队协作能力、沟通协调能力和问题解决能力。

(4) 应急响应与风险管理

①应急预案。审查施工单位针对各类突发事件(如自然灾害、安全事故等)的应急预案及演练情况,评估其应急响应能力和风险防控水平。

②风险管理机制。了解施工单位如何识别、评估、监控和应对项目中的潜在风险,以及是否建立了完善的风险管理机制。

(5) 企业文化与社会责任

①企业文化。考察施工单位的企业文化、价值观和发展愿景,看其是否与建设单位相契合,能否在合作中保持高度默契和协同。

②社会责任。了解施工单位在参与公益活动、促进社区发展、关爱员工等方面的表现,评估其社会责任感和可持续发展能力。

(6) 综合评估与报告

①量化评分体系。建立科学的量化评分体系,对施工单位在上述各方面的表现进行打分,以便直观比较不同候选单位的综合实力。

②尽职调查报告。最终形成的详尽的尽职调查报告,可作为建设单位决策的重要依据,并作为合同条款制定的参考,确保合同内容全面、具体、可执行。

(7)行业地位与声誉调查

①市场地位。研究施工单位在行业内的市场份额、排名、品牌影响力以及竞争对手情况,评估其在行业中的竞争力和发展潜力。

②客户反馈。除了直接与客户沟通外,还可以利用社交媒体、行业论坛、专业评价网站等渠道收集更广泛的客户反馈和意见,了解施工单位在业界的口碑。

(8)供应链稳定性评估

①供应商关系。调查施工单位的供应链体系,包括主要材料供应商、设备租赁商、分包商等,评估其供应链的稳定性、可靠性和成本效益。

②材料质量控制。了解施工单位对材料采购、验收、存储和使用等环节的质量控制措施,确保项目所用材料符合标准和质量要求。

(9)技术创新与研发投入

①研发投入。考察施工单位在技术研发方面的投入比例、研发团队建设、研发成果及转化能力,评估其技术创新的持续性和前瞻性。

②合作与联盟。了解施工单位与高校、科研机构、行业协会等的合作情况,以及是否参与或主导行业标准的制定,评估其在行业技术发展趋势中的影响力。

(10)环境、社会与治理(ESG)考量

①环境绩效。除了基本的环保合规外,还需关注施工单位在节能减排、资源循环利用、绿色建筑等方面的实践成果和贡献。

②社会责任项目。考察施工单位在社会责任项目上的投入和成效,如教育支持、扶贫济

困、社区发展等，评估其社会责任感和可持续发展战略。

③公司治理。了解施工单位的治理结构、决策机制、内部控制体系等，评估其管理层的专业性和诚信度，以及公司治理的透明度和有效性。

(11) 法律与合规性培训

①员工培训。考察施工单位是否定期对员工进行法律、合规性、安全生产等方面的培训，确保员工具备必要的法律意识和合规能力。

②文化渗透。了解施工单位如何将法律合规文化渗透到日常管理和业务运营中，形成全员参与、共同维护的良好氛围。

(12)风险评估与应对能力测试

①模拟演练。组织或参与针对特定风险情景的模拟演练，如自然灾害、安全事故、供应链中断等，评估施工单位的应急响应速度和应对能力。

②压力测试。通过设定不同的压力场景(如成本超支、工期紧张、质量要求提高等)，测试施工单位的抗压能力、调整能力和创新能力。

很多项目在建设过程中忽视了尽职调查这一重要环节，例如，某城市政府因急于推进一项耗资数十亿的大型基础设施建设项目，面对预算限制和工期压力，决定简化施工单位的尽职调查流程。这一决策忽视了深入的法律合规性核查、技术与创新能力评估、项目管理与协作能力考察、应急响应与风险管理测试等多个关键环节。结果，项目启动后迅速暴露出工期延误、质量问题频发、安全事故等严重问题，不仅额外增加了 13%的成本，还导致项目总工期延长 7 个月，并引发多起法律诉讼和导致声誉损失。此案例警示我们，全面深入的尽职调查是确保工程项目质量、安全、进度和成本控制的重要前提，任何简化或忽视都可能导致不可估量的后果。

5.2.1.2　项目准备

项目准备是确保工程项目顺利启动的关键阶段，它涵盖了多个重要环节以确保项目的合法性和真实性。在这一阶段，建设单位首先需要确认工程项目已获得所有必要的批准和许可。这包括但不限于政府部门的规划许可、施工许可、环保审批、安全评估等。每个国家和地区的相关法规和程序可能有所不同，因此建设单位需要仔细研究并遵循当地的法律要求，以确保项目的合法性。

同时，为了确保项目的真实性，建设单位需要进行详尽的项目调研和可行性分析。这包括对项目的市场需求、技术可行性、经济效益、环境影响等方面进行评估，以确保项目的可行性和可持续性。此外，建设单位还需要与相关部门、专家和利益相关者进行沟通和协调，以确保项目的顺利推进。

在项目准备阶段，如果建设单位计划采用招标方式选择施工单位，那么准备相关的招标文件也是一项重要任务。招标文件是向潜在施工单位介绍项目情况、提出招标要求、明确投标条件和程序的重要文件。建设单位需要精心编制招标文件，确保内容准确、完整、清晰，并符合相关法律法规的要求。招标文件通常包括项目概述、工程范围、技术要求、投标文件格式、评标标准等内容，以便潜在施工单位全面了解和评估项目，并准备相应的投标材料。

项目准备阶段的工作对于确保工程项目的合法性和真实性至关重要。建设单位需要认真对待这一阶段的工作，仔细研究并遵循相关法律法规的要求，与相关部门和利益相关者进行充分沟通和协调，为项目的顺利推进打下坚实的基础。

项目准备的工作内容主要包括以下几个方面：

(1)项目合规性确认

①项目批准。项目批准是确保工程项目合法性的关键步骤,它要求项目必须获得所有必要的政府或相关部门的批准和许可。这包括规划许可,确保项目选址、用地规划等符合规划要求;施工许可,确保施工准备充分并符合安全、环保等标准;环保审批和安全评估,保障项目在建设和运营过程中不会对环境和人员安全造成负面影响。同时,项目团队还需密切关注审批流程,建立跨部门协调机制,确保审批顺畅进行,并对所有批准文件进行妥善存档和管理。

②法律合规性。法律合规性是项目成功的基石,它要求项目必须严格遵守当地法律法规和政策要求。项目团队需要持续关注并研究相关法律法规的最新动态,确保项目设计、施工及运营过程中的每一环节都符合法律要求。此外,对合同条款进行合法性审查,保护知识产权和专利技术,以及定期为员工提供法律合规培训,都是提升项目法律合规性的重要措施。同时,建立法律风险预警系统,制定应急预案和应对措施,也是项目团队应对潜在法律风险、保障项目顺利进行的必要手段。

(2)项目信息确认

在项目启动之初,进行详尽的项目信息确认是确保项目顺利进行的基石。这一过程涵盖了项目真实性与合法性的验证,以及项目需求的明确界定,为后续工作奠定了坚实基础。

①项目真实性与合法性确认。为了确保不陷入非法或虚假项目的陷阱,项目团队需通过一系列严格的尽职调查手段来核实项目的真实面貌。这包括但不限于对项目背景、发起人资质、资金来源、历史业绩的全面审查,以及对相关政府批文、法律文件的核实。通过这一系列措施,项目团队能够有效评估项目的合法性和可信度,为项目的后续推进提供有力保障。

②项目需求明确。项目信息确认的另一重要方面是项目团队需深入了解并明确项目的具体需求。这涉及对项目工程范围的清晰界定,确保各方对项目边界有共同认知;对建设规模的准确把握,以便合理调配资源和制订计划;对工期的科学设定,保证项目按时完成;对质量标准的严格规定,确保项目成果符合预期。明确的项目需求不仅是招标和合同谈判的基础,也是项目执行过程中各方协作的重要依据。通过细致的需求分析,项目团队能够更好地规划项目路径,确保项目目标的顺利实现。

(3)招标文件准备(如采用招标方式)

决定采用招标方式选择承包商或供应商后,招标文件的准备成为项目推进中的关键环节。招标文件的编制质量直接影响到后续投标、评标及合同签订的顺利进行。

①招标文件编制。招标文件是向潜在投标人介绍项目情况、明确投标要求及程序的重要文件。编制过程中,需紧密围绕项目的具体需求,确保文件内容全面、准确、具有可操作性。这要求项目团队深入了解项目背景、工程范围、技术要求等核心要素,并将其转化为清晰、具体的招标条款。同时,还需明确投标人的资格条件、投标文件的编制要求、提交截止时间、开标和评标程序等关键信息,为投标人提供明确的指引。

②文件内容。招标文件通常包含多个关键部分,以确保信息的全面性和系统性。第一是项目概述,简要介绍项目背景、目的、意义及总体要求;第二是工程范围,详细列出项目所需完成的各项工程内容及其边界;第三是技术要求部分,明确项目所需的技术标准、规范及性能指标;第四是投标文件格式部分,规定了投标文件的组成、格式及编制要求;最后,评标标准作为评标过程中的重要依据,需详细列出评分项、评分标准及权重分配等信息。在编制过程中,需

特别注意文件内容的准确性、完整性和清晰性，避免产生歧义或遗漏。同时，还需确保招标文件符合相关法律法规的要求，如《招标投标法》及其配套规定等，以保障招标活动的合法性和公正性。

(4)技术准备

技术准备是项目启动前不可或缺的一环，它直接关系到项目后续实施的顺利与否。在技术准备阶段，项目团队需要完成一系列关键任务，以确保项目的技术基础坚实可靠。

①设计文件准备。设计文件是项目技术准备的核心内容之一。项目团队需组织专业设计团队，根据项目需求、工程范围及技术要求，精心编制设计文件。这些文件通常包括设计图纸、技术规格书等，旨在详细阐述项目的设计理念、结构布局、设备选型、材料规格等关键信息。设计文件的准备不仅为施工单位提供了清晰的施工蓝图，还为其评估项目难度、制定施工方案提供了重要依据。

②技术规范确认。在项目实施过程中，技术规范和标准是确保工程质量、安全、效率的重要保障。项目团队需根据行业标准、国家规范及项目特定要求，明确项目的技术规范和标准。这些规范和标准将涵盖施工过程中的各个环节，如施工工艺、材料使用、质量检测等。通过明确技术规范和标准，项目团队可以确保施工单位在施工过程中遵循正确的技术要求和标准，从而保障项目的顺利进行和最终成果的质量达标。同时，技术规范的确认还有助于减少施工过程中的技术争议和纠纷，提高项目的整体管理效率。

(5)资金准备

资金准备是项目启动前至关重要的一步，它直接关系到项目的可行性和后续执行的稳定性。在资金准备阶段，项目团队需要仔细规划并落实项目所需的资金，以确保项目能够顺利进行。

①资金预算。项目团队需要根据项目的具体需求，编制详细的资金预算。这包括对项目各阶段所需资金的预估，如前期准备阶段、设计阶段、施工阶段、验收阶段等。在编制资金预算时，应充分考虑各种可能发生的费用，如人员工资、材料采购、设备租赁、税费等，并留出一定的余量以应对不可预见的风险。通过科学的资金预算，项目团队可以清晰地了解项目的资金需求，为后续的资金筹集和使用提供有力支持。

②资金来源落实。资金预算完成后，项目团队需要积极落实资金来源。这包括确认自有资金是否充足，以及是否需要寻求外部融资。如果项目需要贷款支持，项目团队应提前与金融机构沟通，了解贷款政策、利率、还款期限等关键信息，并准备好相关申请材料。同时，如果项目有资格获得政府补助或其他形式的资金支持，项目团队也应积极申请并跟踪审批进度。通过多渠道的资金筹集，项目团队可以确保项目有足够的资金支持，降低因资金短缺而导致的项目风险。

(6)人员组织

人员组织是项目成功的关键因素之一。一个高效、协作的项目团队能够确保项目目标的顺利实现。

①组建项目团队。根据项目需求和规模，项目团队应由具有相关专业知识和经验的成员组成。这些成员可能包括项目经理、工程师、技术人员、财务人员等。在组建团队时，应充分考虑各成员的专业背景、技能和性格特点，以确保团队的整体素质和协作能力。

②明确责任与角色。为了确保项目团队的高效运作，每个成员都应有明确的责任与角色

分工。项目经理应负责整体项目的规划、协调和监督工作;工程师和技术人员则负责具体的技术设计、施工指导和质量控制;财务人员则负责项目的资金管理和预算编制等工作。通过明确责任与角色分工,可以确保每个成员都能充分发挥自己的优势,为项目的成功贡献自己的力量。

(7)其他准备工作

现场准备是项目启动前不可或缺的一环,它直接关系到项目后续施工的顺利进行。根据项目需求,现场准备工作可能包括多个方面,旨在为项目创造一个良好的施工环境。其他准备工作如下:

①土地征用与拆迁。如果项目需要新征土地或涉及现有建筑物的拆迁,项目团队需与相关部门协调,确保土地征用手续合法合规,并按照计划进行拆迁工作。在拆迁过程中,应充分考虑居民或企业的安置问题,确保拆迁工作的顺利进行和社会稳定。

②障碍物清除。项目现场可能存在的树木、电线杆、废弃建筑等障碍物需要被及时清除,以确保施工设备和人员能够顺利进入现场并开展工作。障碍物清除工作应严格按照相关安全规定进行,避免对周边环境造成不必要的损害。

③现场规划与布置。清除障碍物后,项目团队需根据施工计划对现场进行合理规划与布置。这包括确定施工区域、材料堆放区、临时设施搭建位置等,以确保施工过程的有序进行。同时,还需考虑现场的安全防护措施,如设置围挡、警示标志等,确保施工人员和周边居民的安全。

项目准备阶段是确保建设工程承发包合同顺利签订的关键阶段。建设单位需要充分重视这一阶段的工作,认真核实项目信息,准备必要的文件和资料,为后续的招标和合同谈判打下坚实的基础。

5.2.2 建设工程招标与投标、评标与定标

建设单位可通过招投标的方式选择承包人。建设单位公开发布招标公告,明确招标条件、要求和流程。施工单位根据招标文件编制投标文件,并在规定时间内提交。

建设项目招投标的程序可以归纳为以下几个主要步骤:

(1)招标人准备工作

①确定招标方式:在启动招标流程之前,招标人需根据项目的具体性质、规模、资金来源及法律法规要求,慎重选择适合的招标方式。对于大型、复杂的建设项目,由于其社会影响广泛且技术要求高,通常会选择公开招标方式,以吸引更多具备实力的潜在投标人参与竞争,确保项目的质量和效益。公开招标有利于增加透明度,减少腐败风险,同时也有助于招标人发现性价比更高的解决方案。而对于某些特定情况,如项目具有特殊性或保密要求,且已有明确的潜在投标人范围,招标人也可选择邀请招标方式,向特定的几家单位发出投标邀请。

②办理招标备案:一旦招标方式确定,招标人需根据相关法律法规及当地行政管理部门的规定,及时办理招标备案手续。如果招标人选择自行组织招标活动,需向相关行政监督部门(如国家发展改革委、建设行政主管部门等)提交自行招标备案申请,并提供必要的项目资料、招标方案及招标人自身条件等证明材料,以获取备案批准。如果招标人决定委托招标代理机构代为组织招标活动,则需与选定的代理机构签订正式的委托代理合同,明确双方的权利、义务及代理事项的具体内容,并在合同签订后向相关行政监督部门办理委托代理招标备案手续。

这些备案工作不仅是招标活动合法性的重要保障，也是后续招标工作顺利进行的基础。

(2)编制招标文件

在建设工程项目中，编制招标文件是一个至关重要且需要高度严谨的环节。

招标人或其委托的代理机构首先要深入了解项目的具体需求和特点。如果是建筑工程项目，要明确建筑的用途、功能需求、空间布局要求等。如果是医院建设项目，不仅要考虑病房、手术室、诊疗室等不同功能区域的划分和特殊设施的配备，还要考虑病人的就诊流程和医护人员的工作便利性。项目的特点包括项目所在地的地理环境、气候条件、周边基础设施等因素。比如在山区建设道路项目，招标文件中就要充分考虑山体地形对施工的影响，以及可能面临的地质灾害风险和相应的防治措施。

在编制招标文件的技术要求部分时，必须做到详细且精准。对于工程建设项目，技术要求涵盖建筑结构、施工工艺、材料标准等方面。例如在房屋建筑的招标文件中，会明确规定建筑主体结构的类型(框架结构、砖混结构等)、混凝土的强度等级、钢筋的规格和质量标准等。对于设备采购项目，技术要求则包括设备的性能参数、功能特点、质量保证期限等。例如，在采购大型机械设备时，会详细列出设备的功率、生产效率、精度要求，以及售后服务的响应时间等关键指标。

投标文件格式的设计要规范且易于操作。它通常包括投标函、商务部分、技术部分等。投标函要明确投标人对项目的响应态度和基本承诺，如投标保证金的缴纳、工期的承诺等。商务部分需包含投标人的企业资质证明、营业执照、财务状况报告等，以证明投标人具备相应的经济实力和商业信誉。技术部分则要求投标人详细阐述其针对项目的技术方案、施工组织设计、人员配备等内容，展示其技术能力和项目实施能力。

评标标准的制定要科学合理且公正公平。评标标准通常包括价格因素、技术因素、商务因素等多个方面。价格因素方面，要明确价格评分的计算方法和权重分配，既要考虑投标价格的合理性，也要防止过低价格可能导致的质量风险。技术因素可以包括技术方案的先进性、可行性、创新性，以及投标人的技术实力和项目经验等。商务因素则涉及投标人的企业信誉、业绩、售后服务能力等。例如，在一个信息化建设项目的评标标准中，可能会将项目技术方案的完整性和创新性赋予较高的权重，同时也会考虑投标人过去类似项目的成功案例和用户反馈等商务因素。

为了确保招标文件的准确性和完整性，招标人或代理机构在编制过程中需要进行多轮的内部审核和外部专家评审。内部审核可以由招标人的技术、商务、法律等多个部门共同参与，从不同角度对招标文件进行把关，及时发现和纠正可能存在的问题。外部专家评审则可以邀请行业内的资深专家、学者或法律顾问等。他们凭借丰富的专业知识和实践经验，能够对招标文件提出更具专业性和权威性的意见和建议。例如，在一个大型桥梁工程的招标文件编制过程中，邀请桥梁设计和施工领域的专家对技术要求和评标标准进行评审，确保其符合行业最新技术标准和实际施工需求，避免因招标文件的缺陷而导致后续的招标纠纷或项目实施困难。

此外，在编制招标文件的过程中，还需要充分考虑法律法规的要求和行业规范。要严格遵守国家和地方有关招投标的法律法规，确保招标文件的合法性和合规性。同时，也要参考相关行业协会制定的技术标准和规范，使招标文件在技术要求和质量标准等方面符合行业最佳实践。例如，在建筑工程领域，招标文件必须符合《建筑法》《招标投标法》等法律法规的要求，同时也要遵循国家和地方的建筑工程质量标准和施工规范。

(3)发布招标公告或投标邀请书

①公开招标。在公开招标中,招标人或其代理机构首先需在国家或地方指定的报刊、信息网络等媒介上公开发布招标公告,广泛邀请非特定的法人或其他组织参与投标。公告内容详尽,涵盖项目基本信息、招标范围、投标人资格要求、文件获取方式、投标文件递交要求及开标时间与地点等关键信息。此举旨在确保招标过程的透明度与公正性,吸引更多优质投标人参与竞争,从而助力招标人筛选出最合适的合作伙伴。

②邀请招标。对于邀请招标,招标人则直接向三个以上符合特定资质条件的投标人发送投标邀请书。邀请书内容具体且个性化,针对被邀请方提出详细要求与说明。此方式下,招标人需确保邀请对象的准确性与针对性,避免遗漏符合条件的潜在投标人。同时,邀请招标也需遵循公平、公正原则,确保所有受邀投标人在同一竞争平台上展示实力。通过邀请招标,招标人能够更高效地筛选出具备专业能力与良好信誉的合作伙伴,推动项目顺利实施。

(4)发售招标文件

招标人或其委托代理机构会向已通过资格预审或受邀的潜在投标人发布招标文件发售通知,明确发售时间、地点、价格及获取方式。随后,向购买招标文件的投标人提供包含项目详细信息、技术要求、图纸、技术资料及投标文件格式等在内的完整文件包,并要求投标人支付相应费用。在此期间,招标人还提供咨询服务以解答投标人的疑问,确保所有潜在投标人能平等获取项目信息,为编制准确完整的投标文件并参与竞争做好准备。

(5)投标

投标人在规定的时间内,严格遵循招标文件的要求,精心编制并提交投标文件。这些文件详尽展示了投标人的企业资质、过往业绩、针对项目的定制技术方案及合理报价,同时可能还包含项目团队介绍、售后服务承诺等附加文件。所有文件均经过精心密封并标记,确保在截止日期前送达指定地点,以全面展现投标人的综合实力与诚信态度,争取获得招标人的青睐。

(6)开标

在建设项目招投标过程中,开标环节至关重要,通常在公开、公平的环境下进行。在这一环节中,招标人或其委托的代理机构会按照招标文件的规定,准时组织并邀请所有投标人参与。首先,对所有投标文件进行初步审查,以验证其完整性、合规性和有效性,确保投标过程符合规范要求。然后,逐一打开并宣读合格的投标文件,记录关键信息并当场确认。这既是对投标文件的公开展示,也是对投标过程的公开监督。整个开标过程体现了招投标活动的公开、公平和公正原则,为后续评标和定标工作奠定了坚实基础。

(7)评标

在建设项目招投标流程中,评标作为核心环节,其公正性与合理性直接关系到中标人的选择质量。招标人精心组建的评标委员会,其成员均为拥有深厚专业知识与丰富实践经验的专家。他们秉持客观公正的原则,对提交的投标文件进行一丝不苟的审查与评估。评标过程不仅聚焦于技术方案的前沿性、经济报价的合理性及工期安排的紧凑性等技术与经济层面,还深入考量投标人的企业资质、历史业绩、市场信誉及履约能力等全方位因素。通过这一综合评判机制,确保能够遴选出既符合项目实际需求,又具备强大实施能力的优秀投标人。评标环节的严谨实施,不仅彰显了招投标活动的公平性与公正性,也有效促进了市场竞争的健康发展,为项目的顺利推进与成功实施奠定了基石。

(8)定标

在建设项目招投标流程的定标阶段,招标人将依据评标委员会的综合评审结果,经过严格的法律程序,最终确定中标单位,并向其发出中标通知书。中标通知书的发出不仅标志着中标单位获得了项目的承包权,也体现了招投标活动的公正性和透明度。同时,招标人还会将中标结果通知所有未中标的投标人,并处理相关的投标保证金退还事宜。这一阶段的完成,为项目的后续实施和合同管理奠定了坚实基础,确保项目能够按照预期目标顺利进行。

【案例】 某市正筹备构建一个总面积达 30 万平方米的智慧城市综合体,融合办公、商业、会议及文化娱乐功能,其核心区域采用大型钢结构框架设计,旨在树立绿色、智能、高效的现代城市地标。为确保项目品质与效益,建设单位决定通过公开招投标机制,遴选出实力雄厚的承包商。招投标流程严谨而细致,从招标准备、文件编制、公告发布到投标、开标、评标直至定标,每一步都按高标准进行。招标人精心筹备,广泛邀请竞标者;编制详尽的招标文件,明确技术要求与评审标准;通过公开渠道发布招标信息,确保透明度;发售文件并提供咨询服务,便利投标人;投标人积极响应,提交高质量投标文件;开标过程公开、公正,确保公平竞争;评标环节由专业团队主导,综合考量多方面因素;最终,建设单位依据评审结果选定中标单位,并启动后续合作。该方式保障了项目的顺利推进,也为智慧城市综合体的成功建设奠定了坚实基础,预示着该项目将成为推动城市经济发展与繁荣的新引擎。

5.2.3　建设工程承发包合同谈判与签订

5.2.3.1　合同的谈判准备

建设项目中标后,建设单位与中标单位随即进入谈判准备阶段。这一阶段是确保双方能够充分理解对方需求、明确合同细节并达成一致意见的关键时期。

(1)组建谈判小组。建设单位方面,为确保谈判的专业性和全面性,建设单位精心组建一个跨职能的谈判小组。该小组不仅涵盖项目经理和工程师,以技术视角审视项目需求与规范,还包含财务专家和法务顾问,分别从经济和法律层面为谈判提供坚实支撑。小组成员深入研究项目资料,包括设计图纸、技术规范、预算及招标文件等,旨在全面把握项目细节,为谈判策略的制定提供有力依据。中标单位同样重视谈判小组的组建,其核心管理团队集合技术、法务、财务等多个领域的精英。他们不仅深入研究项目需求与招标文件,还通过现场考察来直观了解项目实际情况,确保提出的建议和解决方案既符合项目要求又具备可操作性。团队内部充分沟通,明确各自职责,共同制定针对性的谈判策略。

(2)制定谈判策略。建设单位基于项目整体目标和自身需求,制定详尽的谈判策略。他们明确谈判的底线,即不可妥协的核心条款;同时,识别出谈判中的关键点,如价格、工期、质量标准等,并预设相应的应对策略。针对中标单位的实力和特点,建设单位还会制定灵活的谈判方案,以应对可能出现的各种情况,确保在谈判中占据主动。中标单位则充分利用自身在项目中的优势和经验,制定旨在实现双赢的谈判策略。他们通过展示技术实力、提出创新解决方案等方式,来增强建设单位对其的信任和认可。同时,中标单位也会准备应对建设单位可能提出的挑战的策略,如价格谈判、合同条款调整等。他们注重灵活性,愿意在合理范围内做出让步,以促成合作。

(3)协商谈判细节。在时间与地点上,双方通过友好协商,确定谈判的具体时间、地点和形式。考虑到效率和便利性,双方可能会选择视频会议等现代通信手段进行远程谈判,以减少时间和地域的限制。在议程安排上,为确保谈判有序进行,双方共同制定了详细的谈判议程。该议程中不仅包括技术、经济、法律等核心议题的讨论时间,还预留了足够的缓冲时间以应对突发情况或深入讨论某些复杂问题。在正式谈判之前,双方可能会进行预谈判。这一环节旨在提前了解对方的立场和需求,减少正式谈判中的误解和冲突。通过预谈判,双方可以就一些关键问题进行初步探讨,并尝试寻找共同点,为正式谈判的成功奠定良好基础。

建设项目中标后的谈判准备阶段是一个充满挑战与机遇的过程。通过组建专业的谈判小组、制定周密的谈判策略,以及细致的谈判细节,建设单位与中标单位能够建立起相互信任的基础,为后续的合同谈判和项目实施奠定坚实基础。

5.2.3.2 合同的谈判

在建设项目中标并做好谈判准备后,紧接着进入合同谈判阶段。这一阶段是双方就合同关键条款进行深入协商的重要环节。建设单位与中标单位将围绕工程范围、工期、质量、造价及支付方式等核心要素展开谈判。双方的谈判团队会在友好、专业的氛围中,就每一个关键条款提出自己的观点和期望,确保项目的具体内容和要求得到明确。特别是在工程范围、工期和质量标准方面,双方将细致讨论,以确保项目能够满足预期目标。同时,造价和支付方式的谈判也是这一阶段的重要任务,双方将努力达成一个既公平又合理的合同价格,并确定合适的支付比例和时间表。通过不断地沟通与协商,双方旨在达成一个双赢的合同协议,为项目的顺利实施和长期合作关系奠定坚实基础。

在建设工程承发包合同谈判中,合同双方往往会采用一些技巧,以争取更有利于己方的合同条款。在建设工程承发包合同谈判中,掌握有效的策略和技巧对于达成双赢的结果至关重要。以下是一些常见的谈判策略和技巧。

(1)谈判策略

在谈判中,更有效地沟通是达成双方共识、减少误解和冲突的关键。以下是一些有助于实现更有效沟通的策略:

①明确沟通目标。在谈判开始前,双方应清晰地界定各自的目标和期望。这有助于确保沟通过程中双方都朝着共同的方向努力,避免偏离主题。

②积极倾听。倾听是有效沟通的重要组成部分。在对方发言时,全神贯注地聆听,理解对方的观点、需求和担忧。通过点头、复述对方的观点或使用肯定性反馈来表明自己在认真倾听。

③清晰表达。用简单明了的语言表达自己的想法和观点。避免使用行业术语或复杂的表述方式,以免对方产生误解。同时,确保表达准确无误,避免模糊不清或模棱两可的言辞。

④使用开放性问题。通过提出开放性问题,鼓励对方分享更多信息和观点。这有助于深入了解对方的立场和需求,同时也显示出对对方的尊重和关注。

⑤建立信任。信任是有效沟通的基础。在谈判中,双方应努力建立相互信任的关系。通过诚实、透明的沟通方式,以及遵守承诺和约定的行为,来增强对方的信任感。

⑥控制情绪。在谈判中,保持冷静和理性至关重要。当遇到分歧或冲突时,不要立即作出反应或发表过激言论。应深呼吸、冷静下来,并尝试以建设性的方式表达自己的观点和感受。

⑦寻求共同点。在谈判中,寻找双方的共同点是一个重要的策略。通过强调共同的目标、

利益和价值观，来增强双方的合作意愿和动力。这有助于缩小分歧、缓解紧张气氛，并促进双方达成共识。

⑧灵活变通。在谈判中，保持灵活性是非常重要的。不要过于固执己见或坚持不切实际的原则。应根据实际情况和对方的反应，灵活调整自己的策略和立场。这有助于双方找到更合理的解决方案，并达成双赢的结果。

⑨总结与确认。在谈判过程中，定期总结双方的讨论内容和达成的共识，并请对方进行确认，有助于确保双方对谈判进展和结果有清晰的认识，并减少误解和冲突的可能性。

⑩尊重文化差异。如果谈判双方来自不同的文化背景，应尊重彼此的文化差异和习惯。在沟通中应注意避免使用可能引起误解或冲突的言辞，并尝试以对方能够接受的方式进行交流。这有助于营造更加和谐、融洽的谈判氛围。

(2)谈判技巧

①先让对方开口。让对方先表明所有要求，这样可以做到心中有数，并隐藏自己的观点。通过对方提出的要求，可以更好地了解对方的期望和底线，从而制定更有效的谈判策略。

②勇敢说“不”。在谈判过程中，如果感觉对方的要求不合理或损害了自己的利益，应该勇敢地提出异议。这不仅可以维护自己的利益，还能让对方感受到自己的坚定和专业性。

③抓好对方心理动态。在谈判过程中，要密切关注对方的表情、语气和体态等，以判断对方的心理动态。根据对方的心理变化，可以及时调整自己的谈判策略，以达到更好的效果。

④本着互惠互利的原则。虽然谈判中双方代表各自公司的利益，但原则上还是应本着互惠互利的原则。通过寻求共同点和妥协方案，可以激发对方的认同感，从而更容易达成协议。

⑤态度不卑不亢、谦逊有礼。在谈判过程中，要保持平和、友善的态度，不要过于强硬或软弱，而是要以平等、尊重的方式与对方交流。这样有助于建立良好的沟通氛围，促进谈判的顺利进行。

建设工程承发包合同谈判需要掌握一定的策略和技巧。通过明确谈判目标、充分准备、保持灵活性和耐心等策略以及先让对方开口、勇敢说“不”、抓好对方心理动态等技巧的运用，可以有效地提高谈判效率并达成双赢的结果。

【案例】　某大型建筑企业(甲方)计划斥资 5 亿人民币，兴建一座总面积高达 10 万平方米的新型智能办公大楼。经过一系列严谨的招标流程，甲方最终选定了一家拥有超过二十年行业经验、并成功交付数十个同类项目的资深建筑承包商(乙方)作为合作伙伴。双方随即步入合同谈判的关键阶段，旨在缔结一份既确保项目品质卓越，又兼顾双方利益的合同。

在谈判过程中，甲方展现出了充分的准备与极高的效率，提前制定了合同条款清单，详尽地涵盖了项目范围、预设为 24 个月的工期、符合国家一级质量标准，以及具体的付款方式等核心要素。双方通过多轮深度会议，平均每场会议历时 4 小时，共探讨了约 30 个关键议题，确保了信息的全面交换与深刻理解。此外，乙方在面临工期紧迫与成本控制的重压下，提出了采用 BIM 技术优化施工流程的创新方案，预期能缩短工期 10%并降低总成本 5%。甲方经审慎评估后接纳了这一提议，并同意增设奖励机制以激发乙方的创新动力与工作效率。最终，双方就 95%的合同条款达成了共识，仅对少数细节进行了微调。

然而，谈判也并非全然顺利。初期，由于项目规模宏大、细节繁杂，双方虽有多次预沟通，但仍有约15%的关键信息未能充分交流，导致初期阶段出现了3次误解与争议，间接延长了谈判周期约一周。此外，甲方在初稿合同中设置的部分条款过于理想化，如要求乙方在极端天气下维持正常施工，未充分考虑外界不可抗力的影响。这一条款初时遭遇乙方强烈反对，后经多轮磋商，方才达成双方都能接受的解决方案，即在不可抗力条件下共担风险，并明确了相应的补偿机制。再者，谈判过程中双方还曾因某一关键条款立场发生分歧而一度情绪激动，导致谈判暂停，后经高层介入调解，方恢复正常。此次事件为双方未来谈判提供了重要经验，即需更加注重情绪管理，保持冷静与理性。

该工程承发包合同谈判在明确目标、高效沟通、灵活妥协等方面亮点频现，同时也暴露了信息交换不足、条款设定理想化及情绪管理欠缺等短板。通过深入的数据分析与经验总结，为未来同类合同的谈判提供了宝贵的改进方向与实战指导。

5.2.3.3 草拟合同

在谈判双方经过深入讨论并达成一致意见后，接下来的重要步骤便是共同草拟合同文本。这一阶段是确保双方权益得到明确保障的关键环节。在草拟合同的过程中，双方会依据谈判结果，结合项目的实际情况和各自的需求，共同商定合同的详细内容，包括但不限于工程的详细描述、工期安排、质量标准、造价及支付方式等核心条款。为了确保合同的严谨性和可操作性，双方还会对合同的履行方式、违约责任等相关事宜进行细致入微的商讨。在草拟合同文本时，双方会特别注重语言的准确性和清晰性，以避免未来可能出现的歧义或误解。同时，双方还会对合同的格式和结构进行精心设计，使其既符合法律法规的要求，又能充分体现双方的意愿和约定。在草拟合同的过程中，双方都会保持高度的专注和严谨性，以确保合同文本的完善和有效性。这一阶段的工作成果将为后续合同的正式签订和项目的顺利实施奠定坚实的基础。

建设工程承发包合同是建设单位（发包人）与施工单位（承包人）之间就工程承包事项所达成的具有法律约束力的协议。建设工程承发包合同通常包含的主要内容如下：

（1）合同双方信息

①发包人（建设单位）的基本信息，包括单位名称、注册地址、法定代表人姓名及联系方式等。

②承包人（施工单位）的基本信息，包括公司名称、注册地址、法定代表人姓名、资质等级、施工经验及联系方式等。

（2）工程概况

①工程名称和详细地点。

②工程承包的具体范围和工作内容，包括工程的性质、用途、建设规模、主要建设内容和技术要求等。

（3）合同工期

①明确工程的开工日期和竣工日期，以及总日历工期。

②如果存在中间交工工程，需注明其开工和竣工时间。

③延期开工和工期顺延的条件及处理程序。

（4）质量标准与检验

①工程质量应达到国家或行业规定的标准和质量要求。

②质量检验的方法、程序和标准，包括隐蔽工程验收、分项工程验收、竣工验收等。

(5)合同价款与支付

①合同总价款及详细的价格清单，包括各项费用的组成和计算依据。

②支付方式(如预付款、进度款、结算款等)和支付时间，以及各阶段的支付比例和条件。

③工程款调整的约定，包括设计变更、材料价格变动等因素引起的价款调整。

(6)材料与设备供应

①材料和设备的规格、数量、质量要求和供应方式(如甲供、乙供等)。

②材料和设备的检验、接收和保管责任，以及不合格材料和设备的处理办法。

(7)工程变更与索赔

①工程变更的程序、条件和费用调整方法，包括设计变更、现场签证等。

②索赔的程序、条件和限制，包括因发包人原因引起的工期延误、费用增加等索赔事项。

(8)竣工验收与结算

①竣工验收的程序、标准和时间，包括竣工验收的组织、参与人员、验收内容等。

②竣工结算的方式和时间，包括结算款的支付比例和条件，以及保修金的扣留和返还等。

(9)违约责任与争议解决

①违约责任的认定和承担方式，包括因一方违约给另一方造成损失的赔偿等。

②合同争议的解决方式，如协商、调解、仲裁或诉讼等，并明确仲裁机构或诉讼法院的选择。

(10)其他条款

①安全生产和文明施工的要求，包括安全施工措施、环境保护措施等。

②知识产权和保密条款(如有)，保护双方的知识产权和商业秘密。

③不可抗力事件的处理方式，包括因不可抗力导致的工期延误、费用增加等问题的处理办法。

④合同的变更、解除和终止条件，以及变更、解除或终止合同的程序和后果。

⑤其他双方认为需要约定的特殊事项，如保险、担保等。

⑥建设工程承发包合同的具体条款可能因项目特点和双方协商而有所不同。

在签订合同时，双方应充分考虑项目的实际情况和需求，确保合同条款的明确性、合理性和可执行性，以保障双方的合法权益和项目的顺利实施。

为了指导建设工程施工合同当事人的签约行为，维护合同当事人的合法权益，依据《民法典》合同编、《建筑法》和《招标投标法》以及相关法律法规，住房城乡建设部、国家工商行政管理总局对《建设工程施工合同(示范文本)》(GF—2013—0201)进行了修订，制定了《建设工程施工合同(示范文本)》(GF—2017—0201)(以下简称《示范文本》)。《示范文本》由合同协议书、通用合同条款和专用合同条款三部分组成。

《示范文本》合同协议书共计 13 条，主要包括工程概况、合同工期、质量标准、签约合同价和合同价格形式、项目经理、合同文件构成、承诺以及合同生效条件等重要内容，集中约定了合同当事人基本的合同权利义务。

通用合同条款共计 20 条，具体条款分别为一般约定、发包人、承包人、监理人、工程质量、安全文明施工与环境保护、工期和进度、材料与设备、试验与检验、变更、价格调整、合同价格、计量与支付、验收和工程试车、竣工结算、缺陷责任与保修、违约、不可抗力、保险、索赔和争议解决。前述条款安排既考虑了现行法律法规对工程建设的有关要求，也考虑了建设工程施工管理的特殊需要。

知识链接：《建筑工程施工合同（示范文本）》

专用合同条款是对通用合同条款原则性约定的细化、完善、补充、修改或另行约定的条款。合同当事人可以根据不同建设工程的特点及具体情况，通过双方的谈判、协商，对相应的专用合同条款进行修改、补充。

《示范文本》的主要目录及详细内容可扫描二维码查看。

5.2.3.4 合同的审查

在建设工程领域，承发包合同的签订是项目启动的基石，它不仅明确了双方的权利与义务，更是确保项目顺利进行、维护双方权益的重要法律文件。因此，对草拟的建设工程承发包合同文本进行细致入微的审查显得尤为重要。以下将从审查的具体流程、关键要素、技术手段以及优化与风险管理措施四个方面进行阐述。

（1）审查的具体流程

建设工程承发包合同的审查流程是一个系统而有序的过程。它始于预审阶段，通过快速浏览合同草案，初步识别出格式错误、逻辑矛盾或缺失的关键条款。随后进入详细审查阶段，审查团队会逐项核对合同条款，包括工程范围、工期、质量标准、价款支付等核心要素，确保每一项条款都准确无误且符合法律法规。在此过程中，还会特别注意专业术语的准确性和法律合规性。接着进行风险评估，识别潜在风险点并评估其影响。之后，通过内部讨论与反馈，形成修改建议，并与合同双方沟通确认。最终，经过修改完善后的合同将提交给法务部门或高层领导进行最终审核与批准，确保合同内容的严谨性和可执行性。

（2）关键要素

建设工程承发包合同的审查需聚焦于几个关键要素。首先，工程范围是合同的核心，必须明确界定工程的具体内容、界限及界限外的责任划分。其次，工期与进度条款至关重要，需设置合理的工期，并明确各阶段的进度要求及延误处理机制。质量标准条款则直接关系到工程质量，需明确验收程序及不合格工程的处理办法。此外，价款与支付条款也是合同中的重要内容，需清晰规定合同总价、支付方式、支付条件及调整机制。变更与索赔条款则规定了工程变更的程序、条件、责任划分及索赔流程，是处理合同变更和索赔的重要依据。最后，违约责任条款明确了双方的违约责任、赔偿方式及争议解决途径，为合同的执行提供了法律保障。

（3）技术手段

为了提高建设工程承发包合同审查的效率和准确性，可以采用多种技术手段。首先，利用电子化审查工具，如合同管理系统和智能审查软件，可以自动化处理部分审查工作，减少人工错误。其次，建立行业案例、法律法规数据库，便于快速查找相关条款和判例，为审查决策提供有力支持。此外，针对复杂或专业性强的条款，可以邀请行业专家进行咨询，确保审查的专业性和权威性。这些技术手段的应用，不仅提高了审查效率，还增强了审查结果的准确性和可靠性。

（4）优化与风险管理措施

为了进一步优化建设工程承发包合同的审查工作并加强风险管理，可以采取以下措施。首先，对合同中的关键条款进行精细化处理，减少模糊地带，降低执行过程中的争议。其次，在合同中合理设置风险分担机制，如不可抗力条款和保险条款，以减轻单一方承担的风险压力。同时，根据项目实际情况和外部环境变化，适时对合同条款进行动态调整，确保合同的适应性和有效性。此外，加强履约监督也是关键的一环，通过建立健全的履约监督机制，定期对合同履行情况进行检查，及时发现并解决问题，确保合同的顺利执行。这些优化与风险管理措施的实施，将为项目的成功实施提供有力保障。

5.2.3.5　合同的正式签订

在完成了对建设工程承发包合同文本的细致审查，确保合同中的每一项条款都准确无误、完整清晰且符合相关法律法规后，合同双方将进入正式签订阶段。这一阶段标志着双方就工程承发包事宜达成了最终共识，并愿意按照合同约定的条款履行各自的职责和义务。为了确保合同的正式性和法律效力，双方将按照约定的时间和地点，面对面地进行合同的正式签订。在签订过程中，合同双方代表会认真核对合同文本，确保无误后，在合同上签名或盖章。对于公司或组织而言，通常需要加盖公司的公章，以表示公司的正式认可和承诺。公章是公司身份的象征，具有法律效力，加盖公章后的合同将具有更强的约束力和执行力。同时，为了确保合同的真实性和完整性，双方还可以选择在合同上加盖骑缝章或进行公证。骑缝章是指在合同的每一页都加盖公章或合同专用章，以确保合同在后续使用过程中不被篡改。而公证则是由公证机关对合同的真实性和合法性进行证明，进一步增加合同的权威性和可信度。

完成合同的正式签订后，双方将各执一份合同原件，作为日后履行合同的依据。合同一旦签订，双方就应当按照合同约定的条款进行履行，如遇到任何问题或纠纷，也应当首先通过友好协商的方式解决。如果协商无果，可以依据合同条款和相关法律法规进行仲裁或诉讼。

建设工程承发包合同的正式签订是确保项目顺利进行、维护合同双方权益的重要步骤。通过仔细审查和正式签订，可以确保合同内容准确、完整且合法，为项目的成功实施奠定坚实的基础。

5.2.4　建设工程承发包合同的备案

在建设工程承发包合同正式签订之后，需要完成合同备案。它是确保合同的有效执行和项目的顺利推进的重要一环。订立书面合同后，中标人应当在签订书面合同后的 7 天内，将合同送工程所在地的县级以上地方人民政府建设行政主管部门备案。这一步骤的目的在于确保合同的合法性和有效性，同时也是对合同双方权益的一种保护。备案过程中，主管部门会对合同内容进行审查，确保其符合相关法律法规和政策要求。备案完成后，合同将获得正式的认可，并具备法律效力。

县级以上地方人民政府建设行政主管部门主要是指各级建设局。县级以上地方人民政府建设行政主管部门是负责地方建设行业管理和监督的政府部门，其具体名称可能因地区而异，但职能大致相同。如：

(1)建设局(住建局)：这是最常见的一种称谓，是地方人民政府建设行政主管部门的一种主要形式，负责贯彻执行国家和省、市关于工程建设、城市建设、建筑业、住宅与房地产业、勘察设计咨询业、市政公用事业、城市园林绿化、城市管理的法律法规和方针政策。同时，研究制定本市有关建设和管理工作的具体政策、规定和办法，经批准后负责组织实施。

(2)建设委员会(简称建委)：在一些地方，建设行政主管部门被称为建设委员会，简称建委。它与建设局在职能上大致相同，主要负责本行政区域内建设行业的管理和监督工作。

(3)建设办公室:在某些地区,建设行政主管部门可能被称为建设办公室,尽管这种情况较为少见,但其基本职能与建设局或建委相似。

建设单位和施工单位可以规范地签订承包合同,明确双方的权利和义务,为项目的顺利实施提供保障。合同备案确保了合同的合法性和有效性;合同履行则要求双方按照约定完成各自义务;合同管理与监督则是对合同履行过程的有效保障。这些步骤共同构成了建设工程承发包合同管理的完整流程,为项目的顺利推进奠定了坚实基础。

值得注意的是,近年来政策有所变动。住房城乡建设部发布的《住房城乡建设部关于修改〈房屋建筑和市政基础设施工程施工招标投标管理办法〉的决定》中,已经删除了关于合同备案的相关条款,正式取消了建设工程施工合同备案这一程序。但具体执行可能因地区和时间而有所不同,建议在操作时根据当地的具体规定进行。

【案例】 某市政府为提升城市文化体育设施水平,决定兴建一座新型文化体育中心。经过严格的公开招标程序,经验丰富的A建筑公司脱颖而出,被选定为项目的施工总承包商。双方经过数轮深入细致的谈判与协商,就工程承发包的所有关键事宜达成了共识,并随之进入了合同的正式签订与备案阶段。在正式签订阶段,A公司展现出了高度的专业性和责任感。他们不仅组织了法务、工程、财务等多个部门对合同文本进行全方位、多层次的细致审查,确保合同条款的准确无误、内容完整且合法合规。特别是针对工程范围、工期安排、质量标准、价款支付方式及违约责任等核心条款,A公司与市政府(即业主)进行了多轮深入的沟通确认,力求每一细节都尽善尽美。最终,在市政府会议室,双方代表面对面地完成了合同的正式签订,亲自在合同上签名并加盖了公司公章,同时A公司还主动在每一页合同上加盖了骑缝章,以确保合同的完整性和安全性。此外,双方还约定了合同份数的分配与保管方式,并计划将合同副本提交至相关监管部门进行备案。

然而,值得注意的是,在实际操作中也可能存在一些不正确的做法(假设情景)。例如,若A公司因时间紧迫而未能充分审查合同文本,可能会导致部分条款模糊或遗漏,为后续合同履行埋下隐患;若双方选择远程签订方式以节省时间,虽然也能完成签字盖章流程,但缺乏面对面的沟通确认环节,将增加合同真实性和有效性的风险;再如,若A公司忽视加盖骑缝章的重要性,仅凭首页和尾页的盖章难以确保合同的完整性,存在被篡改的风险。进入备案阶段后,A公司继续遵循正确的做法。他们按时将合同副本提交给市建设行政主管部门进行备案,并积极配合主管部门的要求提供了完整的备案材料。同时,A公司还密切关注备案进展和反馈情况,一旦收到备案通过的通知,便立即将备案证明文件归档保存,以备后续之需。相比之下,若A公司在此阶段出现拖延备案或备案材料不全等不正确做法(假设情景),则可能导致备案工作延误、增加项目推进的难度,并可能面临监管部门的处罚。

在本案例中,强调了在建设工程承发包合同的正式签订与备案过程中遵循正确做法的重要性。这不仅有助于确保合同的合法性和有效性,还能够为项目的顺利实施提供坚实的法律保障。同时,对于可能出现的错误做法也应保持高度警惕并予以避免,以免给项目带来不必要的风险和损失。

5.3　建设工程承发包合同的履行

建设工程承发包合同的履行是合同双方按照约定完成各自义务的过程。对于建设工程承发包合同而言,双方需要按照合同约定的条款进行履行。施工单位需要按照合同要求进行施工,确保工程质量、进度和安全等方面符合要求;建设单位则需要按照合同约定的时间和方式支付款项,为施工单位提供必要的支持和协助。在合同履行过程中,双方需要保持密切地沟通和协作,确保项目的顺利进行。

5.3.1　建设工程承发包合同履行的基本原则

合同的履行是合同双方基于诚实守信原则,按照合同所规定的条款和条件,各自完成所承诺的义务的过程。对于建设工程承发包合同而言,这一过程的顺利执行直接关系到项目的成功与否。建设工程承发包合同履行的基本原则是确保合同双方权益、维护合同严肃性和促进项目顺利完成。

(1)遵守法律法规

在建设工程承发包合同的履行过程中,遵循国家法律法规是至关重要的原则。这一原则确保了合同行为的合法性,为合同的顺利执行和项目的成功实施奠定了坚实基础。合同双方必须深入了解并严格遵守与建设工程相关的法律法规,如《民法典》合同编和《建筑法》等,以确保合同的订立、履行、变更和解除等各个环节均符合法律要求。同时,遵守法律法规也有助于防范和降低法律风险,维护合同的公平性和公正性,从而为企业树立良好的形象和信誉,促进市场的健康发展。

(2)诚实守信原则

在建设工程承发包合同的履行过程中,双方必须坚守诚信原则。这意味着合同双方在执行合同时,应坦诚相待,不得采取欺诈、隐瞒或其他任何不诚实的行为。诚信是商业合作的基石,有助于建立和维护双方之间的信任关系,确保合同的顺利执行。通过遵循诚信原则,可以减少误解和冲突,提高合作效率,从而推动项目的顺利进行。

(3)全面履行原则

承包方在履行合同过程中,必须全面遵守并落实合同中关于工程质量、施工进度和安全生产等方面的所有规定。这意味着承包方需严格按照设计要求进行施工,确保工程的质量和安全性,同时按计划推进工程进度。而建设方则需全面履行支付工程款项的义务,及时提供必要的施工条件和资源,以确保工程的顺利进行。双方都应尽职尽责,不留任何遗漏。

(4)及时履行原则

合同双方必须严格遵守合同中约定的时间节点,及时履行各自的义务。任何一方的拖延都可能对项目造成不必要的损失,甚至影响整个工程的进度和质量。因此,双方应高效协作,确保所有工作都按计划进行,避免因延误而产生的额外费用和风险。

(5)适当履行原则

在履行合同的过程中,双方应确保履行的方式、数量和质量都严格符合合同约定的标准。这要求双方在执行合同时,既要注重过程也要注重结果,确保每一项工作都达到预期的效果。通过适当履行原则,可以保障合同的完整性和有效性,提高项目的整体质量。

(6)协作履行原则

合同履行过程中,双方应积极协作,共同面对并解决问题。在项目实施过程中,难免会遇到各种挑战和困难,双方应本着合作精神,及时沟通、协商并共同寻找解决方案。通过协作履行原则,可以增强团队的凝聚力和执行力,确保项目的顺利进行。

(7)平等互利原则

在合同履行过程中,双方应本着平等互利的原则进行合作。这意味着双方应公平对待彼此的利益和需求,不损害对方的合法权益。通过平等互利原则,可以建立长期稳定的合作关系,实现共赢的目标。

(8)风险共担原则

合同中应明确风险分配机制,双方应按照约定共同承担可能出现的风险。在项目实施过程中,各种不可预见因素可能导致风险的发生,双方应提前做好风险评估和应对措施。通过风险共担原则,可以增强双方的风险意识,提高项目的稳健性和可持续性。

遵循合同履行的基本原则,建设工程承发包合同的履行将更加规范、有效,有助于项目的顺利完成和双方权益的保护。

5.3.2 建设工程承发包合同主体的主要权利与义务

在建设工程领域,发包方和承包方分别扮演不同的角色。

发包方(也称为建设单位或业主),是指具有工程发包主体资格和支付工程价款能力的当事人,或取得该当事人资格的合法继承人。他们既可以是企事业单位,也可以是个人。在大多数情况下,发包方是投资建设某项工程的单位,即“业主”。发包方的主要职责是提出建设规划、提供建设用地和建设资金,并选定承包方。他们通常通过招标或其他方式选择具有相应资质的承包方来负责具体的施工工作。

承包方(也称为施工单位或承包人),是指被发包人接受的具有工程施工承包主体资格的当事人。他们既可以是法人、其他组织、公民,也可以是其任意组合。承包方的主要职责是按照合同约定和发包方的要求,完成具体的施工任务,包括施工组织、施工进度管理、质量控制、安全生产等方面的工作。承包方需要具备相应的施工资质和技术能力,以确保工程的顺利完成和交付。

发包方是工程的投资方和业主,负责选择承包方和监督工程建设;而承包方则是具体的施工单位,负责按照合同要求完成施工任务。两者在建设工程领域中都扮演着不可或缺的角色。

5.3.2.1 发包方的主要权利与义务

(1)发包方的主要权利

①监督权。发包方的监督权不限于施工进度和质量,还可以扩展到施工安全、环境保护、文明施工等方面。这意味着发包方有权要求承包方遵守相关的安全生产法规、环境保护政策和文明施工标准,并有权对这些方面进行定期或不定期的检查。对于采用新技术、新工艺、新材料的工程部分,发包方有权要求承包方提供详细的技术方案、试验报告和操作规程,并对其进行技术监督和评估,以确保技术应用的合理性和安全性。发包方有权派遣代表或聘请专业机构对施工现场进行现场巡视,了解施工实际情况,及时发现并纠正施工中的问题和违规行为。

②验收权。除了整体竣工验收外，发包方还有权根据工程进度和合同约定，对工程的分部、分项工程进行分段验收。这有助于及时发现并解决问题，确保工程质量符合设计要求。发包方可以委托第三方质量检测机构对工程质量进行质量评估，以获取更客观、专业的质量评价报告。这些报告将作为验收的重要依据。在验收过程中，发包方有权要求承包方提供完整的施工资料，包括施工图纸、变更记录、试验报告、质量证明文件等，以便对工程质量进行全面、准确的评估，即资料审核。

③整改要求权。对于发现的质量问题，发包方有权要求承包方在限定时间内进行整改，并明确整改的具体要求和标准、整改期限。承包方应在规定时间内完成整改并报请发包方复验。发包方有权对承包方的整改过程进行监督，确保整改措施得到有效执行，并达到整改要求。如果承包方未能按时或按要求完成整改，发包方可以采取进一步的措施，如暂停支付工程进度款或要求承包方承担违约责任。

④索赔权。当发生索赔事件时，发包方有权委托专业机构对损失进行评估，以确定具体的损失金额和赔偿范围。评估结果将作为索赔的依据。根据合同约定和法律规定，发包方有权要求承包方支付违约金或赔偿金。这些费用将用于弥补发包方因承包方违约或工程质量问题而遭受的损失。如果双方就索赔事宜无法达成一致，发包方有权根据合同约定或法律规定，通过诉讼或仲裁的方式解决争议，并要求承包方承担相应的法律责任。

发包方在建设工程承发包合同中拥有广泛的权利，这些权利涵盖了从施工监督到竣工验收、从质量整改到损失索赔的各个方面。发包方应充分利用这些权利，加强对项目的管理和控制，确保项目顺利进行和自身权益得到保障。

(2)发包方的主要义务

发包方在建设工程承发包合同中承担着重要的义务和责任。这些义务不仅关乎项目的顺利进行和成功完成，也体现了建设单位作为合同主体的诚信和担当。因此，建设单位应高度重视并认真履行这些义务，以确保项目的圆满成功。

①按时支付款项。建设单位应提前规划项目资金，确保有足够的财务资源来履行支付义务。这包括设立专项账户、制订资金使用计划等，以确保资金的安全性和流动性。建设单位应确保支付过程的透明度和准确性，严格按照合同约定的支付条件和程序进行。这包括核对工程进度、确认应付款项、及时开具支付凭证等，避免产生不必要的争议和纠纷。如果因特殊情况导致资金短缺，建设单位应及时与施工单位沟通，协商解决方案，如调整支付计划、申请贷款等，以减轻对施工进度的影响。

②提供必要的支持和协助。建设单位应负责施工场地的清理、平整、围挡等工作，确保施工单位能够顺利进场施工。同时，还需提供必要的临时设施，如办公用房、生活用房、仓库等。建设单位需积极协调与项目相关的政府部门、周边单位及居民的关系，办理施工许可、环保审批等手续，解决施工过程中的扰民问题，为施工单位创造良好的施工环境。针对复杂或技术难度高的工程项目，建设单位可提供必要的技术支持和指导，如提供设计图纸、技术规范、施工指南等，帮助施工单位更好地理解和执行合同要求。建设单位应建立有效的信息沟通机制，及时向施工单位传达项目信息、变更指令等，并听取施工单位的意见和建议。同时，还需关注施工单位的施工计划和进度安排，确保双方能够协同工作，共同推进项目进展。

③遵守法律法规与合同约定。建设单位应严格遵守国家及地方有关建设工程的法律法规和政策规定，确保项目的合法性和合规性。这包括办理相关手续、缴纳税费、遵守环保和安全

生产要求等。建设单位应全面履行与施工单位签订的合同条款和协议内容,包括但不限于按时支付款项、提供施工条件和支持、配合验收和结算等。同时,还需承担因自身违约而产生的法律责任和后果。

【案例】 某市商业开发公司(以下简称"发包人")与一家知名建筑公司(以下简称"承包人")签订了一份商业广场建设项目的施工合同。该合同明确规定了双方的权利和义务,包括发包人的监督权、验收权、整改要求权和索赔权,以及发包人需要按时支付款项和提供必要支持和协助的义务。在施工过程中,承包人未按照合同约定通知发包人检查隐蔽工程。发包人虽发现此问题,但由于内部协调不畅和疏忽,未能及时行使监督权进行检查。这导致部分隐蔽工程存在质量问题,为后续工程埋下了隐患(监督权未充分行使)。商业广场建设项目竣工后,发包人组织验收。然而,在验收过程中,发包人未能严格按照施工图纸及说明书、国家颁发的施工验收规范和质量检验标准进行验收。部分明显存在的质量问题被忽视,导致商业广场在投入使用后不久便出现了一系列问题(验收权执行不力)。商业广场投入使用后,发包人逐渐发现了一些建设工程质量问题。然而,由于与承包人的沟通不畅和内部决策迟缓,发包人未能及时行使整改要求权,要求承包人进行返工、修理或改建。这导致问题得不到及时解决,影响了商业广场的正常运营(整改要求权未及时行使)。

由于商业广场建设项目的质量问题,发包人遭受了部分人身和财产损失。然而,在行使索赔权时,发包人未能提供充分的证据和依据,导致索赔过程困难重重。最终,发包人仅获得了部分赔偿,未能完全弥补损失(索赔权行使不当)。在施工过程中,发包人未能按照合同约定的时间和方式及时向承包人支付工程进度款和结算款。这导致承包人资金紧张,影响了施工进度和质量。同时,发包人在提供施工条件和支持方面也存在不足,未能及时协调相关单位解决施工单位提出的问题和困难(发包人支付款项和提供支持不到位)。

由于发包人在履行义务过程中存在诸多问题,导致商业广场建设项目出现了严重的质量问题。这不仅给发包人带来了经济损失,还影响了其声誉和形象。最终,发包人不得不与承包人进行多次协商和谈判,解决了部分问题,但仍有部分损失无法挽回。发包人在履行监督权、验收权、整改要求权和索赔权时,应严格按照合同约定和国家法律法规进行操作,确保权利得到充分行使。发包人应按时支付款项并提供必要的支持和协助,确保施工单位有足够的资金和资源进行施工,保障工程的顺利进行。发包人和承包人应加强沟通和协作,及时解决问题和困难,确保工程质量和进度。在签订合同时,双方应明确各自的权利和义务,避免产生不必要的纠纷和损失。

5.3.2.2 承包方的主要权利与义务

(1)承包方的主要权利

①施工权,包括自主施工权和施工安全保障权。自主施工权是承包方有权根据合同约定和设计文件要求,自主组织施工队伍、选择施工方法和技术、安排施工进度等,以完成工程施工任务。这一权利体现了承包方作为专业施工单位的独立性和专业性。施工安全保障权是承包方在进行施工时,有权要求发包方提供安全的施工环境和条件,并有权拒绝在

存在安全隐患的环境下进行施工。同时，承包方也有责任采取必要的安全措施，确保施工过程中的安全。

②获款权，包括按时获款权、合理定价权。按时获款权是承包方有权按照合同约定的支付时间和方式，及时获得工程进度款和结算款。这是保障承包方施工资金流转和正常运营的重要权利。合理定价权是在合同谈判和签订过程中，承包方有权根据自身实力、市场行情等因素，与发包方协商确定合理的工程价款。这一权利有助于维护承包方的经济利益和合理回报。

③审查权，包括设计文件审查权、技术要求审查权。设计文件审查权是指承包方有权对发包方提供的设计文件进行审查，确保其符合法律法规、技术标准和合同约定要求。对于存在问题的设计文件，承包方有权提出修改建议或要求发包方进行修改。技术要求审查权是指承包方还有权对发包方提出的技术要求进行审查，确保其合理性和可行性。对于过于苛刻或不符合实际的技术要求，承包方有权提出异议并寻求协商解决。

④异议权，包括整改要求异议权、合同变更异议权。整改要求异议权是指对于发包方提出的整改要求，承包方有权进行审查并提出异议。如果认为整改要求不合理或不符合合同约定，承包方有权与发包方进行协商，寻求双方都能接受的解决方案。合同变更异议权是指在合同履行过程中，如果发包方提出合同变更要求，承包方也有权进行审查并提出异议。承包方将基于自身利益和项目实际情况，评估变更的合理性和可行性，并与发包方进行协商谈判。

此外，承包方还享有其他相关权利，如停工权（在特定情况下，如发包方严重违约或存在重大安全隐患时）、索赔权（因发包方原因导致的损失和额外费用有权要求赔偿）等。这些权利共同构成了承包方在建设工程承发包合同中的权益保障体系，有助于维护其合法权益和合理利益。

(2)承包方（施工单位）的主要义务

施工单位作为合同的一方，其主要的履行义务是按照合同要求进行施工。这包括但不限于：

①确保工程质量。施工单位作为项目实施的主体，其核心义务之一是确保工程质量。这要求施工单位必须严格遵守设计文件、施工图纸、技术规范和合同约定的质量标准，从材料采购、施工过程到成品验收，每一个环节都需进行严格的质量控制。施工单位需建立健全的质量管理体系，实施质量检查、验收和记录制度，确保工程质量达到或超过合同约定的标准。同时，对于因施工质量问题导致的工程缺陷或损失，施工单位需承担相应的修复、赔偿等责任，以维护建设单位的合法权益。

②保证工程进度。在保证工程质量的前提下，施工单位还需承担保证工程进度的义务。这要求施工单位根据项目的总体要求和实际情况，科学合理地编制施工进度计划，并严格按照计划执行。在施工过程中，施工单位需密切关注工程进展，及时调整施工计划以应对各种不可预见因素，如设计变更、天气变化等。同时，施工单位还需与建设单位、监理单位等各方保持良好的沟通协调，确保信息畅通，共同推动工程按计划顺利进行。对于工程中的关键节点和里程碑事件，施工单位需特别关注，确保这些环节顺利完成，以带动整个工程的进度。

③保障施工安全。施工安全是施工单位不可忽视的重要义务。施工单位需严格遵守

国家安全生产法律法规和行业标准，建立健全的安全生产管理体系，确保施工过程中的安全。这包括制定并落实安全生产责任制、安全生产教育培训制度、安全隐患排查治理制度等，形成全员参与、全方位覆盖的安全生产网络。施工单位还需加强施工现场的安全管理，定期进行安全生产检查，及时发现并消除安全隐患。同时，施工单位还需制定应急预案并定期组织演练，提高应对突发事件的能力和水平，确保在发生安全事故时能够迅速、有效地进行应急处置和救援工作，最大限度地减少人员伤亡和财产损失。

此外，承包方还需承担其他相关义务，如保护施工现场的环境、遵守相关环保法规、配合建设单位进行工程验收和结算等。这些义务共同构成了承包方在建设工程承发包合同中的责任体系，有助于确保项目的顺利进行和成功完成。

【案例】 某房地产开发公司(以下简称“发包人”)与一家知名建筑公司(以下简称“承包人”)签订了一份高层住宅楼建设项目的施工合同。合同中详细规定了双方的权利与义务，其中包括承包人的施工权、回款权、审查权、异议权，以及确保工程质量、保证工程进度、保障施工安全等义务。

在施工过程中，承包人虽然拥有施工权，但在实际执行时并未完全按照合同约定和设计文件要求进行施工。具体表现如下：(1)工程质量不达标。承包人在施工过程中，未能严格按照设计要求和施工规范进行施工，导致部分工程质量不达标。例如，部分混凝土构件强度不足、墙体出现裂缝等问题。这些质量问题不仅影响了住宅楼的使用功能，还带来了安全隐患。(2)工程进度延误。承包人未能按照合同约定的时间节点完成施工任务。尽管在合同中规定了遇到不可抗力因素或设计变更等情况时，可以协商调整工程进度计划，但承包人并未及时与发包人沟通，也未提供充分的理由说明延误原因。这导致工程整体进度滞后，给发包人带来了经济损失和声誉损害。(3)施工安全隐患。承包人在施工过程中，未能严格遵守安全生产法律法规和安全生产管理制度。施工现场存在多处安全隐患，如电线裸露、脚手架搭建不规范等。尽管发包人多次提出整改要求，但承包人并未及时整改，给施工人员的生命和财产安全带来了严重威胁。

由于承包人在履行义务的过程中存在严重问题，导致高层住宅楼建设项目出现了工程质量不达标、工程进度延误、施工安全隐患等问题。发包人不得不采取法律手段，要求承包人承担违约责任并赔偿损失。经过多次协商和谈判，承包人最终承担了部分责任并支付了赔偿金。但在这一过程中，发包人仍然遭受了较大的经济损失和声誉损害。承包人在履行合同的过程中，应严格按照合同约定和设计文件要求进行施工，确保工程质量符合标准。同时，要加强与发包人的沟通和协作，及时解决施工过程中的问题和困难。发包人在选择承包人时，应充分了解其施工能力和管理水平，确保选择到合适的施工单位。在合同履行过程中，要加强对承包人的监督和管理，确保其按照合同要求履行义务。双方都应充分认识到合同的严肃性和法律性，在签订合同时明确各自的权利和义务，避免产生不必要的纠纷和损失。同时，在合同履行过程中要遵守法律法规和合同约定，共同维护良好的市场秩序和合作关系。

5.3.2.3 承发包双方的沟通与协作

承发包双方的沟通与协作是项目成功的关键要素之一。在合同履行的全过程中，双方应当建立起高效、顺畅的沟通渠道，确保信息的及时传递与共享。施工单位作为项目执行的主体，有责任定期向建设单位报告工程进度、质量、安全等方面的关键信息，以便建设单位全面了解项目进展情况，及时作出决策和调整。同时，施工单位也应积极反馈在施工过程中遇到的问题和困难，寻求建设单位的支持和帮助。建设单位则需对施工单位提出的问题给予高度重视，及时回应并提供必要的协助。这包括但不限于解决施工中的技术难题、提供必要的施工条件、协调与其他相关方的关系等。双方应建立互信机制，通过友好协商共同解决合同履行过程中出现的分歧和争议，确保项目的顺利进行。为了防范合同履行过程中可能出现的风险和问题，承发包双方还可以采取一系列预防性措施。例如，建立合同履行监督机制，定期对合同的执行情况进行检查和评估，确保双方都能按照合同约定履行各自的责任和义务。此外，双方还可以在合同中明确设立违约责任条款，规定违约行为的具体表现、责任承担方式以及违约赔偿标准等，以便在发生违约情况时能够有据可依、快速处理。

通过加强沟通与协作、建立有效的风险防控机制，承发包双方可以共同推动项目的顺利实施，确保合同目标的顺利实现。这不仅有助于维护双方的合法权益，还有助于提升项目的整体效益和社会价值。

5.3.3　建设工程承发包合同履行

5.3.3.1　发包方的施工准备

发包方的施工准备是确保建设工程顺利进行的重要环节。

(1)了解情况

①工程概况。了解建设项目的规模、设计意图、总平面布置和各单项工程概况，包括建筑物、构筑物、技术装备及管线的特点、相互关系，以及试车、投产的先后顺序。

②总体规划与进度。明确建设项目的总体规划、进度要求，并确定“三通一平”(水通、电通、路通和场地平整)的完成责任方及完成日期。

③自然条件与施工条件：掌握当地气象、水文、地质、地震等自然条件，以及交通储运等适应施工建设的情况。同时，了解利用地方工业、社会基础公用设施的可能性，以及地方建筑材料的供应能力。

(2)落实准备计划

①合同签订。与参建各方签订合同(或协议)，明确双方的权利和义务。如监理单位的确定等。

②人员准备。建设单位派驻现场的团队成员的确定与陆续进场。

③技术谈判与检验。若涉及引进建设项目，参与同外商的技术谈判和设备引进、技术装置起运前的检验工作，翻译和学习有关技术资料。

(3)施工现场准备

将施工用水、电力、通信线路等施工所必需的条件接至施工现场内；保证向承包人提供正常施工所需要的进入施工现场的交通条件；协调处理施工现场周围地下管线和邻近建筑物、构筑物、古树名木的保护工作，并承担相关费用。

(4)支付工程预付款

预付款的支付应遵循专用条款的明确规定。此款项旨在确保工程初期的材料采购、设备购置(包括工程设备和施工设备)、临时工程的建设以及施工队伍的顺利进场。除非合同中有其他特别约定,预付款将在后续的进度付款中按照相同比例扣回。若在颁发工程接收证书前,合同因故提前解除,尚未扣回的预付款将与合同价款一并进行结算。

为确保工程的顺利启动,预付款最迟应在开工通知载明的开工日期前 7 天支付至承包人账户。若发包人逾期支付预付款超过 7 天,承包人有权向发包人发出书面催告通知。若发包人在收到此通知后的 7 天内仍未支付,承包人有权暂停施工,并依据合同中关于发包人违约的条款维护相应的法律权益。

5.3.3.2 承包方的施工准备

承包方的施工准备是确保建设工程顺利进行的关键环节。

(1)组织准备

①建立项目部。组建项目经理部,挑选项目经理及其他主要人员,确保项目管理团队的专业性和高效性。

②施工队伍准备。选择并确定其他工程管理人员和施工队伍,确保施工队伍的技术能力和人员配备满足工程需求。

③分包单位管理。落实分包单位,并签订分包合同,明确各方职责和权利。

④规章制度建立。建立项目管理的各种规章制度,确保施工过程的规范化和标准化。

(2)技术准备

①熟悉设计文件。组织施工人员熟悉设计文件、图纸和材料,检查其是否完整,并对其进行必要的补充调查。

②施工计划编制。编制详细的施工计划,包括工期、施工序列、人员安排等,确保施工过程的有序进行。

③现场勘测。进行现场勘测和测量,了解施工现场的实际情况,为后续施工做好准备。

④项目风险评估。进行项目风险评估,识别潜在的风险和问题,并制定相应的风险控制措施。

(3)物资准备

①材料采购。根据施工计划,采购所需的建筑材料、施工设备和工具,确保材料供应的及时性和质量。

②机械设备准备。对已有的机械设备进行维修试车工作,对尚缺的机械设备进行订购、租赁或制作。

③货源安排。对国家调拨材料和统配物资应及早办理计划指标的申请,对地方材料要落实货源、办理订购手续。

(4)现场准备

①施工现场准备。清理现场、平整地面、标记施工区域等,为施工创造良好的作业环境。

②测量控制网点建立。按照总平面图要求布置测量点,设置永久件的经纬坐标桩及水平桩,组成测量控制网。

③临时设施修建。修建大型临时设施,包括各种附属加工厂、仓库、食堂、宿舍、厕所、办公室以及公用设施等。

(5)保险与保函

保险是一种风险管理的工具,旨在为保险人(即购买保险的个人或实体)提供风险规避或保护。当发生保险合同中规定的特定事件(如意外、疾病、财产损失等)时,保险公司会按照合同约定向被保险人支付赔偿金。保险的主要功能是为保险人提供风险保障,在发生意外事件时减轻其经济损失。保险的种类繁多,包括人寿保险、健康保险、财产保险等,覆盖个人和企业的各种风险需求。承包方应选择保险机构办理工程险、第三者责任险等,为施工过程中的风险和损失提供保障。

保函又称保证书,是由银行、保险公司、担保公司或个人应申请人的请求,向第三方开立的一种书面信用担保凭证。它提供的是一个涉及三方的风险转移机制,即一种由担保人(如银行、保险公司)向债权人(受益人)为债务人(委托人)担保的三方合约。保函的主要作用是为第三方(受益人)提供信用保证,确保债务人(委托人)能够按照约定履行其义务。保函按照不同经济活动,可分为工程保函及商务保函两大类。其中,工程保函包括投标保函、履约保函、预付款保函等,广泛应用于建设工程领域。承包方应根据合同规定选择金融机构办理履约保函、预付款保函等,确保合同的履行和资金的安全。

(6)资金筹措

①资金分析。分析工程收入与支出情况,编制现金周转计划,确保施工过程中的资金需求和流动性。

②多渠道筹措。通过公司内部垫资、银行贷款等多渠道筹措工程所需资金,确保施工的顺利进行。

(7)预付款担保

预付款担保是承包人与发包人签订合同后,承包人为确保正确、合理地使用发包人支付的预付款而提供的担保。这种担保的主要形式通常为银行保函或信用保函。发包人给承包人的预付款一般为合同金额的 10%。然而,这个比例可能会因具体的合同条款和双方协商而有所不同。若发包人要求承包人提供预付款担保,承包人应在发包人支付预付款前的 7 天内提供相应担保,除非专用条款中有其他特别约定。预付款担保可采用银行保函、担保公司担保等双方认可的形式,并在专用条款中明确约定。预付款保函的有效期一般从预付款支付之日起至业主向承包方全部收回预付款之日止。

在预付款的扣回过程中,预付款担保的额度应相应减少。但请注意,剩余的预付款担保金额应始终不低于尚未被扣回的预付款金额,以确保预付款担保在整个合同期间持续有效。

5.3.3.3　开工准备与开工通知

合同双方应严格遵循约定,共同确保开工前各项准备工作的顺利完成。承包人需依据施工组织设计的规划,在约定的期限内向监理人提交详尽的工程开工报审表。该报审表应全面阐述为确保施工进度计划顺利执行所需的施工道路、临时设施、材料、工程设备、施工设备、施工人员等各项资源的落实情况,以及明确的工程进度安排。经监理人审核并报发包人批准后,方可正式执行开工计划。

发包人需依法取得工程施工所需的全部许可。在发包人确认并同意后,监理人将依法发出开工通知。为确保施工进程的顺畅,监理人应在计划开工日期前 7 天向承包人发出开工通知,并明确开工日期。工期自此日起开始计算。

若因发包人导致监理人未能在计划开工日期后的 90 天内发出开工通知,承包人有权根据实际情况提出价格调整的要求,甚至选择解除合同。在此情况下,发包人需承担由此产生的所有额外费用和(或)工期延误的责任,并向承包人支付合理的利润补偿。

开工通知书

编号:[填写编号]

致:[施工单位全称]

项目名称:[项目全称]

项目地点:[项目具体地址]

尊敬的[施工单位名称]:

您好!

根据双方签订的《[项目名称]建设工程施工合同》(合同编号:[填写合同编号]),本项目已具备开工条件。现正式通知贵单位,请贵单位按照合同约定的内容及相关法律法规要求,组织施工队伍及机械设备,于[具体开工日期,如 2023 年 4 月 15 日]上午[具体时间,如 9:00]正式进场开工。

为确保项目顺利推进,请贵单位注意以下事项:

1.人员准备:请确保项目负责人、技术负责人、安全管理人员及施工队伍已全部到位,并熟悉施工图纸、设计文件及施工规范。

2.材料准备:请提前组织好施工所需的各种材料、构配件及设备的采购与进场工作,确保材料质量符合设计要求及国家相关标准。

3.技术交底:开工前,请组织技术人员对全体施工人员进行详细的技术交底和安全教育,确保施工人员明确施工任务、技术要求及安全注意事项。

4.现场布置:请按照施工总平面布置图的要求合理布置施工现场,设置必要的临时设施,如办公室、宿舍、食堂、仓库、施工道路及安全防护设施等。

5.质量与安全:在施工过程中,请严格遵守国家关于建筑工程质量与安全生产的法律法规,建立健全质量管理体系和安全生产责任制,确保工程质量和施工安全。

6.进度管理:请按照合同约定的工期要求,科学编制施工进度计划,并严格按照计划执行。同时,请加强与建设单位的沟通协调,及时反馈工程进展情况及存在的问题。

7.资料归档:请按照规范要求,及时整理并归档施工过程中的各类技术资料、质量记录和安全资料等,以备查验。

请贵单位接此通知后,立即着手准备相关工作,确保按时开工。如有任何疑问或需要建设单位协助解决的问题,请及时与我方联系。

感谢贵单位对本项目的支持与配合!期待我们双方携手合作,共同推动项目圆满成功。

此致

敬礼!

[建设单位全称]

[日期,如 2023 年 4 月 10 日]

【案例】 某城市为了缓解交通压力,计划建设地铁二号线。该项目涉及多个复杂的地段,包括城市中心、历史文化保护区和环境敏感区,因此需要经过严格的审批和规划流程。作为该项目的发包人,市政府需要依法取得地铁建设的全部许可,包括环境影响评估报告、土地使用权证书、施工许可证等一系列文件。市政府与相关部门紧密合作,经过数月的努力,成功获得了所有必要的许可。在确认所有许可已到位并得到市政府的批准后,监理人(一家专业的工程咨询公司)开始准备开工通知。为确保施工进程的顺畅,监理人按照合同约定,在计划开工日期前 7 天向承包人(一家知名的地铁建设公司)发出了开工通知,并明确了具体的开工日期。承包人收到开工通知后,立即组织施工队伍和机械设备进入施工现场,并按照施工计划开始施工。从监理人发出的开工通知中载明的开工日期起开始计算工期。然而,在施工准备阶段,由于历史文物保护区的特殊要求,市政府需要额外的时间与文物管理部门协商,以确保地铁建设不会对文物造成损害。这一延误导致原计划开工日期后的 90 天内监理人未能按时发出开工通知。面对这种情况,承包人根据合同条款,向发包人提出了价格调整的要求,以弥补因延误而产生的额外费用。同时,承包人也考虑了合同解除的可能性,但经过权衡利弊,最终决定继续履行合同。

市政府意识到延误对承包人造成的不利影响,主动与承包人进行了沟通,并承诺承担由此产生的所有额外费用和工期延误的责任。双方经过友好协商,达成了一致意见,并签署了补充协议。市政府向承包人支付了合理的利润补偿,并重新确定了开工日期。在新的开工日期后,项目顺利推进,承包人按照调整后的施工计划进行施工。最终,地铁二号线顺利建成并投入使用,有效缓解了城市交通压力,得到了市民的广泛好评。

本案例展示了在工程项目中发包人需依法取得施工许可的重要性,以及因发包人导致开工延误时的处理机制。通过合理的合同条款和友好的协商,双方可以共同解决问题,确保项目的顺利进行。

5.3.3.4　工程分包

工程分包是指获得整个工程或区段工程合同的承包人,按照国际惯例或相关法律规定,将该工程按专业性质或工程范围再分包给若干家具有相应资质的承包单位承担施工任务的行为。根据分包内容的不同,可以分为专业工程分包和劳务分包。专业工程分包由具有相应资质等级的企业从事。劳务分包的选择应考虑员工技能水平及其对工程的理解能力。

《建筑法》第二十七条规定,大型建筑工程或者结构复杂的建筑工程,可以由两个以上的承包单位联合共同承包。共同承包的各方对承包合同的履行承担连带责任。

(1)分包的一般约定

承包人应严格遵守分包规定,禁止将其承包的全部工程转包给第三方,亦不得将工程以分包之名行转包之实,特别是主体结构、关键性工作及专用条款中明确禁止分包的专业工程。主体结构与关键性工作的范围,合同双方应依据法律规定在专用条款中清晰界定。承包人应杜绝以劳务分包为名的非法转包或违法分包行为。

(2)分包的确定与管理

①分包人的选择与确定。承包人须按照专用条款的约定进行分包,并确定分包人。对于

已标价工程量清单或预算书中列明暂估价的专业工程，应依据暂估价来确定分包人。在进行分包时，承包人应确保分包人具备相应的资质和能力。值得注意的是，分包并不减少或免除承包人的责任和义务，承包人与分包人须就分包工程对发包人承担连带责任。除非合同另有规定，承包人应在分包合同签订后 7 天内，向发包人和监理人提交分包合同副本。

②分包人的管理。承包人应向监理人提交分包人的主要施工管理人员表，并对分包人的施工人员进行严格的实名制管理，包括但不限于进出场的记录管理、人员登记造册以及各类证照的办理。

(3)分包合同价款

①价款结算。分包合同价款由承包人与分包人自行结算。未经承包人同意，发包人不得直接向分包人支付分包工程价款。

②特殊支付情形。若生效法律文书要求发包人向分包人支付分包合同价款，发包人有权从应付给承包人的工程款中扣除相应款项。

(4)分包合同权益的转让

若分包人在分包合同项下的义务延续至缺陷责任期之后，发包人有权在缺陷责任期届满前，要求承包人将其在分包合同项下的权益转让给发包人。承包人应按要求进行权益转让。除非转让合同另有约定，转让合同生效后，分包人应直接向发包人履行义务。

(5)不可分包的情形

基于《建筑法》等相关法律法规的规定，旨在确保建筑工程的质量和安全，维护建筑市场的公平竞争秩序；在实际工程中，各参与方应严格遵守相关法律法规，确保工程的合法性和合规性。以下情形为不可分包：

①承包单位承包的全部建筑工程的整体。承包单位不得将其承包的全部建筑工程作为一个整体转包给第三人，或肢解以后以分包的名义转包给第三人。

②建筑工程中的主体结构部分。建筑工程的主体结构部分，如基础、梁、柱、墙等关键结构部分，必须由总承包单位自行完成，不得分包给其他单位。

③未经建设单位同意的工程分包。除总承包合同中约定的分包外，其他分包行为必须经建设单位认可。未经建设单位同意的分包行为是不被允许的。

④不具备相应资质条件的违法分包。分包单位必须具备相应的资质条件，否则属于违法分包，是不被法律所允许的。

⑤以劳务分包的名义进行的非法转包或分包。承包人不得以劳务分包的名义转包或违法分包工程，这种行为同样是不被允许的。

⑥将工程肢解，以劳务分包的名义将工程违法转包或分包给其他企业。将原本应该整体施工的工程进行肢解，然后以劳务分包的名义转包给其他企业，这种行为同样违反了法律规定。

【案例】 某市地标大厦是一个备受瞩目的大型商业综合体项目。该项目由某市城市发展有限公司(以下简称“发展公司”)负责开发，通过公开招标，最终由实力雄厚的华建建设集团(以下简称“华建集团”)中标成为总承包商。

项目启动：华建集团在合同中承诺，将严格按照合同要求和法律规定，完成所有工程任务。

非法分包决定：由于项目规模庞大，华建集团为了缩短工期和降低成本，决定将部分工程非法分包给未经资质审查的小型施工队伍。

实施非法分包：华建集团与几个小型施工队伍达成了分包协议，这些队伍在没有相应资质的情况下承担了大厦的主体结构施工和关键性工作。

质量问题暴露：在施工过程中，由于这些小型施工队伍缺乏经验和技术能力，导致工程出现了严重的质量问题，如混凝土强度不达标、结构安全性不足。

监管机构介入：某市建设工程质量监督站在日常巡查中发现了这些问题，并立即要求华建集团停止施工，进行整改。

法律后果：由于华建集团违反了合同约定和相关法律规定，发展公司根据合同条款对华建集团进行了处罚，并要求其承担由此造成的所有损失。

整改与补救：华建集团不得不更换合格的施工队伍，并对已施工部分进行了大规模的整改和加固，导致项目严重延期和成本大幅增加。

责任追究：华建集团的相关负责人因违反法律规定和合同义务，面临追究法律责任。

某市地标大厦项目因非法分包导致了一系列严重后果，不仅给发展公司和华建集团带来了经济损失，也损害了企业的声誉。最终，华建集团被责令整改，并受到了相应的行政处罚，行业信誉降级。

此案例强调了工程承包商遵守法律法规和合同约定的重要性，非法分包不仅会危及工程质量和安全，还会给承包商带来严重的法律和经济风险。

5.3.3.5　施工过程的合同管理

(1)工程材料与设备的管理

①发包人供应的材料与工程设备。发包人负责供应材料和工程设备的，应在合同签订时，于专用条款的附件“发包人供应材料设备一览表”中详细列明所需材料和设备的品种、规格、型号、数量、单价、质量等级，以及送达的具体地点。

承包人须在材料和设备预计进场日期前至少 30 天，通过监理人以书面形式通知发包人准备供应的材料和设备。在根据合同约定修订施工进度计划时，承包人应同时提交更新后的发包人供应材料与工程设备的进场计划。

②承包人采购的材料与工程设备。当承包人负责采购材料和工程设备时，必须依照设计要求及相关标准进行采购，并提供产品合格证明和出厂证明，确保材料和设备的质量符合合同规定。对于合同中约定由承包人负责采购的材料和设备，发包人不得指定特定的生产厂家或供应商。若发包人违反此约定，指定或推荐特定生产厂家或供应商，承包人有权予以拒绝，且因此导致的责任和后果应由发包人承担。

(2)材料与工程设备的接收与拒收

发包人应严格按照“发包人供应材料设备一览表”中约定的内容和标准，提供所需的材料和工程设备。同时，必须向承包人提供产品合格证明和出厂证明，对其提供的所有材料和工程设备的质量负全责。在材料和工程设备到货前，发包人应提前 24 小时以书面形式通知承包人和监理人，以便承包人进行必要的清点、检验和接收工作。

若发包人提供的材料和工程设备的规格、数量或质量未能达到合同约定的标准，或因发包人原因导致交货日期延误或交货地点变更等情形，将视为发包人违约，并需按合同约定的违约条款进行处理。

当承包人负责采购材料和工程设备时，应确保所采购的产品质量符合相关标准。在材料和工程设备到货前 24 小时，承包人应通知监理人进行检验。若承包人负责制造和生产永久设备或材料，则需确保这些设备或材料符合相关的质量标准，并向监理人提交相应的材料样本及相关资料。在使用这些材料或工程设备之前，承包人必须获得监理人的明确同意。

若承包人采购的材料和工程设备未能满足设计或相关标准的要求，承包人应在监理人指定的合理期限内，将这些不符合要求的材料、工程设备从施工现场运出，并重新采购符合要求的材料和工程设备。由此产生的额外费用和(或)工期延误，将由承包人自行承担。

(3)材料与工程设备的保管与使用

①发包人供应材料与工程设备的保管与使用

发包人提供的材料和工程设备，在承包人完成清点后，应由承包人妥善保管。除已标价工程量清单或预算书中明确列支的费用外，以及专用条款中另有约定的情形，保管费用应由发包人承担。若因承包人原因造成材料或工程设备的丢失或毁损，承包人应承担相应的赔偿责任。若监理人未及时通知承包人进行清点，承包人不承担相应的保管责任，由此产生的丢失或毁损应由发包人负责。

在使用发包人提供的材料和工程设备前，承包人应负责进行检验，并确保检验费用由发包人承担。任何检验不合格的材料或工程设备均不得使用。

②承包人采购材料与工程设备的保管与使用

承包人自行采购的材料和工程设备，应由承包人自行妥善保管，并承担相应的保管费用。如法律规定在使用前必须进行检验或试验的，承包人应按照监理人的要求执行，并承担相关的检验或试验费用。任何检验或试验不合格的材料或工程设备均不得使用。

若发包人或监理人发现承包人使用的材料或工程设备不符合设计或相关标准要求，有权要求承包人进行修复、拆除或重新采购。由此产生的额外费用和(或)工期延误，应由承包人自行承担。

(4)禁止使用不合格的材料和工程设备

①承包人提供不合格材料或工程设备。监理人有权拒绝承包人提供的不合格材料或工程设备，并要求承包人立即进行更换。更换后，监理人应再次进行检查和检验，由此产生的额外费用和(或)工期延误应由承包人承担。

②承包人使用不合格材料或工程设备。若监理人发现承包人使用了不合格的材料和工程设备，承包人必须按照监理人的指示立即进行改正，并严禁在工程中继续使用这些不合格的材料和工程设备。

③发包人提供的材料或工程设备不符合合同要求。若发包人提供的材料或工程设备不符合合同要求，承包人有权拒绝接收，并可要求发包人进行更换。由此产生的额外费用和(或)工期延误应由发包人承担，并应支付承包人合理的利润。

(5)样品管理

①样品的报送与封存

对于需要承包人报送样品的材料或工程设备，样品的种类、名称、规格、数量等具体要求应在专用条款中明确约定。样品的报送和封存应遵循以下程序：

a.样品报送。承包人应在计划采购前 28 天向监理人报送样品。样品应来自供应材料的实际生产地，且规格、数量应足以体现材料或工程设备的质量、型号、颜色、表面处理、质地、误差等关键特征。

b.随附申报单。承包人每次报送样品时，应随附详细的申报单，载明样品的相关数据和资料，并标明每件样品对应的图样号，预留监理人批复意见栏。

c.监理人审批。监理人应在收到承包人报送的样品后 7 天内，向承包人回复经发包人签认的样品审批意见。

d.样品封存。经发包人和监理人审批确认的样品，应按照约定的方法进行封存，作为检验工程相关部分的标准之一。承包人在施工过程中不得使用与封存样品不符的材料或工程设备。

e.样品审批确认的说明。发包人和监理人对样品的审批确认仅代表对材料或工程设备特征或用途的确认，并不构成对合同的修改或改变，也不减轻或免除承包人的任何责任和义务。若封存的样品与合同约定有出入，合同当事人应通过书面协议进行确认。

②样品的保管

经批准的样品应由监理人负责封存于现场，承包人应提供适当和固定的场所，确保样品在存储过程中保持适当和良好的环境条件。

(6)材料与工程设备的替代

①当出现以下情况时，需要使用替代材料和工程设备，承包人应依照合同约定的程序执行：

a.基准日期后生效的法律规定禁止使用的材料或设备。

b.发包人明确要求使用替代品的。

c.由于其他不可避免的原因必须使用替代品的。

②承包人应在使用替代材料和工程设备前 28 天书面通知监理人，并附上以下文件：

a.被替代材料和工程设备的详细信息，包括名称、数量、规格、型号、品牌、性能、价格等。

b.替代品的详细信息，同样包括名称、数量、规格、型号、品牌、性能、价格等。

c.替代品与被替代产品之间的主要差异及潜在影响。

d.替代品与被替代产品的价格差异。

e.使用替代品的详细理由和原因。

f.监理人要求提供的其他相关文件。

监理人应在收到通知后的 14 天内向承包人发出经发包人签认的书面指示；若监理人逾期未发出书面指示，则视为发包人和监理人同意使用替代品。

③若发包人认可使用替代材料和工程设备，其价格应按照以下方式确定：

a.若已标价工程量清单或预算书中有相同项目，则按该价格认定。

b.若无相同项目但有相似项目,则参考相似项目价格认定。

c.若既无相同项目也无相似项目,则按照合理的成本与利润构成原则,由合同当事人根据合同条款商定或确定价格。

(7)施工设备和临时设施

①承包人提供的施工设备和临时设施。承包人应根据合同进度计划的要求,及时配置施工设备和修建临时设施。进入施工场地的承包人设备需经监理人核查后方可投入使用。若承包人需更换合同约定的施工设备,应事先报监理人批准。除另有约定外,承包人应自行承担修建临时设施的费用,并办理相关临时占地手续,费用由发包人承担。

②发包人提供的施工设备和临时设施。发包人提供的施工设备或临时设施应在专用条款中明确约定。

③要求承包人增加或更换施工设备。若承包人使用的施工设备无法满足合同进度计划或质量要求,监理人有权要求承包人增加或更换施工设备。承包人应及时响应并承担由此产生的额外费用和(或)工期延误。

(8)材料与设备专用要求

承包人运入施工现场的材料、工程设备、施工设备以及临时设施,包括备品备件、安装工具与资料,均须专用于本工程。未经发包人书面批准,承包人不得擅自运出施工现场或挪作他用。经发包人批准,承包人可按照施工进度计划撤走闲置的施工设备和其他物品。

【案例】 某城市基础设施建设项目,涵盖了道路铺设、桥梁建设及排水系统改造,总造价高达1.5亿元人民币。该项目采用EPC总承包模式,由市政府投资平台发包给一家经验丰富的建筑公司。在合同管理方面,项目总体表现良好,特别是在材料设备管理上,发包方与承包方紧密合作,确保了材料设备规格明确、质量可靠、供应及时。承包方不仅严格遵循设计要求采购材料设备,还建立了高效的接收与拒收机制,一旦发现质量问题,立即处理,有效保障了施工质量。同时,承包方在材料与设备的保管与使用、样品管理、替代方案提出及施工设备与临时设施的配置等方面也执行到位,展现了较高的管理水平。然而,项目在材料接收环节的通知及时性、样品报送的准确性以及施工设备配置的充分性等方面仍存在不足,如一次材料接收因监理人通知不及时而导致现场混乱,初期样品报送规格不全影响审批进度,以及项目初期施工设备配置不足影响施工进度等。这些问题提醒我们:在未来项目中需加强沟通与协调,提高管理水平,以确保施工项目的顺利进行。

5.3.3.6 工程质量的监督管理

工程质量的监督管理是确保工程项目按照既定标准和要求顺利完成的重要环节。工程质量的监督管理是一个系统而复杂的过程,需要政府、建设行政主管部门、施工单位等多方共同参与。通过明确监督管理的主体、内容、职责和方式,可以有效确保工程质量的合格性和可靠性,维护国家和人民的生命和财产安全。监督管理的主体包括政府授权的专门机构、建设行政主管部门。建设工程质量监督主要由政府授权的专门机构负责,其主要依据是国家颁发的有关法律法规、技术标准及设计文件。县级以上人民政府建设行政主管部门和其他有关部门也承担着对建设工程质量的监督管理职责。

(1)质量要求

①质量标准。工程质量标准必须严格遵守现行国家有关工程施工质量验收的规范和标准。如有特殊标准或要求,应由合同当事人在专用条款中明确约定。

②发包人责任。如因发包人原因导致工程质量未达到合同约定标准,发包人应承担因此产生的额外费用和(或)延误的工期,并支付承包人合理的利润。

③承包人责任。若因承包人原因导致工程质量未达到合同约定标准,发包人有权要求承包人进行返工直至质量达标,并由承包人承担由此产生的额外费用和(或)延误的工期。

(2)质量保证措施

①发包人管理。发包人需依法及合同约定完成与工程质量相关的各项工作。

②承包人管理。承包人须按合同约定提交工程质量保证体系及措施文件,建立并完善质量检查制度,并提交相关工程质量文件。对于违法或违反合同约定的指示,承包人有权拒绝执行。承包人应对施工人员进行质量教育和技术培训,定期考核其劳动技能,并严格执行施工规范和操作规程。承包人应对材料、工程设备以及工程的所有部位及其施工工艺进行全过程的质量检查和检验,编制工程质量报表并报送监理人审查。此外,承包人还需进行现场取样试验、工程复核测量和设备性能检测等工作。

(3)监理人的质量检查和检验

①检查和检验。监理人有权对工程的所有部位及其施工工艺、材料和工程设备进行检查和检验。承包人应提供必要的便利。

②不影响施工。监理人的检查和检验不应影响施工的正常进行。如因监理人检查导致施工延误且检查不合格的,费用由承包人承担;检查合格的,费用及延误由发包人承担。

(4)隐蔽工程检查

①检查程序。承包人须对工程隐蔽部位进行自检,并通知监理人进行检查。监理人确认质量合格后,承包人方可进行覆盖。如监理人未按时检查且未提出延期要求,视为隐蔽工程检查合格。

②重新检查。发包人或监理人对已覆盖的隐蔽工程有疑问的,可要求承包人重新进行检查。检查合格的,费用由发包人承担;不合格的,费用由承包人承担。

③私自覆盖。承包人未通知监理人私自覆盖的,监理人有权要求重新检查,无论质量是否合格,相关费用均由承包人承担。

(5)不合格工程的处理与质量争议检测

①不合格处理。因承包人原因导致的工程质量不合格,承包人应负责补救并承担相关费用;因发包人原因导致的,发包人承担相关责任。

②质量争议。对工程质量有争议的,应由双方协商确定的工程质量检测机构进行鉴定。鉴定费用及损失由责任方承担;如双方均有责任,则按各自责任分担;无法协商一致的,按合同条款执行。

【案例】 某市正在建设一座高层住宅楼。该项目运用了复杂的结构和先进的建筑材料,致力于构建高品质、安全舒适的居住环境。然而,在质量监督管理过程中,监督机构发现隐蔽工程部分存在质量问题,包括电气线路铺设的安全隐患和防水层施工不达标。这些问题对整栋建筑的安全性构成了潜在威胁。

监督机构迅速行动，要求施工单位停止相关部分的施工，并发出整改通知单。施工单位积极响应，立即对问题进行了整改。经过重新铺设符合规范的电气线路和加固防水层，这些隐蔽工程的质量问题得到了有效解决。监督机构在整改过程中进行了跟踪检查，并在整改完成后进行了全面复查，确认整改成果符合要求。此次整改及时避免了潜在的安全隐患，彰显了监督机构在保障高层住宅楼质量安全方面的重要作用。同时，这也提醒我们，在质量监督管理过程中，应特别关注隐蔽工程的质量情况，加大抽查和检查力度，确保工程质量符合相关标准和要求。

5.3.3.7 取样、试验与检验

(1)试验设备与试验人员

①设备与条件。承包人应根据合同规定或监理人指示，提供现场材料试验所需的试验场所、合格的试验人员、试验设备及其他必要试验条件。监理人在必要时有权使用承包人提供的资源进行材料复核试验，承包人应全力配合。

②设备配置。承包人应依据专用条款约定，提供试验设备、取样装置、试验场所和试验条件，并提交相应的进场计划表。所有试验设备须符合相关试验规程要求，并经过有资质的检测单位检测合格。使用前，须经监理人与承包人共同校订。

③试验人员资质。承包人应向监理人提交试验人员名单及其岗位、资格证明资料。试验人员必须熟练掌握相关检测试验技能，并对试验程序和结果的正确性负责。

(2)取样

对于自检性质的试验，承包人可自行取样；对于监理人抽检的试验，可由监理人取样，或在监理人监督下由承包人的试验人员取样。

(3)材料、工程设备和工程的试验与检验

①试验与检验责任。承包人应依合同规定对材料、工程设备和工程进行试验与检验，并向监理人提供必要的试验资料和原始记录。如需双方共同进行试验和检验的，承包人应负责提供相关资料。

②试验方式。自检性质的试验可由承包人单独进行；抽检性质的试验可由监理人单独进行，或由双方共同进行。

③试验结果异议。承包人对监理人单独进行的试验结果有异议时，可申请重新共同试验。如监理人未按约定参与共同试验，承包人可自行试验，并将结果报送监理人，监理人应认可该结果。

④监理人要求重试。监理人对承包人试验和检验结果有异议或需查证其可靠性时，可要求双方共同进行重新试验和检验。

⑤重试结果责任。重新试验的检验结果若不符合合同要求，由此产生的费用和(或)工期延误由承包人承担；若符合合同要求，则由发包人承担相应责任和费用。

(4)现场工艺试验

承包人应依据合同规定或监理人指示进行现场工艺试验。对于大型试验，监理人认为必要时，承包人需编制工艺试验措施计划，并提交监理人审查。

5.3.3.8　施工进度管理

施工进度管理是指施工项目经理部根据合同规定的工期要求，编制施工进度计划，并以此作为管理的目标，经常对施工的全过程进行检查、对比、分析，及时发现实施中的偏差，并采取有效措施，调整工程建设施工进度计划，排除干扰，保证工期目标实现的全部活动。通过有效的施工进度管理，可以确保工程项目按时按质完成，降低工程风险，提高工程效益。同时，施工进度管理也是施工项目管理的重要组成部分，对于提高施工企业的管理水平和竞争力具有重要意义。

施工进度管理应遵循以下核心原则，以确保项目的顺利进行：首先，必须明确施工进度管理的目标，确保工程项目能够按照预定的时间节点高效完成，以体现其目的性原则；其次，应将施工进度管理视为一个系统工程，从多个角度和层面进行综合考虑和协调管理，以体现其系统性原则；再次，在保障工程质量和安全的前提下，应努力降低施工成本，追求经济效益的最大化，以体现其经济性原则；最后，施工进度管理应具备动态性，能够灵活应对工程实际情况和外部环境的变化，及时调整施工进度计划和保证措施，以确保项目的顺利推进。

施工进度管理的主要环节包括：

①编制施工进度计划。根据合同规定的工期要求，结合工程实际情况，编制详细的施工进度计划。单位工程开工前，总包单位应编制其工程总进度计划，上报监理、项目公司审核，批准后报工程管理部、工程副总审批，通过后方可施行。

②进度保证措施和方案的上报。工程开工前，总包单位编制的施工组织设计中应包括进度保证措施和方案。进度保证措施和方案应在工程开工前上报监理、项目公司审核，批准后报工程管理部、主管副总审批，通过后作为合同的附件。

③施工现场实际要素检查及调整措施。工程管理部将在月检中，根据前述的进度计划及保证措施和方案，检查各个单位工程及其附属的进度计划落实情况。如发现实际进度计划严重滞后，将调查其拖后原因，并要求拖后工期的单位负责人写出加快施工的保证措施和方案。

④月检制度。工程管理部将在每月月底进行巡查，对实际进度情况进行检查，并填报进度确认表格和图像资料。如工程拖后，工程管理部将延期拨款审批，并保留采取经济处罚的权利。

⑤进度控制措施。根据现场实际情况，落实进度控制措施，如调整施工方案、增加施工人员或设备等。对于严重滞后的单位或分项工程，工程管理部可以采取罚款措施，并要求其写出书面保证书。

在工程项目管理中，施工进度管理至关重要，涉及编制与修订详细的进度计划、应对不利物质条件与异常气候条件、妥善处理暂停施工的情形、明确工期延误的责任与费用承担，以及探讨提前竣工的奖励机制，以确保项目按时、高效、经济地完成。

(1)施工进度计划的编制与修订

①施工进度计划的编制。承包人应依据施工组织设计的合同约定，提交详尽的施工进度计划。该计划需符合国家法律法规及工程实践惯例，经发包人审核批准后实施。施工进度计划作为控制工程进度的基准，发包人和监理人有权据此检查工程进度。

②施工进度计划的修订。若施工进度计划不符合合同要求或与工程实际进度不符，承包

人须向监理人提交修订后的施工进度计划，并附相关措施和资料。监理人将修订计划报送发包人，除另有约定外，发包人和监理人应在收到修订计划后7日内完成审核与批准或提出修改意见。任何对施工进度计划的确认，均不减轻或免除承包人按法律和合同约定应承担的责任与义务。

(2)不利物质条件与异常恶劣的气候条件的应对

①不利物质条件。不利物质条件是指承包人在施工现场遇到的不可预见的自然物质条件、非自然物质障碍和污染物，如地下物质条件、水文条件等(不包括气候条件)。遇到此类情况时，承包人应采取合理措施继续施工，并及时通知发包人和监理人。经发包人同意，监理人将发出指示，如构成变更，则按变更合同条款执行。由此增加的费用和(或)延误的工期由发包人承担。

②异常恶劣的气候条件。异常恶劣的气候条件是指施工过程中遇到的、有经验的承包人在签订合同时不可预见的、对合同履行造成实质性影响但尚未构成不可抗力事件的恶劣气候条件。具体情形由专用条款约定。承包人应采取合理措施继续施工，并及时通知发包人和监理人。监理人经发包人同意后发出指示，如构成变更，则按变更合同条款处理。由此增加的费用和(或)延误的工期由发包人承担。

(3)暂停施工的情形及处理

①暂停施工的情形

发包人原因：监理人经发包人同意后下达暂停施工指示。紧急情况下，按紧急暂停施工条款执行。由此增加的费用和(或)延误的工期由发包人承担。

承包人原因：承包人承担由此增加的费用和(或)延误的工期。若84日内未复工，视为违约。

指示暂停：监理人认为有必要并经发包人批准后指示暂停施工，承包人应遵循。

紧急情况下的暂停：承包人可先暂停施工并通知监理人。监理人24小时内未发出指示，视为同意暂停。如有异议，按争议解决条款处理。

②暂停施工的处理

复工：发包人和承包人应积极消除暂停施工的影响，确定复工条件。监理人发出复工通知后，承包人应按要求复工，否则，将承担相应责任。

持续暂停：暂停超过56天，承包人可要求继续施工。若发包人逾期不批准且停工超过84天，影响合同目的实现的，承包人有权要求调整价格或解除合同。

工程照管：暂停期间，承包人应妥善照管工程并提供安全保障，费用由责任方承担。

暂停措施：双方应采取必要措施确保工程质量与安全，防止损失扩大。

(4)工期延误

①因发包人原因导致的工期延误

在合同履行过程中，若因以下情形导致工期延误和(或)费用增加，发包人应承担由此延误的工期和(或)增加的费用，并支付承包人合理的利润：

a. 发包人未能按合同约定提供图样，或所提供图样不符合合同约定要求。

b. 发包人未能按合同要求提供施工现场、施工条件、基础资料、必要的许可和批准等开工先决条件。

c. 发包人提供的测量基准点、基准线和水准点及其书面资料存在错误或遗漏。

d. 发包人未在计划开工日期之日起的 7 日内同意并下达开工通知。

e. 发包人未能按合同约定的日期支付工程预付款、进度款或竣工结算款。

f. 监理人未按合同约定发出必要的指示、批准等文件。

g. 专用条款中约定的其他因发包人原因导致的工期延误情形。

若因发包人原因造成未能按计划开工日期开工，发包人应根据实际开工日期相应顺延竣工日期，以确保实际工期不低于合同约定的工期总日历天数。若因此需修订施工进度计划，则按照合同中关于施工进度计划修订的条款执行。

②因承包人原因导致的工期延误

若工期延误由承包人原因造成，双方可在专用条款中明确约定逾期竣工违约金的计算方法及其上限。承包人支付逾期竣工违约金后，其继续完成工程和修补缺陷的义务并不因此免除。

(5)提前竣工

①发包人要求的提前竣工

当发包人希望承包人提前完成工程时，应通过监理人向承包人发出提前竣工的指示。承包人应积极响应，并向发包人和监理人提交提前竣工建议书。该建议书应详细阐述实施的方案、预计缩短的时间，以及由此可能产生的合同价格上涨等内容。若发包人接受该建议书，监理人将协助发包人和承包人协商制定加快工程进度的具体措施，并据此修订施工进度计划。由此产生的额外费用应由发包人承担。

若承包人认为提前竣工指示在实际操作中难以执行，应及时向监理人和发包人提出书面异议。发包人和监理人应在收到该异议后的 7 天内给予书面答复。在任何情况下，发包人均应遵守法律法规和工程实践惯例，不得无理压缩合理工期。

②提前竣工的奖励机制

当发包人要求承包人提前竣工，或承包人主动提出提前竣工的建议并能为发包人带来实际效益时，合同双方可以在专用条款中明确约定提前竣工的奖励措施。这将有助于激励承包人积极优化工期，同时确保双方利益的平衡。

【案例】 某住宅建设项目位于城市繁华地带，总建筑面积达 10 万平方米，由多家建筑公司和分包商共同负责施工。该项目原计划于 2023 年年初启动，并预计在 2025 年年底竣工。然而，在施工过程中，因现场管理不善，该项目遭遇了一系列挑战，导致施工进度受到严重影响。

经过深入分析，发现该住宅建设项目现场管理不善的具体原因主要包括：人员组织不当，导致施工现场秩序混乱、施工效率低下；物资管理不规范，材料进场和出场管理混乱，造成材料的浪费和错用；安全管理不到位，施工现场存在安全隐患，导致安全事故频发；质量控制不严格，部分工程出现质量问题，需要进行返工处理。这些现场管理问题直接影响了施工进度，导致工期延误，增加了项目成本，并对开发商的声誉造成了负面影响。为了解决这些问题，建议加强人员管理，完善物资管理制度，强化安全管理，并加强质量控制。通过这些措施的实施，有望改善施工现场管理状况，提高施工效率和质量，确保项目能够按时、高质量地完成。

5.4 建设工程承发包合同的变更

5.4.1 建设工程承发包合同的变更概述

5.4.1.1 合同变更的概念

建设工程承发包合同变更是指在施工承包合同依法成立后，在工程实施过程中，发包人和承包人依法通过协商对合同的内容进行修订或调整所达成的协议。这种变更可能涉及工程性质、工程质量、进度、价款要求以及合同条款中承发包双方责权利关系的变化等方面。在建设工程领域，承发包合同的变更是一项重要的法律与经济活动，它贯穿于项目实施的整个过程中。施工承包合同依法成立后，随着工程实际进展和外部环境的变化，发包人与承包人之间可能需要根据实际情况对原合同内容进行必要的修订或调整，这就是承发包合同的变更。

合同变更可能由多种因素触发，包括但不限于设计方案的调整、施工条件的改变、政策法规的更新、市场需求的变化以及不可抗力事件的影响等。这些变化往往要求合同双方重新评估项目目标、资源配置及风险分担，从而达成新的协议以适应新的情况。

5.4.1.2 变更的原因

常见的工程承发包合同变更原因包括：

(1)业主对建筑物的外形或使用功能有新的想法。在项目建设过程中，业主可能因市场趋势、个人喜好或实际需求变化，希望调整建筑物的外观设计(如风格、颜色、造型等)或内部使用功能布局(如空间划分、设施配置等)。这种变化要求设计团队重新设计以满足新需求，并随之修订预算以反映设计变更带来的成本影响。

(2)设计人员的疏忽或其他原因造成的设计错误。在复杂的工程设计中，可能因设计师疏忽、对规范理解不准确或沟通不畅等原因，导致设计图纸中存在错误或遗漏。这些错误可能涉及结构安全、功能实现或材料选择等方面，需立即发现并进行修正，以确保工程质量符合设计要求。

(3)工程条件预定不准确导致工程环境发生变化。在项目初期，对现场地质条件、气候条件、周边环境等因素的预测可能存在偏差。随着施工的深入，这些条件的变化(如地质勘探结果与实际不符、极端天气频发、邻近建筑物影响等)可能要求重新评估施工方案，包括基础处理、施工方法、防护措施等，以适应新的工程环境。

(4)应用新的技术和知识。随着科技进步，新的施工方法、材料或设备不断涌现，这些新技术往往能提高效率、降低成本或提升工程质量。当发现采用新技术能显著优化原设计方案或实施方案时，业主和承包商可能会考虑进行变更，以利用新技术带来的优势。

(5)业主指令或业主的原因造成承包商施工方案的变更。业主可能因自身决策变化、资金调整或管理要求等原因，直接要求承包商调整施工方案。这种变更可能涉及施工进度、资源配置、工作流程等多个方面，承包商需积极响应并调整计划，以符合业主要求。

(6)政府部门对工程的新要求。政府政策、法规及标准的调整或新出台，可能会对项目提出新的要求。例如，国家计划的变化可能影响项目优先级或资金来源；环境保护要求的提高可能要求增加污染治理措施；城市规划的变动可能改变项目用地性质或限制建设条件等。这些新要求通常需通过合同变更来适应。

(7)合同实施出现问题。在合同履行过程中，可能会遇到各种问题，如施工进度滞后、成本超支、质量不达标等。为了解决这些问题并确保项目顺利推进，双方可能需要调整合同目标(如调整工期、质量标准等)或修改合同条款(如增加激励措施、调整付款条件等)，以重新建立合同执行的平衡点。

(8)合同双方当事人由于倒闭或其他原因不得不转让合同。在某些情况下，合同一方可能因经营不善、资金链断裂、法律纠纷等原因面临倒闭风险或无法继续履行合同义务。此时，为了保护项目利益和避免损失扩大，该方可能会寻求将合同权利义务转让给第三方。这种转让通常涉及复杂的法律程序和合同条款的重新谈判，可能会导致合同当事人的变化及合同内容的相应调整。

5.4.1.3　建设工程承发包合同的变更权

在建设工程承发包合同的执行过程中，发包人和监理人均有权提出变更。变更指示的发出需遵循一定的程序，以确保合同双方的权益得到保障。

(1)发包人提出变更

当发包人认为需要进行工程变更时，应通过监理人向承包人发出明确的变更指示。该指示应详细阐述计划变更的工程范围、内容及其理由。

(2)监理人提出变更建议

若监理人基于专业判断提出变更建议，需以书面形式向发包人提交变更计划。计划中应包含变更的工程范围、内容、理由，以及实施该变更对合同价格和工期可能产生的影响。发包人同意变更后，由监理人向承包人发出变更指示。若发包人不同意变更，监理人则无权擅自发出变更指示。

(3)承包人的合理化建议

承包人若有合理化的变更建议，需向监理人提交详细的合理化建议说明，阐述建议的内容、理由及其对合同价格和工期的影响。监理人应在收到建议后的 7 天内完成审查并报送发包人。若审查中发现技术缺陷，应及时通知承包人进行修改。发包人应在收到监理人报送的建议后 7 天内完成审批。若合理化建议获得发包人批准，监理人应立即发出变更指示，并按照变更估价合同条款调整合同价格。若发包人不同意变更，监理人应以书面形式通知承包人。若合理化建议能降低合同价格或提高工程经济效益，发包人可依据专用条款的约定对承包人给予奖励。

(4)变更执行

承包人收到监理人发出的变更指示后，如认为无法执行，应立即向监理人提出无法执行的理由。若承包人认为可以执行变更，应书面说明实施该变更对合同价格和工期的影响，并按照变更估价合同条款的约定确定变更估价。

若变更涉及设计修改，设计人应提供变更后的图样和详细说明。若变更超过原设计标准或批准的建设规模，发包人应及时办理相关的规划、设计变更等审批手续，以确保变更的合法性和合规性。

5.4.1.4 建设工程承发包合同变更的程序

合同变更的程序一般由合同规定，通常包括以下几个步骤：

(1)变更申请。当甲方(业主)或乙方(承包商)认为有必要对原合同内容进行变更时，应首先向对方提出书面变更申请。申请内容应包含变更的原因和目的、具体变更内容以及变更对工程造价、工期等方面的影响及调整方案。

(2)变更审批。收到变更申请后，对方应在规定的时间内组织相关人员对变更申请进行审查。审查内容包括变更的必要性和合理性，是否符合法律法规和相关政策要求，是否有利于工程质量、安全和环保等方面。审查通过后，双方应在变更申请上签字确认，并将变更申请报送至相关部门备案。

(3)变更协议。在变更申请的基础上，双方应签订一份变更协议。协议内容应包括变更的背景和原因、具体变更内容、对工程造价和工期的影响及调整方案、双方的权利和义务，以及争议解决方式等。

(4)变更实施。变更协议签订后，乙方应根据变更协议的要求组织施工人员进行施工。在施工过程中，乙方应确保工程质量、安全和环保符合相关要求。

(5)变更结算。工程竣工后，双方应根据变更协议的约定对工程造价进行调整。具体调整方式包括根据实际完成的工程量和单价计算工程造价、根据变更协议约定的调整方案对工程造价进行调整等。双方对调整后的工程造价进行确认并签订结算协议。

建设工程承发包合同的变更是一个复杂而重要的过程，需要合同双方充分协商、明确变更范围、按照法定程序进行变更操作并签订相关协议。这样才能保证工程的顺利进行和合同双方的权益得到保障。

【案例】 某市为了提升公共文化服务水平，决定对现有的图书馆进行扩建，旨在增加阅读空间、多功能厅及数字化设施，以更好地满足市民的文化需求。该项目经过公开招标程序，最终选定了一家具备丰富建设经验的建筑公司作为承包商，双方签署了详尽的承发包合同，明确了工程的具体范围、施工期限、预算造价以及各自的责任与义务。

在项目施工进行到中期时，市政府基于社会需求的考量，决定增加一座特色儿童阅读区，为此，业主方(甲方)迅速响应，向承包商(乙方)提出了变更申请。乙方接到申请后，高效组织专业团队对变更内容进行了可行性评估，并与甲方展开了多轮深入沟通，确保了双方对变更需求、范围及潜在影响的全面理解。在变更申请的处理上，甲方严格遵循合同流程，将申请提交至内部审批部门，并引入第三方咨询机构，对变更的合理性、必要性和合规性进行了全面审查。乙方积极参与审查过程，提供了充分的数据与资料支持，最终促使变更申请顺利获得批准，并依法向相关部门进行了备案。为明确变更后的双方权益与责任，甲乙双方依据变更内容签订了详细的变更协议。该协议详尽阐述了变更的具体内容、对工程造价及工期的具体影响、调整方案，以及双方的权利、义务和争议解决机制，为后续的变更实施与工程结算奠定了坚实的法律基础。进入变更实施阶段，乙方严格按照变更协议要求组织施工，强化了现场管理与质量控制，同时积极引入新技术、新材料，以提升施工效率与工程质量。在整个施工过程中，乙方与甲方保持了紧密的沟通，定期汇报施工进度与质量状况，确保工程的顺利进行。然而，此次变更过程也暴露出一些问题。首先，变更通知的时效性略显不足，因甲方在决策过程中的耗时较长，导致变更通知发出时间滞后，对乙方的施工计划与资源配置造成了一定影响，增加了项目成本与风险。其次，双方在变更初期的成本估算上存在偏差，对新增儿童阅读区的具体要求与标准理解得不够深入，导致实际成本超出了初步估算范围，增加了变更管理的复杂性。受上述因素影响，项目整体工期出现了延误。尽管双方采取了补救措施，但仍未能完全按原合同约定的时间完成工程。

该图书馆扩建项目的承发包合同变更过程虽总体顺利，但也提醒我们在未来项目管理中需更加注重前期规划的科学性、沟通的及时性、估算的准确性以及管理的严格性。同时，加强对合同变更程序的学习与培训，提升项目团队的专业素养与应变能力，也是确保项目成功实施的关键所在。

5.4.2　建设工程承发包合同变更管理

5.4.2.1　建设工程承发包合同变更管理范围

在工程项目合同履行的过程中，变更管理是一个至关重要的环节，它涉及合同双方对工作内容、标准、设计以及进度等方面的调整。以下是关于变更管理范围的详细界定：

(1)工作内容的增减。在合同履行过程中，可能会因为各种原因需要增加或减少合同内原有的工作内容。这可能是设计变更、业主需求变化、施工条件变化等原因引起的。同时，合同外额外工作的追加也是常见的变更情况，这通常是因为在项目实施过程中出现了预料之外的任务或需求。

(2)工作内容的取消。在某些情况下，合同中约定的某些工作内容可能需要被取消。然而需要注意的是，被取消的工作内容不能简单地转由发包人或第三方实施，因为这可能涉及合同双方权益的重新分配和协商。因此，在取消工作内容时，需要明确双方的责任和权益，并确保变更过程符合合同约定和相关法律法规的要求。

(3)工作标准的变更。工程项目中的质量标准和其他特性是确保工程质量和安全的重要保障。在合同履行过程中，如果需要对这些标准进行变更，必须经过合同双方的协商一致，并符合相关法律法规和技术标准的要求。这包括但不限于材料标准、施工工艺、验收标准等方面的变更。

(4)工程设计的调整。工程设计的调整是变更管理中常见的情况之一。由于设计过程中可能存在疏忽或遗漏，或者因为现场实际情况与设计不符，需要对工程的基线、标高、位置和尺寸等设计参数进行调整。这种调整必须经过设计单位和业主的认可，并符合相关法律法规和技术标准的要求。

(5)工程进度的调整。工程项目的进度安排是确保项目按时完成的关键因素。然而，在项目实施过程中，各种原因(如设计变更、材料供应延迟、施工条件变化等)可能导致工程进度出现偏差。在这种情况下，需要对工程进度进行调整，以适应新的施工要求或应对不可预见的情况。这种调整需要经过合同双方的协商一致，并符合合同约定的变更程序和相关法律法规的要求。

变更管理是工程项目合同履行过程中的重要环节，它涉及合同双方对工作内容、标准、设计以及进度等方面的调整。为了确保项目的顺利进行和双方权益的保障，需要严格按照合同约定的变更程序进行变更管理，并确保变更过程符合相关法律法规和技术标准的要求。

5.4.2.2 建设工程承发包合同变更管理引起的工期调整

因合同变更导致项目工期发生变动时，合同双方均有权提出对合同工期的调整。这一调整过程需严格遵循双方事先商定或确定的合同条款，同时深入参考工程所在地相关的工期定额标准及行业惯例。双方将建立正式沟通渠道，全面评估变更原因、影响范围及程度，并共同协商确定合理的工期调整方案，确保该方案既符合实际情况又具备可行性。在编制详细的工期调整计划时，将明确新的工期目标、施工顺序、关键节点及资源保障措施，并充分考虑潜在风险及应对措施。此方案经过内部审批与双方协商确认后，以书面形式正式确定。实施过程中，双方将加强沟通协作，严格执行调整计划，并持续监控施工进度，确保工程能够按照变更后的要求顺利进行。同时，为应对可能的新变更或不可预见因素，双方将保持灵活性，随时准备启动新的工期调整程序。通过这一系列细致而周到的操作，旨在合理、公正地确定工期的增减天数，从而保障工程的顺利推进和合同双方的权益得到充分保护。

【案例】 某大型基础设施建设项目中，甲公司作为发包方与乙公司签订了建设工程施工承发包合同。该合同原定于2022年年初开始，合同总价款为人民币1亿元，工期为24个月。然而，随着项目的推进，市场环境变化、政策调整以及设计优化等因素使得原合同内容需要进行调整。原材料价格的大幅上涨增加了乙公司的施工成本，政府对环保要求的提高导致部分施工工艺需要调整，而业主方对设计的优化又使得工程量增加。面对这些变化，合同双方不得不进行合同变更管理。

面对合同变更的需求，甲公司与乙公司采取了沟通、协商并签订变更协议的方式来管理变更。首先，双方及时召开会议，就变更的内容、范围、影响等进行充分讨论，确保双方对变更事项有清晰的认识。达成一致意见后，双方签订了书面变更协议，明确了变更后的工程范围、价款、工期等关键条款，使变更事项具有法律效力。乙公司根据变更协议调整施工计划，优化资源配置，确保项目能够按照新的要求顺利进行。在变更实施过程中，双方还将进行监控和评估，确保变更事项得到有效执行，并及时处理可能出现的问题。最终，通过变更管理，项目得以按时竣工并交付使用，避免了因变更产生的纠纷和损失。

本案例展示了建设工程承发包合同变更管理的重要性和实施过程，强调了合同双方应建立健全的变更管理机制，加强沟通协商，确保项目的顺利实施。

5.4.3 工程计量

工程计量特指专业工程及其项目在具体实施过程中，对工程实体的数量进行正确的计算，并以一定的计量单位表述。这是确定工程造价的基础。工程计量的目的在于提供准确的数据，用于项目定价、结算及费用核算，确保项目经济的合理性和管理的科学性。工程计量是建设工程项目中不可或缺的一部分，它对于确保项目的顺利进行、提高项目质量、控制成本和保障安全等方面具有重要意义。工程计量广泛应用于建筑、土木、电气、给排水、通信等多个工程领域。通过对土木工程、电气工程、给排水工程、通信工程等工程项目的测量、计算和评估，工程计量在实现质量控制、进度管理、成本控制和安全保障等方面发挥着重要作用。

(1)重要性与意义

工程计量是建设工程项目顺利进行和质量控制的重要手段之一。它的重要性主要体现在以下几个方面：①质量控制。通过对工程项目的测量和评估，及时发现和解决工程质量问题，确保工程项目的质量达到要求。②进度管理。通过对工程项目的进度进行测量和评估，及时发现和解决工期延误问题，确保工程项目按时完成。③成本控制。通过对工程项目的成本进行测算和评估，及时发现和解决成本超支问题，确保工程项目的经济效益。④安全保障。通过对工程项目的安全性进行测量和评估，及时发现和解决安全隐患，确保工程项目的施工安全。

(2)计量原则、计量周期与付款周期

计量原则：工程量的计量应遵循合同约定的计算规则、图样，以及变更指示所确定的范围、内容和单位。对于不符合合同文件要求的工程，将不予计量。计量规则以相关的国家标准、行业标准等为基准，并在合同专用条款中明确。

计量周期：除合同另有约定外，工程量的计量将按月进行，确保计量的准确性和及时性。

付款周期：付款周期原则上与计量周期保持一致，以确保资金的流转与工程进度相匹配，除非合同中有特别规定。

(3)单价合同的计量

除合同另有约定外，单价合同的计量遵循以下规则：

①承包人须于每月 25 日前向监理人提交上月 20 日至当月 19 日完成的工程量报告，并附上相应的进度付款申请单、工程量报表及必要资料。

②监理人应在收到承包人提交的报告后 7 天内完成审核，并将审核结果报送发包人，以确定当月实际完成的工程量。若监理人对工程量有异议，可要求承包人共同复核或进行抽样复测。承包人应配合监理人的复核或复测工作，并提供必要的补充资料。如承包人未按要求参与复核或复测，监理人的复核或修正结果将作为承包人实际完成的工程量。

③若监理人未在 7 天内完成审核，则承包人提交的工程量报告中的工程量将视为承包人实际完成的工程量，并据此计算工程价款。

(4)总价合同的计量

对于总价合同，若采用按月计量支付的方式，除合同另有约定外，应遵循以下规则：

①承包人须于每月 25 日前向监理人提交上月 20 日至当月 19 日完成的工程量报告，并附上必要的进度付款申请单、工程量报表及资料。

②监理人应在收到承包人提交的报告后 7 天内完成审核，并将审核结果报送发包人，以确定当月实际完成的工程量。如监理人对工程量有异议，可要求承包人进行复核或复测。承包人应配合并提供必要的补充资料。如承包人未按要求参与复核或复测，监理人的审核或修正结果将作为承包人实际完成的工程量。

③若监理人未在 7 天内完成复核，则承包人提交的工程量报告中的工程量将视为实际完成的工程量。

④对于采用支付分解表进行计量支付的总价合同,应按照合同相关条款进行计量。合同价款将按照支付分解表进行支付。

5.4.4 工程款支付管理

工程款支付是指在进行工程项目时,按照约定的进度或阶段性完成情况,由业主或发包方向承包方支付相应的款项。这些款项通常用于支付工程项目的材料采购、人工费用和其他相关费用,确保工程项目的顺利进行。工程款支付需要遵循《建筑法》第十八条和《民法典》第八百零七条等相关法律规定。根据这些规定,支付工程款需要按照合同约定和工程的进度进行,确保资金的及时、准确支付。

在工程项目中,支付类型通常包括预付款、进度款、完工款以及保证金或质保金。预付款是业主或发包方在工程项目开始之前提供给承包方的一部分款项,旨在帮助承包方进行前期准备工作。随着项目的进行,根据工程进度计划或里程碑的完成情况,业主或发包方会按照约定的比例或金额支付进度款给承包商。当工程项目达到约定的完工标准或验收标准时,业主或发包方将支付剩余的款项,即完工款。此外,为了确保工程质量和服务的保障,业主或发包方可能会要求承包方在工程项目完工后缴纳一定金额的保证金或质保金。

发包人应确保合同价款按照合同协议书的约定,准确无误地支付至承包人指定的账户。

(1)进度付款申请单编制

除非合同另有规定,进度付款申请单应详细列明以下内容:

①本次付款周期内已完成工作所对应的金额。在编制进度付款申请单时,首先需要考虑的是本次付款周期内实际完成工作的金额,即根据合同规定,按照施工进度和已完成工程量计算出的应付款项。通过精确计量和合理计算,确保已完成工作的价值得到准确体现。

②变更导致的应增加或扣减的金额。在项目实施过程中,由于各种原因可能需要进行变更,如设计修改、施工条件变化等。这些变更可能导致工程量的增减,进而影响到合同价款。因此,在编制进度付款申请单时,需要详细列明因变更而产生的应增加或扣减的金额,确保合同价款的调整与实际情况相符。

③预付款项应支付及应扣减的返还预付款。根据合同约定,发包人可能需要向承包人支付预付款项,以支持项目的初期实施。随着工程的进行,这些预付款项需要按照合同规定进行扣减和返还。在编制进度付款申请单时,需要考虑到预付款项的支付和扣减情况,确保预付款项的管理符合合同要求。

④按约定应扣减的质量保证金。为了确保工程质量,合同中通常会约定一定比例的质量保证金。这些保证金将在工程竣工验收合格后返还给承包人。在编制进度付款申请单时,需要按照合同约定扣减相应的质量保证金,以确保工程质量得到保障。

⑤索赔产生的应增加或扣减的金额。在项目实施过程中,可能会因为各种原因产生索赔事件,如发包人违约、不可抗力等。这些索赔事件可能导致合同价款的增减。在编制进度付款申请单时,需要详细列明因索赔而产生的应增加或扣减的金额,确保索赔事件的处理符合合同规定。

⑥对已签发进度款支付证书中的错误进行修正。在之前的进度款支付过程中,可能会存在计算错误或遗漏等问题。在编制新的进度付款申请单时,需要对已签发的进度款支付证书

进行复核和修正。对于发现的错误或遗漏部分，需要计算出相应的修正金额，并在新的申请单中体现。

⑦其他根据合同应增加或扣减的金额。除了上述列举的各项金额外，还可能存在其他根据合同规定应增加或扣减的金额。这些金额可能涉及合同变更、奖励金、违约金等方面。在编制进度付款申请单时，需要全面考虑合同中的各项规定，确保各项金额的计算和扣减都符合合同要求。

(2)进度付款申请单提交

①单价合同。根据单价合同的计量约定，承包人应按月向监理人提交进度付款申请单，并附上相关工程量报表和资料。单价合同中的总价项目应按月进行支付分解，并列入当期进度付款申请单。

②总价合同。若总价合同采用按月计量支付，承包人应按月提交进度付款申请单，并附上已完成工程量报表和相关资料。若总价合同采用支付分解表支付，承包人应按照支付分解表及编制金额向监理人提交进度付款申请单。

③其他价格形式合同。合同当事人可在专用条款中明确其他价格形式合同的进度付款申请单编制和提交的具体流程。

(3)进度款审核与支付

监理人应在收到承包人提交的进度付款申请单及资料后 7 天内完成审查，并报送发包人。发包人应在收到后 7 天内完成审批并签发进度款支付证书。若发包人逾期未审批且未提出异议，则视为已签发进度款支付证书。

发包人和监理人对进度付款申请单有异议的，有权要求承包人修正并提供补充资料。监理人应在收到修正后的申请单及资料后 7 天内完成审查并报送发包人。发包人应在收到后 7 天内，向承包人签发无异议部分的临时进度款支付证书。争议部分按照合同约定的争议解决方式处理。发包人应在签发进度款支付证书或临时进度款支付证书后 14 日内完成支付。若发包人逾期支付，应按照中国人民银行发布的同期同类贷款基准利率支付违约金。进度款支付证书或临时进度款支付证书的签发，并不表示发包人已对承包人完成的工作表示同意、批准或接受。

(4)进度付款修正

在进度款支付证书的阶段汇总和复核中，若发现错误、遗漏或重复，发包人和承包人均有权提出修正申请。经双方同意的修正款，应在下一期进度付款中予以支付或扣除。

5.4.5　不可抗力

(1)不可抗力的定义与应对措施

不可抗力是指在合同订立时，双方无法预见、在合同履行过程中不可避免且无法克服的自然灾害或社会性突发事件，包括但不限于地震、海啸、瘟疫、骚乱、戒严、暴动、战争等，以及合同中明确约定的其他情形。

不可抗力事件发生后，发包方和承包方应立即收集并整理相关证据，以证明不可抗力事件的发生及其导致的损失。若双方对是否构成不可抗力或其导致的损失存在分歧，应依据合同约定的监理人处理机制进行解决。在争议处理期间，双方应继续履行合同中未受不可抗力影响的部分。同时,双方均有责任采取合理措施,防止损失进一步扩大。若因一方未能及时采取有效措施而导致损失扩大,该方应对扩大的损失承担责任。若因一方迟延履行合同义务,在迟延期间遭遇不可抗力,其违约责任不因不可抗力而免除。

(2)不可抗力的通知与报告

当一方遭遇不可抗力事件,导致其无法按约履行合同义务时,应立即以书面形式通知另一方及监理人,详细说明不可抗力事件及其影响,并提供相关证明材料。若不可抗力事件持续发生,该方应定期向另一方及监理人提交中间报告,说明不可抗力事件的最新情况及对合同履行的影响。在不可抗力事件结束后28天内,应提交最终报告及相关资料。

(3)因不可抗力解除合同

若因不可抗力事件导致合同无法继续履行,且该状态持续超过84天或累计超过140天,发包方和承包方均有权选择解除合同。合同解除后,双方应就合同解除前已完成工作的价款,已交付的材料、设备和其他物品的价款,退货或解除订货合同产生的费用及损失,撤离施工现场及遣散人员的费用等进行协商,并确定发包方应支付的款项。同时,应扣除承包方按合同约定应向发包方支付的款项。在双方商定或确定上述款项后,发包方应在28天内完成支付。

【案例】 某城市为应对日益增长的交通压力,决定启动一项重大基础设施建设项目——跨江大桥建设。该项目总投资规模高达15亿元人民币,旨在通过构建一座横跨江面的桥梁,来有效缓解城市交通压力。该项目采用单价合同模式进行,旨在通过明确的价格约定和灵活的工程量调整机制,来确保项目的经济性和灵活性。预计整个建设周期为四年,期间将涉及土木工程、电气工程、给排水工程及通信工程等多个专业领域的协同作业。其中,工程计量和工程款支付管理成为确保该项目成功实施的关键环节。

在工程计量实施方面,该项目严格遵循国家相关标准及合同专用条款,确立了每月一次的计量周期。承包方需在每月25日前,向监理方提交详尽的工程量报告,覆盖从桥梁主体结构施工到电气设备安装、给排水管道铺设等各个环节的详细数据。监理方则在收到报告后7日内完成审核,并报送发包方审批。这一流程确保了工程量计量的准确性和及时性,为后续的工程款支付提供了可靠依据。同时,针对计量过程中出现的异议,如某次桥梁桩基浇筑量的复核,通过双方协商或监理复核的方式妥善解决,进一步保障了支付的公正性和准确性。在单价合同模式下,通过具体实例,如第三年第二季度的工程量报告审核与支付,展现了合同价款调整的合理性和灵活性。

工程款支付管理方面,项目初期即明确了预付款与进度款的支付机制。发包方根据项目需求向承包方支付预付款,以支持其前期准备工作。随着工程进展,每月根据承包方提交的进度付款申请单及监理方审核结果,发包方按时支付进度款,确保了项目资金的及时到位和有效使用。同时,合同中设立的质量保证金条款为工程质量提供了有力保障。面对不可抗力因素,如洪水导致的施工延误,承包方依据合同条款提出索赔申请,经双方协商和监理评估后获得合理补偿,体现了合同的公平性和双方权益的平衡。

在项目进行到第三年时,突如其来的洪水灾害给施工带来了严峻挑战。承包方迅速响应,以书面形式通知发包方和监理方,并提交了详尽的不可抗力事件报告及损失证明材料。

面对灾害带来的损失和责任划分问题，双方依据合同条款进行积极协商，在监理方的协助下达成共识，签署了补充协议。在这一过程中，监理方发挥了重要的调解作用，确保了争议得到及时、公正的解决，为项目的顺利推进提供了有力支持。

该跨江大桥建设项目通过实施严格的工程计量和工程款支付管理，不仅确保了项目的顺利进行和工程质量的稳步提升，还在遭遇不可抗力事件时展现了良好的应对能力和协调能力。这些成功经验为类似工程项目的实施提供了宝贵借鉴，进一步强调了工程计量和支付管理在工程项目中的重要性。它们不仅是项目经济合理性和管理科学性的重要保障，也是确保项目各方权益平衡、促进项目成功实施的关键因素。

5.4.6 安全文明施工

(1)安全生产要求

在合同履行期间，合同双方应严格遵守国家和工程所在地关于安全生产的法律法规。若合同中有特殊安全生产要求，应在专用条款中明确安全生产标准化达标目标及相应措施。承包人有权拒绝任何违反安全生产规定的指示，包括发包人及监理人的强令违章作业或冒险施工指示。如遇突发的地质变动、未知的地下施工障碍等紧急情况，承包人应立即报告监理人和发包人。发包人应迅速下令停工，并通知政府相关行政管理部门采取应急措施。因安全生产需要暂停施工的，双方应依照合同约定执行。

(2)安全生产保证措施

承包人应依据相关规定制定安全技术措施或专项施工方案，建立安全生产责任制度、治安保卫制度及安全生产教育培训制度，并严格履行安全职责。同时，应如实记录工程安全生产的各项情况，接受发包人、监理人及政府安全监督部门的检查与监督。

(3)治安保卫

发包人应与当地公安部门合作，设立治安管理机构或联防组织，负责施工场地的治安保卫工作。双方应协助治安管理机构或联防组织维护施工场地的社会治安，并做好各自辖区的治安保卫工作。开工后 7 天内，双方应共同编制施工场地治安管理计划，并制定应对突发治安事件的紧急预案。如遇暴乱、爆炸等恐怖事件或群殴、械斗等群体性突发治安事件，应立即向当地政府报告，并协助有关部门平息事态。

(4)文明施工

承包人在施工期间应采取措施确保施工现场平整、物料堆放有序。有特殊要求的，应按照当地政府行政管理部门的规定执行。双方可在专用条款中明确其他文明施工要求。工程移交前，承包人应清除施工现场的全部工程设备、多余材料、垃圾和临时工程，保持现场清洁整齐。经发包人书面同意，承包人可在指定地点保留保修期内所需的材料、施工设备和临时工程。

(5)紧急情况与事故处理

工程实施期间或缺陷责任期内，如遇危及工程安全的事件，监理人应通知承包人进行抢救。若承包人无法或不愿立即执行，发包人有权雇用其他人员进行抢救，相关费用及延误的工期由承包人承担。事故发生后，承包人应立即通知监理人和发包人，双方应迅速组织抢救和抢修工作，减少损失，并保护事故现场。如需移动现场物品，应做好标记和记录，妥善保管相关证据。双方应按照国家规定及时向有关部门报告事故情况。

(6)安全生产责任

在工程项目中,除了支付类型外,安全生产责任也是一项至关重要的内容。安全生产责任明确了发包人和承包人在工程实施过程中各自需要承担的安全责任,以确保工程的安全顺利进行。

发包人的安全责任主要包括以下几个方面:

①赔偿因工程或工程任何部分对土地占用造成的第三者财产损失。这意味着如果工程或工程的一部分占用了土地,并对第三者造成了财产损失,发包人需要承担相应的赔偿责任。

②赔偿因发包人原因在施工场地及其毗邻地带造成的第三者人身伤亡和财产损失。如果因为发包人的原因,如管理不善、安全措施不到位等,导致施工场地及其毗邻地带发生安全事故,造成第三者人身伤亡和财产损失,发包人需要承担相应的赔偿责任。

③赔偿因发包人原因对承包人、监理人造成的人员人身伤亡和财产损失。如果因发包人的行为或决策导致承包人或监理人的人员受到人身伤亡或财产损失,发包人也需要承担相应的赔偿责任。

④赔偿因发包人原因造成的自身人员人身伤害及财产损失。这包括发包人的人员在施工过程中因发包人原因受到的人身伤害和财产损失。

承包人的安全责任主要包括:赔偿因承包人原因在施工场地内及其毗邻地带造成的发包人、监理人及第三者人员伤亡和财产损失。这意味着如果因为承包人的原因,如施工操作不当、安全措施不到位等,导致施工场地内及其毗邻地带发生安全事故,造成发包人、监理人或第三者人员伤亡和财产损失,承包人需要承担相应的赔偿责任。

明确这些安全生产责任,有助于加强发包人和承包人的安全意识,促使他们更加重视工程的安全管理,确保工程的安全顺利进行。同时,也有助于在发生安全事故时,明确责任归属,保障各方的合法权益。

5.4.7 职业健康与环境保护

5.4.7.1 职业健康

(1)劳动保护

承包人应严格遵守相关法律法规,合理安排现场施工人员的劳动和休息时间,确保劳动者享有充分的休息时间,并支付合理的报酬和费用。同时,承包人应为所雇用的人员办理必要的证件、许可、保险和注册等手续,并督促分包人为分包人员办理相应手续。

承包人应重视施工人员的劳动安全,采取符合国家标准的劳动保护措施,包括但不限于防尘、降噪、有害气体控制以及高温、高寒、高空作业的安全保障措施。一旦发生工伤事故,承包人应立即采取有效救治措施。承包人应依法保障员工的休息休假权利,确需因工程需要占用休假日或延长工作时间的,应严格控制在法律规定范围内,并依法给予补休或支付加班费。

(2)生活条件

承包人应为所雇用的人员提供必要的膳宿条件和生活环境,确保施工人员的基本生活需求得到满足。同时,承包人应采取有效措施预防传染病,定期对施工现场、施工人员的生活基地和工程进行防疫和卫生检查与处理。在偏远施工场地,还应配备必要的医疗设施和急救人员,确保施工人员的健康和安全。

5.4.7.2　环境保护

在建筑工程的承包过程中，环境保护的重要性不容忽视。承包人在组织施工时，需要制定并落实一系列环境保护措施，以确保施工活动对环境的影响最小化。

(1)施工组织设计中的环境保护措施

①大气污染防治

a. 使用低排放或零排放的施工机械和车辆。

b. 限制高排放设备的使用时间和区域。

c. 在施工现场设置扬尘防护设施，如挡风墙、洒水设备等。

d. 对运输车辆进行密封，防止物料洒落。

②水污染防治

a. 建立废水处理系统，确保施工废水达标排放。

b. 对可能产生有害物质的区域进行防渗处理。

c. 限制施工活动对周围水体的影响，避免污水直接排入水体。

d. 定期对施工区域的水质进行监测。

③噪声污染防治

a. 选择低噪声的施工机械和设备。

b. 合理安排施工时间，避免在夜间或敏感时段进行高噪声作业。

c. 在施工现场设置隔声屏障。

d. 对施工人员进行噪声防护培训，提供必要的防护用品。

④固体废物管理

a. 对施工产生的固体废物进行分类收集和储存。

b. 优先选择资源化利用或回收处理固体废物。

c. 对无法资源化利用或回收的废物，按照相关规定进行无害化处理。

d. 定期清理施工现场，保持环境整洁。

(2)环境保护措施的落实与监督

①制订并落实环境保护计划。承包人应在施工前制订详细的环境保护计划，并在施工过程中严格执行。

②设立环保专职人员。承包人应指定专门的环保管理人员负责施工现场的环境保护工作。

③加强培训与教育。对施工人员进行环保培训，增强环保意识，确保他们了解并遵守环保规定。

④定期检查与评估。承包人应定期对施工现场的环境保护措施进行检查和评估，确保各项措施得到有效执行。

⑤接受监督与检查。承包人应接受当地环保部门的监督与检查，对发现的问题及时整改。

(3)环境污染侵权损害赔偿责任

①明确责任主体。若因承包人原因引发环境污染侵权损害，承包人应承担相应的赔偿责任。

②赔偿范围。赔偿范围应包括直接经济损失、生态修复费用、应急处理费用等。

③赔偿方式。承包人可以选择与受损方协商达成赔偿协议，或者通过法律途径解决赔偿

问题。

(4)因环境污染纠纷导致的额外费用和工期延误

①额外费用承担。因环境污染纠纷导致施工暂停所产生的额外费用,如停工损失、人员工资、设备租赁费等,应由承包人承担。

②工期延误处理。因环境污染纠纷导致的工期延误,承包人应与发包人协商确定合理的工期顺延时间,并尽快恢复施工。若因承包人原因导致工期延误,承包人应承担相应的违约责任。

承包人在施工过程中应高度重视环境保护工作,制定并落实有效的环境保护措施,确保施工活动对环境的影响最小化。同时,承包人也应明确环境污染侵权损害赔偿责任和因环境污染纠纷导致的额外费用和工期延误的处理方式,以应对可能出现的风险和挑战。

5.4.8 竣工阶段的合同管理

竣工阶段的合同管理是工程项目管理的重要组成部分,它涉及工程试车、竣工验收的条件、工程保修等多个方面。

5.4.8.1 工程试车

工程试车是工程项目竣工阶段的一个重要环节,主要用于测试工程设备、电路、管线等系统的运行状况,以确保它们能正常运行并满足设计及规范要求。工程试车是确保工程在交付使用前各项系统能够正常运行,避免后期出现质量问题或安全隐患。工程试车包括竣工前的试车和竣工后的试车。竣工前的试车主要有单机无负荷试车和联动无负荷试车两类,而投料试车属于竣工验收后的带负荷试车,不属于承包的工作范围。

(1)工程试车程序

当工程需要进行试车时,除非另有约定,试车内容应与承包范围相符,试车费用由承包人承担。试车应依照以下程序进行:

①单机无负荷试车

承包人负责组织试车,并在试车前48小时以书面形式通知监理人,明确试车内容、时间、地点。承包人应准备试车记录,发包人应根据承包人要求提供试车所需的必要条件。试车合格后,监理人应在试车记录上签字确认;若监理人未签字,试车结束满24小时后视为监理人已认可,承包人可继续施工或办理竣工验收手续。若监理人不能按时参加,应提前24小时书面通知承包人延期,但延期不得超过48小时。延期导致的工期延误应予以顺延。若监理人未在规定期限内提出延期要求且不参加试车,则视为认可试车记录。

②无负荷联动试车

发包人负责组织试车,并在试车前48小时书面通知承包人,明确试车内容、时间、地点及对承包人的要求。承包人应按要求做好准备工作。试车合格后,合同双方应在试车记录上签字确认。若承包人无正当理由不参加试车,则视为认可试车记录。

(2)试车中的责任

①设计原因。若因设计原因导致试车不合格,发包人应要求设计人修改设计,承包人则按修改后的设计重新安装。相关费用由发包人承担,工期相应顺延。

②承包人原因。若因承包人原因导致试车不合格,承包人应按监理人要求重新安装和试车,并承担相关费用,工期不予顺延。

③工程设备制造原因。若因工程设备制造原因导致试车不合格，负责采购该设备的合同当事人应负责重新购置或修理。承包人负责拆除和重新安装，由此产生的额外费用及延误的工期由采购方承担。

(3)投料试车

如工程需要投料试车，发包人应在工程竣工验收后组织。若发包人要求在工程竣工验收前进行或需要承包人配合，应事先征得承包人同意，并在专用条款中明确相关事项。

投料试车合格的，费用由发包人承担。若因承包人原因导致投料试车不合格，承包人应负责整改，并承担相关费用。若非因承包人原因导致投料试车不合格，且发包人要求承包人进行整改的，相关费用由发包人承担。

5.4.8.2　工程验收

工程验收是指根据相关行业标准和合同要求，在工程竣工之后，对施工单位的工程质量进行检查和评定的过程。其主要目的是确保工程项目达到设计要求和工程质量标准，保障工程的安全性和可靠性，以及满足用户的需求和期望。工程验收是确保工程项目质量和安全的重要环节，它发生在工程竣工之后，旨在对工程建设质量和成果进行评定。

(1)分部分项工程验收

分部分项工程质量应符合国家相关施工验收规范、标准及合同约定。承包人需按施工组织设计要求完成施工。

分部分项工程自检合格后，承包人应提前 48 小时书面通知监理人进行验收。若监理人无法按时验收，需提前 24 小时书面告知承包人延期，但延期不得超过 48 小时。若监理人既未按时验收又未提出延期要求，承包人有权自行验收，监理人应认可该验收结果。未经验收的分部分项工程，不得进入下一道工序。

分部分项工程验收资料主要包括：

①施工单位提供的资料

施工单位工程竣工报告：详细描述分项工程的完成情况、质量自评情况、存在的问题和整改情况等。

分项工程质量检验报告：包含各项检验批的验收记录，确保分项工程所含的检验批均符合合格质量的规定。

分项工程施工技术资料：包括施工图纸、技术交底记录、施工日志、材料使用记录等。

②监理单位提供的资料

监理单位工程竣工质量评价报告：对施工单位提交的分项工程质量进行客观评价，并提出相应的意见和建议。

分项工程监理日志：记录分项工程施工过程中的监理情况，包括施工质量、进度、安全等方面的监督和管理。

③勘察、设计单位提供的资料

勘察单位勘察文件及实施情况检查报告：对勘察过程中发现的问题和解决方案进行说明，并确认勘察文件的准确性和完整性。

设计单位设计文件及实施情况检查报告：对设计文件的实施情况进行检查，确保设计与实际施工相符，并对设计质量进行评价。

④其他相关资料

建设工程质量竣工验收意见书或单位工程质量竣工验收记录：对分项工程的质量进行综合评价，确认其是否达到设计和规范要求。

竣工验收存在问题整改通知书及整改验收意见书：对在竣工验收过程中发现的问题进行记录，并要求施工单位进行整改，整改完成后提交整改验收意见书。

竣工图：反映分项工程竣工后的实际情况，包括建筑物的平面、立面、剖面等图纸。

工程质量保修合同：明确施工单位在保修期内的保修责任和相关事项。

⑤分部分项工程验收资料注意事项

a. 完整性：所有资料必须完整，不得有遗漏或缺失。

b. 真实性：所有资料必须真实、准确，不得有虚假或伪造情况。

c. 规范性：资料的填写和整理必须符合相关标准和规范要求。

d. 及时性：所有资料必须在规定的时间内提交完毕，不得拖延或逾期。

分部分项工程的验收资料应作为竣工资料的一部分。

(2)竣工验收

工程需满足以下条件，承包人方可申请竣工验收：合同范围内所有工程及相关工作均已完成并符合合同要求；已编制甩项工作和缺陷修补清单及施工计划；竣工资料已按合同要求备齐。

验收程序一般如下：承包人向监理人提交竣工验收申请报告，监理人应在 14 天内完成审查并报送发包人。监理人审查通过后，发包人应在 28 天内组织完成竣工验收。验收合格后，发包人应在 14 天内签发工程接收证书。逾期未颁发的，自第 15 天起视为已颁发。验收不合格的，承包人应按要求整改并重新提交验收申请。未经验收或验收不合格而擅自使用的，发包人应在 7 天内颁发接收证书，逾期则自第 15 天起视为已颁发。

竣工日期一般以承包人提交竣工验收申请报告之日为实际竣工日期，并在接收证书中载明。因发包人原因导致延误的，竣工日期以提交申请报告的日期为准。未经验收而擅自使用的，以转移占有之日为竣工日期。

拒绝接收的情况：对于整改后仍不合格且无法补救的工程，发包人有权拒绝接收，并要求承包人承担由此产生的责任和费用。

移交与接收：颁发接收证书后 7 天内，合同双方应完成工程移交。一方无正当理由拒绝移交或接收的，应承担相应的责任和费用。

竣工验收资料是确保工程项目质量达标、安全可靠的重要文件集合。竣工验收资料一般包括：

①工程前期文件。包括可行性研究报告及附件，可行性研究报告审批意见，计划任务书及批复，建设项目列入年度计划的申报文件，建设项目列入年度计划的批复文件和年度计划项目表，征地、拆迁等审批文件(包括拆迁、补偿等文件)等。

②工程竣工验收文件。包括工程概况表、工程竣工总结、单位(子单位)工程质量竣工验收记录、单位(子单位)工程安全和功能检验资料核查及主要功能抽查记录等。

③施工技术文件。包括建筑与结构工程文件、建筑给排水及采暖工程文件、建筑电气工程文件、智能建筑工程文件、通风与空调工程文件、电梯工程文件等。

④监理文件材料。包括除以上文件材料以外的材料报验和工程报验等监理文件材料。

⑤竣工图。包括建筑竣工图、结构竣工图、给排水竣工图、采暖竣工图、通风与空调竣

工图。

⑥与工程有关的各种声像材料(需注明文字说明、工程名称、地点、时间、施工部位等),以及其他相关材料。

⑦其他文件。如房屋建筑和市政基础设施工程竣工验收备案表(一般原件2份、电子文件1份)、工程竣工验收报告(一般纸质原件、电子文件,各1份)、建设工程质量监督报告(一般纸质原件、电子文件,各1份)、建筑工程施工许可证(一般复印件、电子文件,各1份)、工程质量评估报告(一般纸质原件、电子文件,各1份)、勘察验收报告(一般原件、电子文件,各1份)、工程设计验收报告(一般原件、电子文件,各1份)、规划验收意见书(一般复印件、电子文件,各1份)、消防验收、建筑节能专项验收(一般复印件、电子文件,各1份)、工程质量保证书(一般复印件、电子文件,各1份)。住宅工程还需要住宅质量保证书和住宅使用说明书(一般复印件、电子文件,各1份)、农民工工资和工程款已按合同支付情况说明、竣工结算证明等材料。

在整理竣工验收资料时,应注意以下几点:

①所有资料必须真实、准确,不得有虚假或伪造情况。

②资料的填写和整理应符合相关标准和规范要求。

③所有资料应分类清晰,便于查找和管理。

④竣工验收资料是工程项目的重要文件,应妥善保存,以备后期使用和参考。

(3)提前交付单位工程验收

在工程项目施工过程中,由于各种实际原因,发包人可能需要提前使用某个已竣工的单位工程,或者承包人基于项目整体进度考虑,主动提出提前交付已竣工的单位工程。这种情况下,为了保障双方权益,确保工程质量和安全,有必要进行专门的单位工程验收。

单位工程提前交付验收的流程:

①提交申请。当发包人需要提前使用某个单位工程或承包人提出提前交付请求时,应首先向监理人提交书面申请,详细说明提前交付的原因和理由。

②审核与准备。监理人在接到申请后,将进行初步审核,确认该单位工程是否已满足提前交付的条件。同时,监理人会要求承包人准备相关的验收资料,如施工图纸、材料合格证明、施工记录等。

③现场验收。资料准备齐全后,监理人组织发包人、承包人及相关专家进行现场验收。验收过程将参照竣工验收的规定进行,包括查看工程质量、核对工程资料、测试工程性能等。

④验收结果。如果单位工程经过验收合格,监理人将出具单位工程接收证书,并由发包人签认。此后,该单位工程将由发包人负责照管。

⑤验收成果。单位工程验收的成果将作为整体工程竣工验收的附件,为整体工程的竣工验收提供参考。

如果提前交付是发包人的要求导致的,那么由此产生的费用将由发包人承担。这包括但不限于额外的监理费用、验收费用、照管费用等。尽管是提前交付,但承包人仍需确保所交付的单位工程符合合同约定的质量标准。如果因承包人原因导致的质量问题,承包人仍需承担相应的责任和费用。考虑到提前交付可能给承包人带来的额外成本和风险,发包人应支付承包人合理的利润作为补偿。具体利润金额应根据实际情况和合同约定进行协商确定。通过明确提前交付的单位工程验收的流程和责任界定,可以确保双方权益得到保障,同时也有助于提高工程质量和安全水平。

【案例】 某房地产开发商投资建设的住宅楼项目在即将进行竣工验收时陷入了困境。验收团队经仔细检查后发现，该住宅楼存在多个问题，导致无法正常验收。首先，部分楼层的墙体开裂、房间地面平整度不达标，以及窗户安装不牢固等问题，直接影响了住宅楼的使用功能和安全性。其次，验收团队还发现所使用的部分建筑材料(如电线、水管等)质量不达标，不符合国家相关标准，这可能导致住宅楼在使用过程中出现安全隐患。此外，住宅楼的配套设施如电梯、消防系统等也存在缺陷，进一步加剧了验收的难度。

面对这些问题，验收团队立即要求开发商进行整改。开发商虽然承诺进行整改，但由于工期紧张，整改工作进展缓慢，导致整改期限一再延误。这不仅给开发商带来了经济损失，也给购房者带来了极大的不便和担忧。为了解决这一问题，验收团队加强了与开发商的沟通协调，要求开发商加快整改进度，确保在规定时间内完成整改工作。同时，验收团队也根据实际情况调整了验收计划，确保在整改工作完成后能够顺利进行验收。这一案例提醒我们，在工程验收过程中，必须严格按照相关标准和要求进行，对于发现的问题要及时进行整改，确保工程质量和安全。

5.4.8.3 施工期运行和竣工退场

(1)施工期运行

在大型工程项目中，常常会出现合同工程尚未全面竣工，但部分单位工程或工程设备安装已完成的情况。基于工程进度和实际需求，这些已完成的单位工程或设备需要投入施工期运行。这种运行是在合同工程全面竣工之前的一种临时性、阶段性的使用。对于需要投入施工期运行的单位工程或设备，发包人会按照提前交付的单位工程验收的标准进行严格的审查。这些标准包括但不限于工程结构的安全性、设备性能的稳定性、操作规范的合规性等。经过审查后，发包人会确认这些单位工程或设备是否满足施工期运行的安全要求。只有当所有审查项均合格，且安全性得到确认后，这些单位工程或设备才被允许投入施工运行。

在施工运行过程中，如果发现任何单位工程或设备存在损坏或缺陷，承包人应立即停止运行，并通知发包人和监理人。同时，承包人应组织专业人员对损坏或缺陷进行详细的检查和评估。对于发现的损坏或缺陷，承包人需要依据缺陷责任期的相关规定进行修复。缺陷责任期是指从工程或设备竣工验收合格之日起，承包人对工程或设备质量缺陷承担修复责任的期限。在缺陷责任期内，承包人应对发现的任何损坏或缺陷进行无偿修复。承包人在接到损坏或缺陷通知后，应立即制定修复方案，并报经发包人和监理人批准。修复工作应在批准后的合理时间内完成，并确保修复后的单位工程或设备满足合同约定的质量标准和使用要求。在修复过程中，承包人应积极配合发包人和监理人的监督和检查，确保修复工作的质量和进度。

施工期运行是工程项目中的一种特殊情况，需要发包人、承包人和监理人之间的密切合作与沟通。通过严格的审查和确认流程，可以确保投入施工期运行的单位工程或设备的安全性。同时，承包人需要依据缺陷责任期的规定，对发现的损坏或缺陷进行及时、有效的修复，以确保工程质量和进度。

(2)竣工退场

竣工退场是指在工程项目完成施工并且经过竣工验收合格后，承包人按照合同要求清理现场、撤离人员和设备的过程。这一过程对于确保施工现场的安全、整洁和有序撤场具有重要意义。

工程接收证书一经颁发，承包人即需按照以下要求进行施工现场的清理与退场：

①确保施工现场内的所有垃圾已彻底清除。

②拆除所有临时工程，并对场地进行必要的清理、平整或复原。

③依照合同约定，将应撤离的人员、施工设备及剩余材料（包括废弃的设备和材料）有序撤离施工现场。

④彻底清除施工现场周边及其附近道路、河道的施工堆积物。

⑤完成所有其他场地清理工作，确保施工现场整洁有序。

竣工退场时应注意：撤场过程中，严格执行安全规章制度，确保人员绝对安全；根据撤场工作任务分配人员，合理调配人员，确保工作顺利进行；对参与撤场的人员进行相关培训，确保人员掌握撤场工作流程及安全注意事项；对撤场完成的现场进行全面清理及验收，总结工作中的优点及不足，提出改进建议。

承包人应负责承担施工现场的竣工退场费用，并在专用条款约定的期限内完成所有清理与退场工作。若逾期未完成，发包人有权出售或另行处理承包人遗留的物品，由此产生的费用由承包人承担。发包人出售承包人遗留物品所得款项，在扣除必要费用后，应返还给承包人。

（3）地表还原

工程项目结束后，地表还原是一项至关重要的任务，它直接关系到土地资源的可持续利用和生态环境的保护。承包人需严格遵循发包人的要求，对临时占用的土地进行恢复，并确保场地得到彻底清理。恢复工作应涵盖土地平整、植被恢复、土壤修复等多个方面，同时严格遵守环保法规，防止对环境造成二次污染。若承包人未能达到合同约定的恢复和清理标准，发包人有权委托第三方进行整改，所产生的费用将由承包人承担。这一规定旨在确保地表还原工作的有效执行，维护土地资源的健康与生态平衡。

5.4.8.4　缺陷责任与保修

（1）缺陷责任期

缺陷责任期自工程通过竣工验收之日起计算，具体期限应在专用条款中约定，通常为一年，但不得超过两年。若单位工程先于整体工程验收合格并交付使用，则该单位工程的缺陷责任期从单位工程验收合格之日起计算。因承包人原因导致无法按期竣工验收的，以实际通过竣工验收之日起计算；因发包人原因导致的，在承包人提交竣工验收报告 90 天后，工程自动进入缺陷责任期。若发包人未经竣工验收擅自使用工程，则缺陷责任期自工程转移占有之日起开始计算。

在缺陷责任期内，由承包人原因造成的缺陷，承包人应负责维修并承担费用（包括鉴定及维修费用）。若承包人不履行维修义务，发包人有权从保证金或银行保函中扣除相应费用。若费用超出保证金，发包人可要求承包人承担额外的赔偿责任。承包人维修并承担费用，不免除其因缺陷导致的其他损失赔偿责任。发包人有权要求承包人延长缺陷责任期，但最长不得超过 24 个月。任何一处缺陷或损坏修复后，若影响工程或工程设备的使用性能，承包人应重新进行合同约定的试验和试运行，相关费用由责任方承担。缺陷责任期届满后 7 天内，承包人应向发包人发出缺陷责任期届满通知。发包人应在收到通知后 14 天内核实承包人是否履行了缺陷修复义务。若承包人未履行,发包人有权扣除相应维修费用。核实无误后,发包人应在14天内向承包人颁发缺陷责任期终止证书。若缺陷由其他原因造成,发包人负责维修,承包人不承担费用,且发包人不得从保证金中扣除费用。

(2)工程保修

工程移交后,因承包人原因产生的质量缺陷,承包人应承担保修义务。缺陷责任期届满后,承包人仍应按合同约定的各部位保修年限继续承担保修义务。

工程保修期从工程竣工验收合格之日起算,具体分部分项工程的保修期在专用条款中约定,但不得低于法定最低保修年限。发包人擅自使用未经验收的工程,保修期自转移占有之日起算。

由承包人原因造成的缺陷、损坏,承包人负责修复并承担费用及由此造成的人身伤害和财产损失。由发包人使用不当造成的缺陷、损坏,发包人承担修复费用并支付承包人合理利润。由其他原因造成的缺陷、损坏,发包人承担修复费用及承包人合理利润,人身伤害和财产损失由责任方承担。

发包人发现工程缺陷或损坏后,应书面通知承包人修复。紧急情况下可口头通知并在48小时内书面确认。承包人应在专用条款约定的合理期限内到达现场并修复。若承包人拒绝或未在合理期限内修复缺陷,发包人有权自行或委托第三方修复,费用由承包人承担。但修复范围超出缺陷范围的,超出部分的费用由发包人承担。为修复缺陷,承包人有权出入工程现场。除紧急情况外,应提前24小时通知发包人。承包人进入现场前需获得发包人同意,应遵守相关规定,不影响发包人正常生产经营。

【案例】 某建筑公司A与开发商B签订了一份住宅楼建设合同。该合同中明确规定了工程的竣工日期、缺陷责任期和保修期限。合同约定,工程竣工后的一年内为缺陷责任期,两年内为保修期限。在此期间,如果出现施工质量导致的缺陷或问题,A公司需负责修复。工程按期竣工后,B公司顺利完成了验收并投入使用。然而,在竣工后的第10个月,B公司发现部分住宅楼的窗户存在密封不严的问题,导致冬季室内温度下降,影响了居民的正常生活。B公司立即通知A公司前来检查和修复。A公司接到通知后,派遣技术人员前往现场检查。经过检查,技术人员确认窗户密封不严是安装过程中存在操作不当导致的。然而,A公司认为这个问题不属于严重缺陷,且距离竣工已经超过8个月,距离缺陷责任期结束只有两个月,因此不愿意立即进行修复,而是计划在缺陷责任期结束前统一处理。B公司对此表示不满,认为A公司应该立即修复问题,确保居民的正常生活。双方就修复时间问题产生了争议。B公司认为,虽然距离缺陷责任期结束只有两个月,但窗户问题严重影响了居民的生活,应该优先处理。而A公司则认为,按照合同约定,他们有权在缺陷责任期结束前进行修复,不需要提前处理。经过多次协商,双方最终达成一致。A公司同意提前进行修复工作,但要求B公司支付一定的加急费用。B公司同意支付加急费用,并要求A公司在规定时间内完成修复工作。最终,A公司按时完成了修复工作,解决了窗户密封不严的问题,双方的合作得以继续。

这个案例展示了缺陷责任期与保修期限在实际操作中的复杂性和灵活性。在面临时间问题时,双方应充分沟通、协商,寻求合理的解决方案,以确保合同的顺利履行和双方的利益得到保障。

5.4.8.5　竣工结算

竣工结算是指建设项目在全部完工、经过点交验收并提出竣工验收报告后，由施工单位和业主（或发包人）根据施工单位的竣工资料和审查结果，以及相关法律法规和合同约定，经双方协商确定的建设绩效结果和财务结算过程。这一过程是建设项目完工程序中的最后一个环节，对于维护双方合法权益具有重要意义。竣工结算的主要步骤见图 5-1。

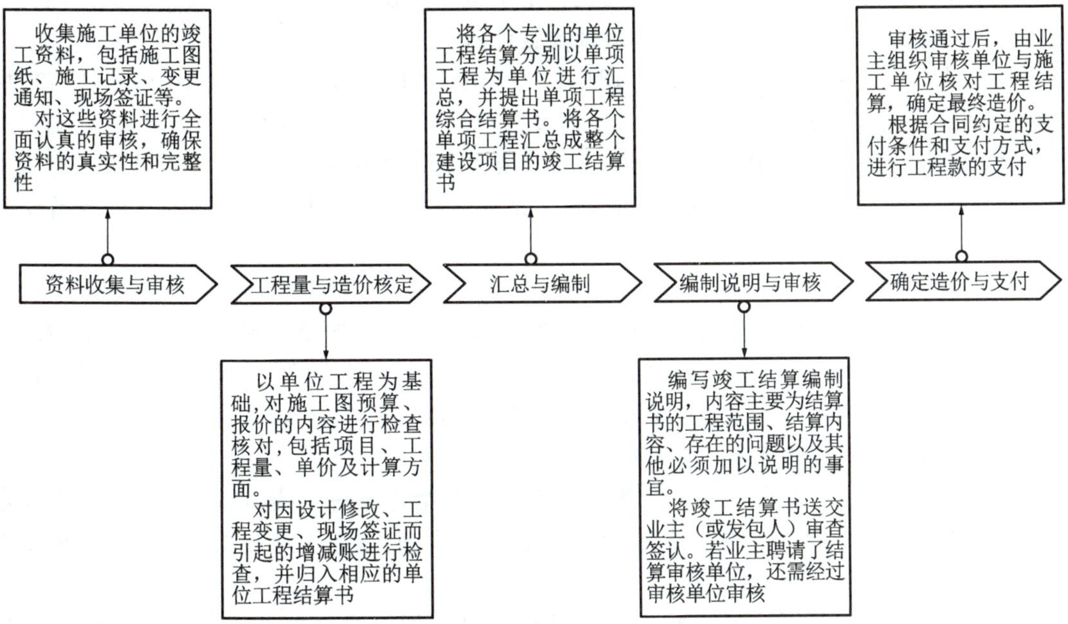

图 5-1　竣工结算的主要步骤

（1）竣工结算申请

竣工结算标志着项目从施工阶段正式过渡到结算阶段。为了确保这一过程的顺利进行，承包人需要按照合同规定，在竣工验收合格后的一定时间内提交竣工结算申请。

根据合同条款，承包人通常须在竣工验收合格后的 28 天内，向发包人和监理人提交竣工结算申请单。这一时间限制旨在确保结算流程的及时性和效率，避免拖延导致的不必要纠纷。

竣工结算申请并非简单的书面请求，它需要附上一系列完整的结算资料作为支撑。这些资料包括但不限于施工图纸、施工记录、变更通知、现场签证等，它们共同构成了结算的基础和依据。为了确保资料的完整性和准确性，相关资料的清单、份数等详细要求应在合同专用条款中明确约定。

竣工结算申请单内容包括：

①竣工结算合同价格明细。该部分应详细列出合同中所约定的各项费用及其计算过程。包括但不限于人工费、材料费、机械费、管理费、利润等，每一笔费用都应附有明确的计算依据和过程，以便发包人和监理人进行核对和审查。

②发包人已支付给承包人的款项总额。在合同履行过程中，发包人会根据合同约定向承包人支付一定的款项，包括预付款、进度款等。此部分应列出已支付款项的总额，以便与竣工

结算合同价格进行比对和核算。

③应扣留的质量保证金。为确保工程质量,合同中通常会约定一定比例的质量保证金。此部分应明确列出应扣留的质量保证金金额,如果承包人已经缴纳了履约保证金或提供了其他工程质量担保方式,也应在此处注明。

④发包人尚需支付给承包人的合同尾款。计算出竣工结算合同价格、已支付款项和应扣留的质量保证金后,即可得出发包人尚需支付给承包人的合同尾款金额。此部分应明确列出尾款金额,以便承包人了解自身权益和后续收款计划。

竣工结算申请不仅是工程项目管理中的一个重要环节,也是承包人实现合同收益、保障自身权益的关键步骤。因此,承包人应高度重视竣工结算申请的编制和提交工作,确保资料的完整性和准确性,避免因资料不全或不符合要求而引发的纠纷。同时,发包人和监理人也应认真审核承包人提交的竣工结算申请,确保结算流程的顺利进行和合同双方的权益得到保障。

(2)竣工结算审核

竣工结算审核是工程项目管理中至关重要的一个环节,它涉及对施工单位提交的竣工结算申请及其相关资料进行全面、细致的审查,以确保工程款项支付合理、准确。竣工结算审核的主要目的是准确评估工程完成情况和施工质量,并确定竣工结算金额。

竣工结算审核内容如下:

①项目概况审核。审核工程项目资料是否齐全,包括施工图纸、施工记录、变更通知、现场签证等。检查工程合同条款是否落实,施工安排是否合理,工程进度和质量是否按合同要求完成。

②施工图纸落实情况审核。检查工程建设中施工图纸是否按照工程计划落实。审核变更的施工图纸、施工方案以及施工变更报告,确定施工变更情况及其对工程量及价款的影响。

③工程量审核。审核施工单位编制的各项工程量清单是否按照合同要求编制。核查施工完成工程量的准确性,包括有无多计、重复计算,以及只计增项不计减项的工程量。

④材料审核。审核施工单位所使用的机械设备、材料及其质量情况。验证材料价款是否合理,确保材料用量与合同约定相符。

⑤工程价款审核。审核施工单位编制的工程施工价款清单,确定工程施工成本的准确性。检查施工单位是否严格遵循施工合同规定的价款支付条件。

⑥质量验收报告审核。审核施工单位编制的质量验收报告,确保施工单位已经履行了施工合同规定的工程质量要求。

⑦收款审核。审核施工单位编制的收款确认书,确定施工单位实际上已经收取了应支付的工程价款。

⑧实物资料审核。根据施工单位的报表及实物资料,完成对实际工程的调查与核对,确保符合合同要求。

监理人在收到竣工结算申请单后的 14 天内,应完成核查并报送发包人。发包人须在收到监理人提交的经审核的竣工结算申请单后 14 天内完成审批,并由监理人向承包人签发经发包人签认的竣工付款证书。若监理人或发包人对竣工结算申请单有异议,有权要求承包人进行修正和补充资料,承包人应配合提交修正后的竣工结算申请单。若发包人在收到承包人提交的竣工结算申请单后 28 天内既未完成审批又未提出异议，则视为发包人认可承包人提交的竣工结算申请单，自第 29 天起自动视为已签发竣工付款证书。

发包人应在签发竣工付款证书后的 14 天内，完成对承包人的竣工付款。若发包人逾期支付，将按照中国人民银行发布的同期同类贷款基准利率支付违约金；逾期支付超过 56 天的，将按照该利率的两倍支付违约金。

若承包人对发包人签认的竣工付款证书有异议，应在收到证书后的 7 天内提出，双方应按照合同专用条款约定的方式和程序进行复核，或按照争议解决条款处理。对于无异议部分，发包人应签发临时竣工付款证书并完成付款。承包人逾期未提出异议的，视为认可发包人的审批结果。

竣工结算应注意：

①确保工程全部完工并经过验收合格，对于未完成工程或质量不合格者，一律不得办理竣工结算。

②竣工结算的各方应共同遵守国家有关法律法规和政策，防止违法行为发生。

③强调合同的严肃性，全面履行合同条款，包括双方共同确认的补充条款。

④竣工结算应坚持实事求是、公平公正的原则，既维护业主利益，也保障施工单位的合法权益。

竣工结算的正确合理完成，不仅关系到施工项目的最终完成和财务责任的履行，更是维护双方合法权益的重要手段。

(3)甩项竣工协议

若发包人提出甩项竣工的要求，合同双方应签订甩项竣工协议。该协议应明确双方将按照合同中关于竣工结算申请及竣工结算审核的条款约定，对已完成的合格工程进行结算，并支付相应的合同价款。

(4)最终结清

最终结清是指合同约定的缺陷责任期终止后，承包人已按合同规定完成全部剩余工作且质量合格，发包人和承包人之间进行的合同款项的最终结算和支付。

①最终结清申请单

承包人须在缺陷责任期终止证书颁发后的 7 天内，按照专用条款的约定，向发包人提交最终结清申请单，并附上相关证明材料。申请单中应详细列明质量保证金、应扣除的质量保证金以及缺陷责任期内发生的增减费用。若发包人对最终结清申请单的内容有异议，有权要求承包人进行修正并提供补充资料。承包人应积极响应，并向发包人提交修正后的最终结清申请单。

②最终结清证书和支付

发包人应在收到承包人提交的最终结清申请单后的 14 天内完成审批，并向承包人颁发最终结清证书。若发包人逾期未完成审批且未提出修改意见，则视为同意承包人提交的最终结清申请单，自第 15 天起自动视为已颁发最终结清证书。发包人应在颁发最终结清证书后的 7 天内完成支付。若发包人逾期支付，应按照中国人民银行发布的同期同类贷款基准利率支付违约金；逾期支付超过 56 天的，则按该利率的两倍支付违约金。若承包人对发包人颁发的最终结清证书有异议，应按照合同中的争议解决条款办理。

【案例】 某建筑工程公司与房地产开发公司签订了一份承发包合同，负责某住宅小区的施工建设。项目完成后，双方进行竣工结算。承包人提交的结算申请金额为5150万元，其中包括合同约定的工程总价款和变更签证费用。然而，发包人在初步审核中发现变更签证费用中存在约50万元的不合理费用，引发了双方争议。经过多轮谈判协商，双方最终达成协议，同意将争议金额中的30万元计入结算金额，剩余部分由承包人承担。最终，发包人签发了支付证书，确认支付承包人合同尾款5130万元。

此案例突显了承发包合同竣工结算过程中的几个关键点。首先，合同条款的明确性至关重要，双方应在合同中明确约定工程总价款、结算方式等关键条款，以避免结算争议。其次，变更签证的合理性是结算审核的重要内容，承包人应确保变更签证的合理性和提供充分的证明材料。再者，良好的沟通协商是解决争议的关键，双方应保持开放的态度，积极寻求解决方案。最后，结算审核的严谨性也不容忽视，发包人应严格按照合同约定和相关法律法规进行审核，确保结算结果的公正和准确。

5.5 建设工程承发包合同解除

建设工程承发包合同解除，是指在建设工程合同依法成立并生效后，基于合同双方或一方的意愿，通过某种方式终止合同中约定的权利义务关系的行为。这种合同解除的行为仅适用于已经有效成立的合同，且必须在合同成立之后、履行完毕之前进行，以确保合同解除的效力得以产生。《民法典》合同编作为调整建设工程合同解除关系的基本法律依据，明确规定了合同解除的条件、程序和效力。它为建设工程合同双方提供了明确的法律指引，确保在合同解除过程中能够依法行事，维护双方的合法权益。通过遵守《民法典》第三编“合同”的规定，建设工程合同双方可以更加清晰地了解合同解除的法律后果，为合同的顺利履行和解除提供有力的法律保障。

5.5.1 建设工程承发包合同解除的法律特征

建设工程承发包合同解除的法律特征表现如下：

(1)合同的有效性

建设工程合同的有效性是合同解除的前提条件。这意味着，只有当合同是依法成立并且具有法律效力时，才存在解除合同的可能性。合同的有效性不仅要求合同双方具备相应的民事权利能力和民事行为能力，还需要合同内容不违反法律、行政法规的强制性规定，不违背公序良俗，且合同双方意思表示真实、一致。只有这样的合同，在履行过程中如遇到特定情况，才可能依法或依约进行解除。

(2)解除的时机

解除的时机是指合同解除可以发生的阶段。建设工程合同的解除只能发生在合同依法成立后，尚未开始履行或履行完毕之前。这意味着，如果合同尚未成立，或者合同已经完全履行完毕，那么就不存在合同解除的问题。合同成立后，双方开始按照合同内容进行履行，但在履行过程中，可能会出现各种情况导致合同无法继续履行或者履行已经失去意义，这时就需要解除合同。

(3)解除的条件

建设工程合同的解除并不是随意可以发生的,它需要满足一定的条件。这些条件可以是法律规定的,也可以是合同双方事先约定的。法律规定的解除条件通常包括因不可抗力导致合同目的无法实现、一方当事人严重违约等情形。而合同约定的解除条件则更加灵活多样,可以是双方协商一致的结果,也可以是合同中明确规定的某种特定情形。无论是法定条件还是约定条件,都需要满足合同解除的要求,才能有效地解除合同。

(4)解除合同的行为

解除合同的行为是指当事人通过一定的方式使合同关系归于消灭。这种行为可以是通过双方协商达成一致意见,也可以是基于法律规定的特定情形而由一方当事人行使解除权。在协商解除的情况下,双方需要就合同解除的具体事项达成一致意见,并签订书面协议以确认合同解除的事实。而在行使解除权的情况下,享有解除权的一方当事人需要按照法律规定的程序行使权利,如向对方当事人发出解除通知等。无论是协商解除还是行使解除权,都需要满足合同解除的条件,并且行为本身也需要符合法律规定的要求。

5.5.2　建设工程承发包合同解除的原因

5.5.2.1　发包人违约

(1)因发包人违约解除合同的情形

发包人违约是指在建设工程施工合同中,发包方(即业主或建设单位)未能按照合同约定履行其义务,导致承包方(即施工单位)遭受损失的行为。

在建设工程合同的履行过程中,发包人(业主或建设单位)可能因各种原因导致违约。以下是一些典型的发包人违约情形:

①未能在计划开工日期前 7 天内下达开工通知。若因发包人原因未能按时下达开工通知,导致承包人无法按计划进场施工,承包人有权要求顺延工期并赔偿因此产生的合理损失。

②未能按合同约定支付合同价款。发包人未按照合同约定支付工程进度款或结算款,承包人有权暂停施工,并要求发包人支付逾期付款的利息和违约金。若因此导致工期延误,承包人还有权要求顺延工期。

③取消工作,自行实施或转由第三人实施。发包人擅自取消合同中的部分工作并自行实施或转由第三人实施,属于违约行为。承包人有权要求发包人支付相应的违约金,并赔偿由此产生的损失。

④提供的材料、工程设备的规格、数量或质量不符合合同约定。发包人提供的材料或设备不符合合同要求,导致承包人无法正常使用或需要额外投入成本进行整改。承包人有权要求发包人更换合格的材料或设备,并赔偿因此产生的损失。

⑤因发包人违反合同约定造成暂停施工。因发包人原因(如未按时支付款项、提供错误的施工图纸等)导致工程暂停施工,承包人有权要求发包人承担因此产生的停工损失,并有权要求顺延工期。

⑥无正当理由没有在约定期限内发出复工指示。工程暂停施工后,发包人未在约定期限内发出复工指示,导致承包人无法复工。承包人有权要求发包人支付因此产生的停工损失,并有权要求顺延工期。

⑦明确表示或者以其行为表明不履行合同主要义务。发包人明确拒绝履行合同主要义务(如支付工程款、提供施工场地等),构成根本违约。承包人有权解除合同,并要求发包人赔偿因此产生的全部损失。

⑧未能按照合同约定履行其他义务。除上述情形外,发包人未能按照合同约定履行其他义务(如提供必要的施工条件、协助办理相关手续等),也可能构成违约。承包人有权根据具体情况要求发包人承担相应的违约责任。

(2)因发包人违约导致的合同解除的处理

在因发包人违约导致承包人按约定解除合同的情况下,发包人应在合同解除后的28天内支付以下款项,并同时解除承包人的履约担保:

①合同解除前承包人已完成工作的全部价款。在合同因故解除之前,承包人已经按照合同规定完成了部分或全部工程,发包人应支付这些已完成工作的全部款项,以补偿承包人在此过程中的努力和投入。

②承包人为工程施工已订购并已支付款项的材料、工程设备和其他物品的合理价值。在合同执行过程中,承包人可能已经为工程订购了材料、工程设备和其他物品,并支付了相应的款项。若合同因发包人违约而解除,发包人应支付这些已订购并付款的物品的合理价值,以确保承包人不会因此受到损失。

③承包人因撤离施工现场及遣散人员所产生的合理费用。若合同因发包人违约而解除,承包人需要撤离施工现场并遣散相关人员。这些撤离和遣散过程中产生的合理费用,如运输费、人工费等,应由发包人承担,以减轻承包人的经济负担。

④按照合同约定,在合同解除前应支付给承包人的违约金。在合同中,双方通常会约定违约条款,明确一方违约时应支付给另一方的违约金数额。若合同因发包人违约而解除,发包人应按照合同约定支付相应的违约金给承包人,以作为对其违约行为的惩罚和补偿。

⑤合同中约定的其他应支付给承包人的款项。除了上述款项外,合同中可能还约定了其他应支付给承包人的款项,如预付款、进度款等。若合同因发包人违约而解除,这些款项也应由发包人按照合同约定支付给承包人。

⑥依合同规定应退还承包人的质量保证金。在合同中,承包人可能会支付一定金额的质量保证金给发包人,以确保工程质量。若合同因发包人违约而解除,且承包人在工程过程中未出现质量问题,发包人应依合同规定退还承包人已支付的质量保证金。

⑦因发包人违约导致合同解除给承包人造成的实际损失。除了上述可量化的款项外,因发包人违约导致合同解除还可能给承包人造成其他实际损失,如名誉损失、市场机会损失等。这些损失也应由发包人承担,以确保承包人的权益得到充分保障。

若合同双方在合同解除后的款项结清问题上未能达成一致,双方应依据合同中规定的争议解决条款进行处理。同时,承包人有责任妥善保护和移交已完成的工程以及与工程相关的已购材料、工程设备,并将施工设备和人员有序撤出施工现场。发包人应为承包人的撤出提供必要的协助和条件。

5.5.2.2 承包人违约

(1)因承包人违约解除合同的情形

承包人违约是指在合同履行过程中,承包人未能按照合同约定的方式和要求履行合同义务。承包人违约的常见情形有:

①不完全履行合同。在合同履行的过程中，承包人可能会因为种种原因未能按照合同规定的标准和要求完成全部或部分的工程或服务。这种不完全履行合同的行为可能表现为工程进度的延迟，即承包人未能按照合同约定的时间节点完成工程交工；或者是工程质量的不达标，即工程的实际质量未能满足合同中约定的质量标准。这些行为都可能对发包人造成经济损失或时间上的延误。

②违反施工安全规定。施工安全是工程建设的重中之重。然而，有些承包人可能会忽视施工安全规定，未按照合同约定的安全要求进行操作。这种违反施工安全规定的行为可能导致施工现场发生安全事故，不仅会造成人员伤亡和财产损失，还可能影响工程的整体进度和质量。

③未提供合法资质证明。在工程建设领域，承包人需要具备一定的资质才能承接相应的工程项目。然而，有些承包人可能会为了获取项目而伪造或隐瞒其资质信息，未能按照合同约定提供合法的承包资质证明。这种行为可能导致工程项目在施工过程中出现问题，给发包人带来风险和损失。

④擅自转包给他人承揽工程。有些承包人可能会因为自身能力不足或其他情况，未经发包人同意，擅自将合同工程的全部或部分内容转包给他人承揽。这种行为不仅违反了合同约定，还可能导致工程质量无法得到保障，给发包人带来极大的风险。

⑤拖欠款项或不按约定支付。在合同履行过程中，承包人需要按照合同约定的时间和方式支付工程款项或材料款项。然而，有些承包人可能会因为资金问题或其他情况拖欠款项或不按约定支付。这种行为不仅会影响工程的正常进行，还可能损害发包人的利益。

⑥不履行保修承诺。在工程竣工验收后，承包人通常需要在一定的保修期内对工程质量、设备等进行维修、保养和维护。然而，有些承包人可能会忽视这一责任，不履行保修承诺。这种行为可能导致工程质量问题无法得到及时解决，给发包人带来不必要的损失和麻烦。

(2)因承包人违约导致的合同解除的处理

根据《民法典》的相关规定，当事人一方不履行合同义务或者履行合同义务不符合约定的，应当承担继续履行、采取补救措施或者赔偿损失等违约责任。

①在合同解除之后，双方应审慎评估并商定或经专业机构确定承包人实际已完成工作的合同价款。同时，需准确计算承包人已提供的材料、工程设备、施工设备和临时工程等资源的合理价值，确保这些资源的价值得到公正评估，并作为合同结算的重要依据。

②合同一旦解除，承包人应根据合同中的违约条款，支付相应的违约金。这一支付行为旨在补偿发包人因承包人的违约行为所遭受的经济损失，同时也是对承包人不履行合同义务的一种制裁。

③若合同解除给发包人带来了额外的损失，包括但不限于因违约导致的额外费用、工期延误等，承包人应依法承担相应的赔偿责任。发包人有权要求承包人支付因解除合同而产生的所有合理损失。

④合同解除后，承包人应积极响应发包人的要求，并在监理人的监督与指导下，有序完成施工现场的清理和撤离工作。这包括但不限于清理现场垃圾、拆除临时设施、撤离施工设备等，确保施工现场在合同解除后能够恢复到良好的状态。

⑤合同解除后，发包人与承包人应立即启动清算程序，对合同解除前的所有款项进行结算。在清算过程中，双方应出具最终结清付款证书，并结清所有未付款项。对于因承包人违约

而解除合同的情形，发包人有权暂停对承包人的付款，并查清各项付款和已扣款项，确保合同清算的公正性和准确性。

如果发包人和承包人在合同解除后的清算和款项支付问题上无法达成一致，双方应依据合同中约定的争议解决条款进行处理。这可能包括通过协商、调解、仲裁或诉讼等方式解决争议，以确保合同解除后的清算和款项支付问题得到妥善解决。

特别地，在工程项目中，若因承包人违约导致合同解除，发包人有权要求承包人将其为实施合同所签订的材料和设备采购合同的权益转让给发包人。承包人应在收到解除合同通知后的 14 天内，积极与采购合同的供应商沟通，并协助发包人达成相关的转让协议，以确保工程项目的顺利进行，并最大限度地减少因承包人违约给发包人带来的损失。在整个过程中，双方应遵守法律法规和合同约定，并保持密切沟通与合作。

5.5.2.3 第三人造成的违约

第三人违约，指的是在合同履行过程中，由于合同当事人之外的第三人的行为或事件，导致合同一方无法履行其合同义务，从而构成的违约情形。这里的“第三人”，指的是合同当事人以外的任何个人或组织。根据《民法典》第五百九十三条的规定，当事人一方因第三人原因造成违约的，应当依法向对方承担违约责任。当事人一方和第三人之间的纠纷，依照法律规定或者按照约定解决。

(1)因第三人违约解除合同的情形

①第三人不按约定履行与合同当事人之间的合同义务

a.供应链中的违约。如供应商(第三人)未能按照与承包人(合同一方)之间的供货合同约定，按时提供符合要求的工程材料、设备或构件，导致承包人无法按时完成合同约定的工程内容。

b.转包或分包中的违约。当承包人将部分工程转包或分包给第三人时，若第三人未能按照转包或分包合同的约定完成工程，将会导致承包人无法按时或按质完成主合同约定的工程内容。

②第三人的侵权行为

a.施工现场的侵权行为。如第三人在施工现场的侵权行为(如故意破坏、盗窃工程材料等)，导致承包人无法继续施工或工程受损，从而影响合同的正常履行。

b.知识产权侵权。若第三人侵犯了承包人用于工程中的知识产权(如专利技术、软件著作权等)，可能导致承包人无法正常使用相关技术或软件，进而影响工程进度和质量。

③第三人因其他原因造成当事人违约

a.代理人不履行代理义务。若承包人的代理人(第三人)未能按照代理合同的约定履行代理义务(如未能及时传达发包人的指示、未能妥善处理工程问题等)，可能会导致承包人无法按时或按质完成合同约定的工程内容。

b.不可抗力因素导致的违约。虽然不可抗力因素(如自然灾害、政府行为等)本身不是第三人的过错，但如果这些因素导致了第三人无法履行其与合同当事人之间的合同义务(如无法提供运输服务、无法供应电力等)，也可能间接导致合同当事人违约。

(2)因第三人违约导致的合同解除的处理

当建设承发包合同因第三人违约导致合同解除时，合同当事人应按明确违约事实和责任、通知与协商、合同解除、清算与结算以及追究第三人责任等步骤进行处理。同时，在整个过程中应注意保留证据和遵循法律程序。当建设承发包合同因第三人违约导致合同解除时，处理流程应清晰、有序，并充分参考相关法律法规和合同条款。一般应注意以下几个方面：

①明确违约事实和责任。在建设承发包合同的履行过程中，当发现因第三人违约导致合同无法继续履行时，首先需要明确违约事实和责任。合同当事人应收集与第三人违约相关的证据，如合同、通信记录、付款凭证等，以证明第三人确实存在违约行为，并确定该违约行为足以导致合同无法继续履行。

②通知与协商。一旦确定第三人存在违约行为，合同当事人应及时向第三人发出书面通知，要求其纠正违约行为或采取补救措施。同时，也应通知合同相对方，以便其了解当前情况。在发出通知后，合同当事人应与第三人及合同相对方进行协商，尝试达成和解或重新安排合同履行。

③合同解除条件评估。若协商无果，且第三人违约行为严重到足以影响合同目的的实现，合同当事人应评估是否满足合同解除的条件。根据《民法典》第五百六十三条的规定，合同当事人可以因不可抗力、一方明确表示不履行主要债务等原因解除合同。在此情况下，合同当事人应仔细分析合同条款和法律规定，确定是否符合合同解除的条件。

④合同解除通知。在满足合同解除条件后，合同当事人应向第三人发出解除合同的书面通知。通知中应明确解除合同的原因、时间以及后续处理事宜。合同当事人还应保留好发出通知的证据，以便在后续纠纷解决中使用。

⑤清算与结算。合同解除后，合同当事人应与第三人进行清算和结算。首先，应确定因第三人违约造成的损失，包括直接损失和间接损失。然后，根据合同约定和法律规定，计算并支付相关款项。若合同中有关于违约金的约定，应按照约定计算并支付。在清算和结算过程中，合同当事人应保留好相关证据和文件，以便在后续纠纷解决中使用。

⑥追究第三人责任。若第三人拒绝履行其责任或无法达成和解，合同当事人可以向人民法院提起诉讼，要求第三人承担违约责任并赔偿损失。在提起诉讼前，合同当事人应准备好相关证据和文件，并遵循法律程序进行操作。获得胜诉判决后，若第三人仍不履行判决义务，合同当事人可以向人民法院申请强制执行。在整个过程中，合同当事人应保留好所有与第三人违约相关的证据和文件，以便在后续纠纷解决中使用。

5.5.3　建设工程承发包合同解除法律后果

当建设工程承发包合同因双方协商一致、一方违约、不可抗力或其他法定原因而被解除时，将会产生一系列的法律后果。这些后果不仅涉及合同双方的经济利益，还可能影响到项目的后续进行以及双方的声誉。

(1)已完成工程质量的法律后果

质量合格的情况：如果已经完成的建设工程部分质量合格，满足了合同约定的质量标准以及相关法律法规的要求，那么发包人应当依据合同约定，及时支付承包人相应的工程价款。这不仅是对承包人工作的认可，也是维护双方合作关系的基础。

质量不合格的情况：如果已完成的建设工程部分质量不合格，那么承包人首先需要承担修复或重建的责任。这包括消除质量缺陷、更换不合格材料、重新施工等措施，直至工程达到合同约定的质量标准。在修复或重建过程中，发包人有权要求承包人承担由此产生的额外费用，如修复成本、工期延误损失等。

此外，如果质量问题严重到影响整个工程的使用功能或安全性能，发包人有权要求解除合同，并要求承包人承担违约责任。违约责任可能包括退还已收取的工程价款、支付违约金、赔偿损失等。具体的违约责任和赔偿金额将依据合同约定和相关法律法规进行确定。

(2)合同解除后的其他法律后果

合同解除后，合同双方的权利义务关系终止。这意味着承包人无须继续履行合同中未完成的义务，而发包人也无须支付未支付的款项。但需要注意的是，如果合同解除是承包人的原因，那么承包人可能需要承担违约责任和赔偿责任。

合同解除后，项目的后续处理需要双方协商解决。如果合同解除是因为不可抗力或其他非双方过错，双方可以协商确定如何继续推进项目或者如何妥善解决项目遗留问题。如果合同解除是因为一方的违约行为，那么违约方需要承担相应的责任和损失。合同解除可能会对合同双方的声誉产生一定的影响。如果合同解除是承包人的原因，那么承包人的声誉可能会受到损害，影响其未来在市场上的竞争力。如果合同解除是发包人的原因，那么发包人的声誉也可能会受到一定影响，特别是在与承包人和其他合作伙伴的关系中。

因此，合同解除后，双方应当积极协商解决问题，尽量减少损失，维护双方的声誉和利益。同时，也应当从合同解除中吸取教训，完善合同条款和管理制度，避免类似问题再次发生。

【案例】 某房地产开发公司(以下简称“开发商”)与某建筑公司(以下简称“承包商”)签订了一份建设工程施工合同，旨在由承包商负责开发商一个住宅小区的建设项目。合同中详细规定了双方的权利义务、工期、质量标准、付款方式等关键条款。

在施工过程中，承包商因管理不善导致工程进度严重滞后，且已完成的部分工程存在严重的质量问题，如墙体开裂、管道漏水等。尽管开发商多次要求承包商整改并加快施工进度，但承包商未能按照要求履行。鉴于承包商的行为已经严重违反了合同约定，开发商决定解除合同，并寻求法律途径来解决纠纷。经过双方协商和法院审理，最终判决解除合同，并要求承包商承担相应的法律后果。

本案例的焦点在于建设工程承发包合同解除后的法律后果。首先，当合同因一方违约而解除时，违约方需要承担由此产生的所有法律责任。在本案例中，承包商因管理不善和质量问题导致合同解除，因此需要负责修复或重建质量不合格的工程部分，并退还已收取的工程价款。此外，承包商还需支付违约金并赔偿开发商因违约行为造成的经济损失。

本案例给我们带来了深刻的启示。首先，签订合同时应明确约定双方的权利义务、质量标准、付款方式等关键条款，并确保合同内容合法、公平、合理。其次，在合同履行过程中，双方应保持良好的沟通和协作，及时解决问题，避免发生纠纷。如果发生纠纷，应积极寻求法律途径来解决，维护自己的合法权益。最后，对于违约行为，法律将给予相应的制裁和惩罚，因此双方都应严格遵守合同约定，共同维护合同的严肃性和有效性。

5.5.4 建设工程承发包合同争议的解决

建设工程承发包合同争议，是指在建设工程的委托方(发包方)与承包方之间就工程的设计、施工、监理等方面的权利与义务所签订的合同，在履行过程中，由于双方或多方对于合同条款的理解、执行或履行结果存在分歧，从而导致的合同纠纷。

(1)建设工程承发包合同争议具有以下特点:

①涉及法律事实。合同争议是合同当事人对于自己与他人之间的权利行使、义务履行以及利益分配有不同的主张、意见、要求的法律事实。

②合同主体双方。争议的主体双方须是合同法律关系的主体,包括自然人、法人和其他组织。

③内容多样性。争议的内容主要表现在争议主体对于导致合同法律关系产生、变更与消灭的法律事实以及法律关系的内容有着不同的观点与看法。这包括但不限于工程范围、目标、质量、工期、价款、支付方式等方面的争议。

④复杂性。建设工程承发包合同一旦发生纠纷,往往涉及较大的款项数额和较为复杂的法律关系,解决起来相对困难。

(2)根据争议的内容和性质,建设工程承发包合同争议可以大致分为以下几类:

①合同效力争议:关于合同是否成立、是否有效、是否应当撤销或变更的争议。

②合同履行争议:关于合同当事人是否按照合同约定履行了义务,以及是否存在违约行为的争议。

③合同变更和解除争议:关于合同是否应当变更、解除,以及变更、解除的条件和方式的争议。

④工程价款争议:关于工程价款的确定、支付方式和支付时间的争议。

⑤工程质量争议:关于工程质量是否符合合同约定或国家标准的争议。

(3)建设工程承发包合同争议的解决主要可以通过以下几种途径:

①协商、和解或调解。当建设工程承发包合同发生争议时,双方当事人首先可以尝试自行协商和解,通过友好协商的方式解决合同争议。

②如果协商不成,或者双方愿意通过第三方进行调解,可以选择调解解决。调解可以由当事人以外的调解组织或者个人主持,通过查明事实、分清是非,引导双方互谅互让,友好地解决争议。调解的优点在于程序简便、成本低廉,且和解或调解结果通常以书面形式确认,并由双方签字盖章,具有法律效力。

③仲裁。如果双方当事人不愿意和解、调解,或者和解、调解不成功,且合同中已订立了仲裁条款或双方达成了书面的仲裁协议,可以选择仲裁解决。仲裁具有办案迅速、程序简便的特点,而且仲裁程序仍然采取仲裁与调解相结合的方法,先调解后仲裁。仲裁裁决具有法律效力,双方必须履行。提请仲裁的前提是合同双方当事人已经订立了仲裁协议,没有订立仲裁协议则不能申请仲裁。

④诉讼。如果合同中没有订立仲裁条款,争议发生后双方也没有达成书面的仲裁协议,或者仲裁协议无效,任何一方当事人都可以选择向人民法院提起诉讼。诉讼具有程序严谨、证据严格、公正公平的优点,但程序相对繁琐,时间较长、成本较高。法院将根据事实和法律,对案件进行审理并作出判决。判决具有法律效力,双方必须履行。

建设工程承发包合同争议的解决方式主要包括协商和解或调解、仲裁和诉讼三种途径。在实际操作中,双方当事人可以根据具体情况选择合适的解决方式,以最大限度地保护自身权益,并推动争议的有效解决。

5.6 建设工程承发包合同监督

建设工程承发包合同监督是确保合同双方按照约定履行义务、实现合同目标的重要手段。建设工程承发包合同监督是指对建设工程承发包合同的履行过程进行全程监控，确保合同各方严格履行合同义务，实现工程质量、进度和投资控制目标。监督的主体包括政府相关部门、建设单位、监理单位、施工单位等。

5.6.1 建设工程承发包合同监督的目的

建设工程承发包合同监督的目的主要在于确保合同各方能够按照约定的条款和条件履行其义务，以实现工程建设的顺利进行，并保障项目的质量、进度、投资、安全和环保等方面的要求。

(1)纠正违规问题。监督过程中，能够及时发现并纠正合同执行过程中存在的各类违规问题，如偷工减料、违法分包等，从而确保项目的合法性和合规性。通过纠正违规问题，可以降低项目风险，减少因违规行为可能带来的损失，保障项目的顺利进行。

(2)保障国家资金安全。在合同中涉及国家资金投入的情况下，监督能够确保国家资金的使用安全，防止资金被挤占、挪用或滞留。加强资金使用的监督管理，有助于预防腐败现象的发生，确保国家资金的合理使用和有效投入。

(3)提高项目管理水平。通过合同监督，可以总结项目管理的经验教训，分析问题发生的原因，提出改进意见和建议。在监督过程中，可以及时发现项目管理中的薄弱环节，促进项目管理水平的提升，提高项目的经济效益和社会效益。

(4)保证工程质量和安全。监督能够确保施工单位按照合同约定的质量标准进行施工，防止质量事故的发生。同时，监督还能够确保施工现场的安全生产，防止安全事故的发生，保障施工人员的生命和财产安全。

(5)控制工程成本和投资。通过监督，可以对工程的成本和投资进行实时监控，防止成本超支和投资浪费。在合同履行过程中，监督可以及时发现并解决成本超支和投资浪费的问题，确保项目的经济效益。

(6)维护市场秩序和公平竞争。合同监督有助于维护建筑市场的秩序和公平竞争，防止不正当竞争和违法行为的发生。通过监督，可以及时发现并打击市场中的违法违规行为，保护合同双方的合法权益，促进市场的健康发展。

(7)保障合同双方的合法权益。合同监督能够确保合同双方按照合同约定的条款和条件履行其义务，保障双方的合法权益。在合同履行过程中，监督可以及时发现并解决可能存在的纠纷和争议，促进合同双方的和谐合作。

5.6.2 建设工程承发包合同监督的主体

建设工程承发包合同监督的主体包括政府相关部门、建设单位、监理单位、施工单位以及其他相关方。这些主体在合同监督过程中各自承担着重要的职责和角色，共同维护着建设工程的质量、安全、环保等方面的要求，保障合同双方的合法权益。

(1)政府相关部门。作为主要的监督主体，政府相关部门(如建设行政主管部门、质量监督机构等)负责监督和管理建设工程的承发包活动,确保合同双方遵守法律法规,维护市场秩序。政府相关部门通过制定和执行相关政策、法规和标准,对建设工程的质量、安全、环保等方面进行全面的监督和管理。

(2)建设单位(业主方)。建设单位是建设工程的发起人和出资人,也是合同的主要监督者之一。建设单位通过对合同执行的监督和检查,确保施工单位按照合同约定的内容、标准和时间完成工程建设任务。建设单位还负责协调和处理合同履行过程中出现的问题和纠纷,保障项目的顺利进行。

(3)监理单位。监理单位是受建设单位委托,对建设工程的实施进行监督和管理的专业机构。监理单位根据法律法规和合同约定,对施工单位在施工质量、进度、投资等方面进行监督和管理,确保工程建设的顺利进行。监理单位还负责及时发现和纠正施工单位在合同履行过程中的违规行为,保障合同双方的合法权益。

(4)施工单位(承包商)。施工单位是建设工程的实际执行者,也是合同的主要履行者之一。施工单位在合同履行过程中,需要接受建设单位和监理单位的监督和管理,确保按照合同约定的内容、标准和时间完成工程建设任务。施工单位还需要积极配合建设单位和监理单位的工作,及时报告合同履行情况,解决合同履行过程中出现的问题和纠纷。

(5)其他相关方。在建设工程承发包合同监督过程中,还可能涉及其他相关方,如设计单位、勘察单位、材料供应商等。这些相关方在合同履行过程中也承担着一定的监督职责,需要确保各自的工作符合合同约定和相关法律法规的要求。

5.6.3　建设工程承发包合同监督的内容

建设工程承发包合同监督的内容涵盖了多个方面,以确保工程建设的顺利进行和合同义务的严格履行。

(1)质量监督。质量监督是建设工程承发包合同监督的核心环节之一。它旨在确保工程质量符合国家法律法规、行业标准和设计要求,从而防范质量事故的发生。质量监督不仅是对施工结果的检查,更是对施工全过程的控制。这包括对进入施工现场的各类施工材料的质量检验,确保材料符合设计要求和安全标准;对施工工艺的审查,确保施工流程科学合理,避免技术失误;对施工过程的实时监督,确保每一步施工都严格按照合同和设计图纸进行,以达到预期的工程质量标准。

(2)进度监督。进度监督是为了确保工程能够按照合同约定的工期顺利完成,避免工期延误对各方造成损失。监督人员会定期检查工程进度,对照合同约定的工期计划,评估实际进度与计划进度的偏差。一旦发现进度滞后,监督人员会及时与施工单位沟通,了解原因,并制定相应的解决措施,确保工程能够按计划进行。

(3)投资监督。投资监督的目的是确保工程投资控制在预算范围内,防止投资浪费和不必要的支出。监督人员会对工程造价进行实时跟踪和监控,确保每一笔支出都符合合同约定和预算要求。同时,他们还会关注设计变更、材料价格波动等因素对工程造价的影响,及时采取措施防止投资超支。

(4)安全监督。安全监督是保障工程施工过程中人员安全的重要措施。监督人员会对施工现场的安全生产措施、安全管理制度的执行情况进行监督检查,确保各项安全措施得到有效落实。他们还会对施工现场进行定期巡查,及时发现并消除安全隐患,防止安全事故的发生。

(5)环保监督。随着环保意识的提高,环保监督在建设工程承发包合同监督中越来越受到重视。环保监督的目标是确保工程施工过程中的环境保护措施得到有效执行,防止环境污染。监督人员会对施工过程中的环境保护措施、环保设施的运行情况进行监督检查,确保施工活动符合环保要求。他们还会关注施工对周边环境的影响,及时采取措施减少污染和破坏。

建设工程承发包合同的监督还包括对合同履行的全程监控,以及对合同变更、索赔等事项的处理。这些监督措施的实施,有助于确保合同各方严格履行合同义务,实现工程质量、进度和投资控制目标,从而保障工程建设的顺利进行和合同的顺利履行。

5.6.4 建设工程承发包合同监督措施

为确保建设工程承发包合同的顺利履行,应采取一系列有效的监督措施。这些措施不仅有助于规范施工行为,还能及时发现和解决问题,保障合同双方的权益。

(1)建立健全的监督制度。监督制度是合同监督的基础。要制定完善的合同监督制度,明确监督的职责、程序和要求。制度中应详细规定监督人员的职责和权限,以及监督的具体流程和标准。同时,要确保制度得到严格执行,对违规行为进行严肃处理,形成有效的约束机制。

(2)加强现场监督。现场监督是合同监督的关键环节。通过现场巡查、抽查等方式,对施工现场的实际情况进行实时监督。监督人员应关注施工过程中的质量、安全、进度等方面,及时发现并纠正问题。对于发现的违规行为,要及时进行整改,并对相关责任人进行追责。现场监督可以确保施工活动符合合同要求和相关法律法规,保证工程质量、安全和进度。

(3)建立信息沟通机制。信息沟通是合同监督的重要保障。要建立合同双方及相关部门之间的信息沟通机制,确保信息畅通、共享。通过定期召开会议、交流信息等方式,及时了解合同履行情况,发现问题并共同解决。同时,要加强与政府部门、行业协会等机构的沟通与合作,获取政策支持和行业指导,提高监督工作的效率和质量。

(4)加强培训与教育。培训与教育是提高监督人员素质和能力的重要途径。要定期对监督人员进行培训和教育,提高其业务水平和监督能力。培训内容应包括法律法规、合同条款、监督流程等方面,确保监督人员能够熟练掌握监督技能和方法。同时,要加强对新入职人员的培训和指导,确保他们能够快速适应监督工作。

建设工程承发包合同的监督措施是一个系统工程,需要各方共同努力。通过建立健全的监督制度、加强现场监督、建立信息沟通机制以及加强培训与教育等措施,可以确保合同得到顺利履行,保障工程质量、安全和进度,维护合同双方的权益。

习　题

一、选择题

1. 关于建设工程承发包合同的主要特点,以下哪项描述最全面且准确?(　　)

A. 合同仅需遵守《民法典》,无须考虑其他法规。

B. 合同条款含糊不清,需通过口头协议来明确双方责任。

C. 合同内容仅覆盖施工阶段,不涉及前期勘测和后期验收。

D. 合同具有合法性、明确性、全面性、互惠性、约束性、可执行性、风险分担、动态性、透明性和专业性等特点。

2. 建设工程承发包合同按照工作性质划分，下列哪个选项描述的是施工合同？(　　)

A. 专注于地形、地质、水文地质等自然条件的详细调查，为工程设计提供基础数据。

B. 细分为方案设计、施工图设计等，要求设计方提供符合规范和技术要求的设计文件。

C. 包括土建、安装、装修等，涉及实际建造过程，要求承包方按照设计文件进行施工。

D. 涵盖项目建议书、可行性研究等前期工作。

3. 建设工程承发包合同按照承发包方式划分，总承包合同的特点是什么？(　　)

A. 承包方对整个工程或工程的主要部分负总责，可能包含多个分包合同。

B. 承包方仅对工程的特定部分或专业任务负责，通常由总承包方分包。

C. 承发包双方约定以施工图及其预算和有关条件进行合同价款计算、调整和确认。

D. 承发包双方约定以工程量清单及其综合单价进行合同价款计算、调整和确认。

4. 下列哪一项不是建设工程承发包合同履行的基本原则？(　　)

A. 遵守法律法规　　B. 诚实守信原则

C. 最低价中标原则　　D. 及时履行原则

5. 基于《建筑法》等相关法律法规的规定，以下哪种情形下的建筑工程分包行为是不被允许的？(　　)

A. 承包单位将其承包的全部建筑工程整体转包给具有相应资质条件的第三人。

B. 建筑工程中的主体结构部分由总承包单位自行完成，未进行分包。

C. 未经建设单位同意，承包单位将部分非主体结构的工程分包给具有相应资质条件的分包单位。

D. 承包单位将原本应该整体施工的工程进行肢解，然后以劳务分包的名义转包给其他企业。

6. 在《建筑法》等相关法律法规的约束下，关于建筑工程分包行为，以下哪种说法是正确的？(　　)

A. 承包单位可以将其承包的全部建筑工程作为一个整体转包给第三人。

B. 建筑工程的主体结构部分，如基础、梁、柱、墙等，可以由分包单位负责施工。

C. 除总承包合同中约定的分包外，其他分包行为无须建设单位认可。

D. 分包单位必须具备相应的资质条件，否则属于违法分包。

7. 在建设工程承发包合同的变更过程中，以下哪个步骤通常不包括在合同变更的程序中？(　　)

A. 变更申请：当甲方或乙方认为有必要对原合同内容进行变更时，向对方提出书面变更申请。

B. 变更讨论：合同双方就变更内容进行口头讨论，确定变更的可行性和具体细节。

C. 变更审批：收到变更申请后，对方组织相关人员对变更申请进行审查并签字确认。

D. 变更结算：工程竣工后，双方根据变更协议的约定对工程造价进行调整并签订结算协议。

二、简答题

1. 请简述在建设工程承发包合同谈判中，双方可能会采用的谈判策略和技巧，并解释这些策略和技巧的重要性。

2. 简述建设工程承发包合同履行的“全面履行原则”，并说明其重要性。

3. 请简述发包方(建设单位)在建设工程承发包合同中的主要权利与义务。

4. 基于《建筑法》等相关法律法规的规定，哪些情况下建筑工程的分包行为是不被允许的？

三、案例分析题

某建筑公司A承包了一项大型商业综合体项目，其中包括主体结构施工和装修工程。在项目实施过程中，A公司将主体结构施工部分分包给不具备相应资质条件的B公司，并未经建设单位同意，将装修工程分包给C公司。项目竣工后，建设单位发现主体结构存在质量问题，装修工程也未能达到合同约定的标准。

问题：

(1)A公司的分包行为是否违反了《建筑法》等相关法律法规的规定？请具体说明。

(2)对于主体结构存在的质量问题，建设单位如何追究责任？

(3)如果建设单位想要解除与A公司的合同，并要求A公司赔偿损失，应该如何操作？

第 6 章　工程建设相关合同管理

思维导图

章节目标

知识目标：

1. 理解合同管理在工程管理中的重要性，掌握关键环节的作用与影响。
2. 熟悉不同合同类型及特点，根据项目需求选择合适的合同。
3. 掌握合同条款内容，明确双方权利与义务。
4. 熟悉合同管理流程，有效应对风险。
5. 学习国际合同条例，提升合同管理国际化水平。

能力目标：

1. 提升合同法律素养，确保合同合规性，降低法律风险。
2. 增强合同管理能力，完善合同条款，减少纠纷可能性。
3. 优化资源配置，提升项目效益，实现资源最优配置。
4. 培养团队协作、诚信意识和责任感，促进职业发展。

素质目标：

1. 深入理解合同管理要点，规范合同签订、履行和变更流程，降低合同纠纷风险。
2. 培养高度的责任心和职业道德，确保在招投标和合同管理中坚守诚信、公正原则。
3. 提升沟通协调能力和团队合作精神，在招投标和合同管理工作中有效协作。

思政目标：

1. 培养法治精神，学习合同管理，树立诚信、公正原则，维护权益和市场秩序，确保合同合法合规。

2. 促进团队协作，学习沟通技巧，加强合作，共同推进项目成功，提升整体效率和质量。

案例分析

背景：某市政府计划建设一座新的市政图书馆，项目总投资额为 2 亿元人民币。根据《招标投标法》及其实施条例，该项目必须进行公开招标。经过资格预审，共有五家施工承包企业获得了投标资格。在投标截止日期前，四家企业提交了合格的投标文件，而另一家企业因交通堵塞延迟了提交。在招投标过程中，市政府严格按照《招标投标法实施条例》的要求进行，确保公开、公平、公正的原则得以体现。招标文件中明确规定了工程建设的范围、技术要求、工期、质量标准等关键信息，并明确了投标文件的格式、提交时间等要求。

分析：在本案的招投标流程中，市政府严格遵守了《招标投标法实施条例》的相关规定，按时发售招标文件，进行资格预审和接收投标文件，并对延迟提交投标文件的企业进行了无效投标处理，确保了流程的合规性。同时，合同管理在工程建设中至关重要，市政府与中标企业签订的合同应详尽明确双方的权利与义务，包括工程范围、工期、质量标准、价款支付等关键内容，并规定违约责任及争议解决方式，以确保工程的顺利进行及问题得到妥善处理。

思政：通过本案例的分析，可以引导学生深入理解有关招投标和合同管理的法律法规，培养他们依法合规开展工作的意识和能力。同时，通过案例分析中对于公平、公正原则的强调，可以进一步增强学生的法治观念和职业道德素养，引导他们树立正确的价值观和职业观。

6.1 工程设计合同管理

6.1.1 工程设计合同示范文本

知识链接：《建设工程设计合同示范文本（房屋建筑工程）》（GF—2015—0209）

工程建设领域中，合同管理至关重要，它涵盖了工程从规划到实施的各个环节，确保项目的顺利进行。其中，工程设计合同作为项目启动的基石，对于明确双方权益、规避风险具有重要意义。

工程设计合同示范文本的编写，旨在提供一个标准、规范的合同框架，以便双方在签订合同时能够明确各自的职责和权益。示范文本通常包括工程设计的范围、质量标准、进度安排、费用结算等重要条款，以及违约责任和解决争议的方式。为规范工程设计市场秩序，维护工程设计合同当事人的合法权益，住房城乡建设部、国家工商行政管理总局制定了《建设工程设计合同示范文本（房屋建筑工程）》（GF—2015—0209）、《建设工程设计合同示范文本（专业建设工程）》（GF—2015—0210），自 2015 年 7 月 1 日起执行。

6.1.1.1 工程设计合同示范文本的分类

（1）标准型工程设计合同。这类合同主要适用于一般性的工程项目，内容较为通用，涵盖了设计范围、设计标准、设计周期、费用支付等基本条款。标准型合同具有简洁明了的特点，方便双方快速达成一致。

（2）专项型工程设计合同。针对特定领域或特定需求的工程项目，如交通、水利、建筑等工程项目，这类合同在标准型合同的基础上增加了专业领域的相关条款和技术要求，以确保设计符合特定行业的规范和标准。

（3）交钥匙型工程设计合同。这类合同不仅涵盖了设计内容，还包括后续的施工、设备安装调试等全部过程。合同中会明确设计、施工、调试等各个环节的责任划分和配合方式，以实现项目从设计到交付的全程管理。

（4）风险型工程设计合同。这类合同主要适用于存在较高风险或不确定性的工程项目。

合同中会明确风险分担机制，如设计错误或变更导致的额外费用和责任承担方式，以平衡双方的风险和利益。

各类工程设计合同示范文本都有其特点和适用范围，选择合适的合同类型对于确保项目的顺利进行和双方的权益至关重要。在签订合同时，双方应充分了解项目需求、行业特点和风险情况，结合实际情况选择合适的合同类型，并认真审查合同条款，确保合同条款的准确性和合法性。

6.1.1.2　工程设计合同示范文本的组成

《建设工程设计合同示范文本（房屋建筑工程）》（GF—2015—0209）和《建设工程设计合同示范文本（专业建设工程）》（GF—2015—0210）均由“合同协议书”“通用合同条款”“专用合同条款”三部分组成。本节以《建设工程设计合同示范文本（房屋建筑工程）》为例予以介绍。

（1）合同协议书是核心部分，详细描述了工程概况、合同工期、质量标准等关键信息，明确了双方的基本权利和义务。

（2）通用合同条款是依据相关法律法规制定的，对合同当事人的权利义务作出原则性约定，涵盖了工期、进度、质量与验收、变更、价款与支付等内容，确保合同执行的规范性和合法性。

（3）专用合同条款则是根据具体项目的特点和需要，对通用条款进行补充和细化，使合同更具针对性和可操作性。

合同文件还包括中标通知书、投标函及附录、发包人要求、设计费用清单、设计方案等附件，这些文件共同构成了完整的工程设计合同体系。

6.1.2　工程设计合同的订立

6.1.2.1　工程设计服务范围

工程设计服务是一项综合性的专业服务，旨在根据客户的需求和合同约定，提供全方位、高品质的设计解决方案。其服务范围广泛，涵盖了从项目初期到实施阶段的各个环节，为项目的顺利进行提供了有力的技术支撑。工程设计服务包括工程设计基本服务、工程设计其他服务。

（1）工程设计基本服务

工程设计基本服务是指设计人根据发包人的委托，提供编制房屋建筑工程方案设计文件、初步设计文件（含初步设计概算）、施工图设计文件服务，并相应提供设计技术交底、解决施工中的设计技术问题、参加竣工验收等服务。基本服务费用包含在设计费中。

（2）工程设计其他服务

工程设计其他服务是指发包人根据工程设计实际需要，要求设计人另行提供发包人应当单独支付费用的服务，包括总体设计服务、主体设计协调服务、采用标准设计和复用设计服务、非标准设备设计文件编制服务、施工图预算编制服务、竣工图编制服务等。例如，设计人可以提供施工阶段的现场技术支持，协助解决施工过程中遇到的技术问题；还可以提供设计优化服务，根据项目的实际情况和客户的反馈，对设计方案进行持续改进和优化，提高项目的品质和效益。此外，设计人员还可以提供后期维护服务，为项目的长期稳定运行提供技术支持和保障。

工程设计服务是一项涵盖面广、专业性强的服务。设计人员通过提供全方位、高品质的设计解决方案，帮助客户实现项目的顺利推进和成功实施。在未来，随着科技的不断进步和行业的不断发展，工程设计服务将继续发挥重要作用，为更多的项目提供有力的技术支持和服务保障。

6.1.2.2 工程设计费

工程设计费作为合同价格的重要组成部分，是发包人用于支付设计人依照合同约定完成工程设计范围内全部工作的金额。这一费用的设定，旨在确保设计人能够全身心地投入到工程设计的各项工作中，发挥其专业优势，为项目的顺利进行提供有力的保障。在设计过程中，设计人需要充分理解发包人的需求和期望，结合实际情况，制定出既符合规范又具有创新性的设计方案。这一过程不仅需要设计人具备扎实的专业知识和技能，还需要其具有敏锐的洞察力和丰富的实践经验。同时，设计费还包括合同履行过程中按合同约定发生的价格变化。这意味着，如果因发包人需求变更、设计方案调整或其他不可抗力因素导致设计工作量发生变化，双方可以依据合同条款进行协商，对设计费进行相应的调整。

因此，设计费的合理设定和支付，对于保障设计人的合法权益、激发其工作热情、提高设计质量具有重要意义。发包人和设计人应当充分重视这一费用的设定和支付问题，确保双方权益得到切实保障，共同推动项目的顺利进行。

①定金或预付款。定金的比例不应超过合同总价款的 20%。预付款的比例由发包人与设计人协商，一般不低于合同总价款的 20%。

②定金或预付款的支付按照专用合同条款约定执行，但最迟应在开始设计通知载明的开始设计日期前专用合同条款约定的期限内支付。

③发包人逾期支付定金或预付款超过专用合同条款约定的期限，设计人有权向发包人发出要求支付定金或预付款的催告通知，发包人收到通知后 7 天内仍未支付的，设计人有权不开始设计工作或暂停设计工作。

6.1.2.3 设计费比例

经发包人、设计人双方确认，如果发包人委托设计人负责全过程工程设计服务，各阶段的设计费比例为方案设计阶段的设计费占合同设计费总额的 20%，初步设计阶段的设计费占合同设计费总额的 30%，施工图设计阶段的设计费占合同设计费总额的 40%，施工配合阶段的设计费占合同设计费总额的 10%。如果发包人委托设计人负责部分工程设计服务，则每个阶段的设计费比例，由双方另行协商确定。

6.1.3 工程设计一般要求

6.1.3.1 对发包人的要求

(1)发包人作为委托方，在委托设计人进行工程设计时，必须严格遵守国家的相关法律法规和工程技术标准。这是确保工程质量和安全的前提，也是发包人应承担的基本责任。在任何情况下，发包人都不能以任何理由要求设计人违反法律和工程质量、安全标准进行工程设计，更不能以降低工程质量为代价来追求经济效益。否则，一旦因此造成工程质量问题或安全事故，发包人将承担严重的法律后果和经济损失。因此，发包人必须时刻保持清醒的头脑，坚持依法依规进行工程设计，确保工程质量和安全。

(2)当发包人对工程设计中的主要技术指标有控制要求时，这些控制指标应当符合相关的工程设计标准。例如，钢材用量、混凝土用量等主要技术指标的控制值，必须按照行业标准进行设定，不能随意降低或提高。同时，发包人应当在工程设计开始前，以书面形式向设计人明确提出这些控制要求，并在与设计人充分协商达成一致后，将控制要求以书面形式确定并作为合同附件。这样做有助于明确双方的权责关系，避免后期因技术指标控制问题而产生纠纷。

(3)在工程设计过程中，发包人应当严格遵守与主要技术指标控制相关的前提条件。如果因发包人的原因导致工程设计文件超出了主要技术指标的控制值，那么发包人应当承担相应的责任。这包括但不限于支付额外的设计费用、承担工程质量问题的修复费用等。因此，发包人在委托设计时应当充分考虑工程设计的实际情况和需要，合理设置技术指标控制值，并在设计过程中与设计人保持良好的沟通协作，确保工程设计的顺利进行和工程质量的稳定可靠。

6.1.3.2　对设计人的要求

(1)在设计工作中，设计人需严格遵守国家相关的法律法规和技术标准的强制性规定，并严格依据发包人的具体要求进行工程设计。对于工程设计的特殊标准或要求，合同双方当事人应当在专用合同条款中进行详细约定。如果在设计过程中，设计人发现发包人提供的工程设计资料存在问题，应当立即通知发包人，经过发包人的确认后，进行相应的调整或修改，确保设计的准确性和有效性。

(2)设计人在进行设计工作时应遵守的法律及技术标准，除非合同另有约定，都应视为在基准日期适用的版本。如果基准日期之后，相关版本发生重大变化，或者有新的法律及技术标准实施，设计人应向发包人提出遵守新标准的建议，并严格按照强制性的规定或标准执行。如果因发包人采纳了设计人的建议或遵守了新的强制性规定或标准，导致设计费用增加或设计周期延长，那么这部分额外的费用和时间应由发包人承担。

(3)设计人在进行工程设计时，需要根据建筑工程的使用功能和专业技术协调要求，科学合理地确定基础类型、结构体系、结构布置、使用荷载以及综合管线等。这需要设计人具备丰富的专业知识和实践经验，能够全面考虑各种因素，确保设计的合理性、安全性和经济性。

(4)设计人应当严格执行与发包人双方书面确认的主要技术指标控制值。这是确保工程设计质量的关键环节。如果因设计人的原因导致工程设计文件超出了在专用合同条款中约定的主要技术指标控制值比例，设计人应当承担相应的违约责任。这有助于约束设计人的行为，保证设计工作的质量和效率。

(5)在工程设计过程中，设计人选用的材料、设备应当符合质量、安全、节能、环保等要求，并注明其规格、型号、性能等技术指标及适应性。这有助于确保工程的质量和安全，同时也有助于降低工程成本和提高工程效益。设计人需要充分了解市场上的各种材料和设备，并根据工程的实际需求进行科学合理的选择。

6.1.4　工程设计合同的履行

6.1.4.1　双方的义务

(1)发包人的一般义务

①发包人应遵守法律，并办理法律规定由其办理的许可、核准或备案，包括但不限于建设用地规划许可证、建设工程规划许可证、建设工程方案设计批准、施工图设计审查等许可、核准或备案。

②发包人负责本项目各阶段设计文件向规划设计管理部门的送审报批工作，并负责将报

批结果书面通知设计人。因发包人原因未能及时办理完毕前述许可、核准或备案手续，导致设计工作量增加和(或)设计周期延长的，由发包人承担由此增加的设计费用和(或)延长的设计周期。若发包人未能按照约定时间完成相关手续，导致设计工作量的增加和设计周期的延长，发包人应当承担相应的责任。具体而言，发包人需支付因此增加的设计费用，并承担因设计周期延长而产生的额外成本。此外，发包人还应当积极协助设计人解决因手续延误而导致的问题，以确保项目的顺利进行。

③发包人应当负责工程设计的所有外部关系，包括但不限于当地政府主管部门等的协调，为设计人履行合同提供必要的外部条件。

④发包人在工程设计开始前或根据专用合同条款约定的时间，必须向设计人提供所有必需的工程设计资料。发包人对这些资料的真实性、准确性和完整性承担全面责任。这意味着如果发包人提供的工程设计资料存在任何虚假、不准确或遗漏的情况，导致设计无法正常进行或出现问题，发包人将对此负责并需采取必要措施以更正问题，确保设计工作顺利进行。此外，如因资料问题造成设计返工、修改或增加工作量，发包人同样需要承担额外的设计费用及可能引起的工期延长的责任。

⑤专用合同条款约定的其他义务。

(2)设计人的一般义务

①设计人应遵守法律和有关技术标准的强制性规定，完成合同约定范围内的房屋建筑工程方案设计、初步设计、施工图设计，提供符合技术标准及合同要求的工程设计文件，提供施工配合服务。

②设计人应当按照专用合同条款约定，配合发包人办理有关许可、核准或备案手续，因设计人原因造成发包人未能及时办理许可、核准或备案手续，若因特殊情况造成设计工作量增加或设计周期延长，设计人员须自行负担由此产生的额外设计费用及延期责任，确保项目按计划顺利进行。

③设计人应当根据合同约定，除了完成基本的工程设计任务外，还应当提供其他相关的服务。这些服务可能包括项目咨询、技术支持、施工监督等。设计人需要确保所有服务都符合合同的要求和标准，以满足客户的需求和期望。

④专用合同条款约定的其他义务。

6.1.4.2 对方的违约责任

(1)发包人的违约责任

①合同生效后，若发包人因非设计人原因终止或解除合同，设计人未开始工作时，不退还定金或支付违约金；已开始工作的，按完成工作量计算设计费，不足一半时支付一半，超过一半时全额支付。

②发包人未按专用合同条款约定的金额和期限向设计人支付设计费的，应按专用合同条款约定向设计人支付违约金。逾期超过 15 天时，设计人有权书面通知发包人中止设计工作。自中止设计工作之日起 15 天内发包人支付相应费用的，设计人应及时根据发包人要求恢复设计工作；自中止设计工作之日起超过 15 天后发包人支付相应费用的，设计人有权确定重新恢复设计工作的时间，且设计周期相应延长。

③发包人的上级或设计审批部门对设计文件不进行审批或合同工程停建、缓建，发包人应在事件发生之日起15天内按合同解除的约定向设计人结算并支付设计费。

④如果发包人未经设计人同意，擅自将设计文件用于非约定的其他工程，或向第三方泄露、使用这些设计文件，发包人将承担由此引起的法律责任。同时，发包人因滥用设计文件而对设计人遭受的直接经济损失进行赔偿，以保护设计人的知识产权和合法权益。

(2)设计人的违约责任

①合同一旦生效，若设计人基于自身原因主动请求终止或解除合同，则必须承担相应的经济责任。具体来说，设计人要双倍返还发包人此前支付的定金，或者按照合同中明确规定的违约条款，向发包人支付相应的违约金。这一做法确保了发包人因合同解除可能遭遇的损失而得到适当的补偿。

②由于设计人原因，未能按照合同中规定的时间节点提交工程设计文件，设计人必须按照合同中的规定向发包人支付违约金。这项违约金的金额需要双方共同确认，确认后，发包人可以从应付给设计人的设计费用中直接扣除相应的违约金，以弥补迟交设计文件可能给发包人造成的损失。

③设计人对工程设计文件出现的遗漏或错误负责修改或补充。由于设计人原因产生的设计问题造成工程质量事故或其他事故时，设计人除负责采取补救措施外，还应当通过所投建设工程设计责任保险向发包人承担赔偿责任，或者根据直接经济损失程度按专用合同条款约定向发包人支付赔偿金。

④由于设计人原因，工程设计文件超出了与发包人之间书面约定的主要技术指标控制值比例时，根据合同中的专用条款规定，设计人必须承担相应的违约责任。这意味着设计人要负责解决由超标造成的所有问题，确保设计方案满足合同规定的技术指标要求，以维护双方的合法权益。

⑤设计未经发包人同意擅自对工程设计进行分包的，发包人有权要求设计人解除未经发包人同意的设计分包合同，设计人应当按照专用合同条款的约定承担违约责任。

6.2　工程监理合同管理

6.2.1　工程监理合同示范文本

为规范建设工程监理活动，维护建设工程监理合同当事人的合法权益，住房城乡建设部、国家工商行政管理总局制定了《建设工程监理合同(示范文本)》(GF—2012—0202)，由“协议书”“通用条件”“专用条件”、附录 A 和附录 B 组成。

知识链接：《建设工程监理合同(示范文本)》(GF—2012—0202)

6.2.1.1　协议书

“协议书”是纲领性的法律文件，不仅明确了委托人和监理人，而且明确了双方约定的委托工程监理与相关服务的工程概况(工程名称、工程地点、工程规模、投资金额或建筑安装工程费)，总监理工程师(姓名、身份证号、注册号)，签约酬金(监理酬金、相关服务酬金)，服务期限(监理期限、相关服务期限)，双方对履行合同的承诺及合同订立的时间、地点、份数等。

协议书还明确了以下建设工程监理合同的组成文件：

①协议书。

②中标通知书(适用于招标工程)或委托书(适用于非招标工程)。

③投标文件(适用于招标工程)或监理与相关服务建议书(适用于非招标工程)。

④专用条件。

⑤通用条件。

⑥附录,即附录 A"相关服务的范围和内容"和附录 B"委托人派遣的人员和提供的房屋、资料、设备"。

合同签订后,双方依法签订的补充协议也是合同文件的组成部分。双方签订的补充协议与其他文件发生矛盾或歧义时,属于同一类内容的文件,应以最新签署的为准。上述合同文件的解释顺序为①→②→③及⑥→④→⑤。

6.2.1.2 通用条件

合同的通用条款部分详细阐述了所用术语的定义和解释,监理人的职责,委托人的职责,双方违约的后果,报酬的支付方式,合同的有效期限,修改、暂时中止、终止和解除条件以及解决争议的途径。此外,还包括了其他相关费用(如差旅费、测试费、咨询费、激励措施、法律遵从、诚信承诺、保密协议、通告义务、版权等事宜)的约定。这些通用条件适用于所有类型的建设工程监理工作,各方委托人和监理人都必须遵循执行。

6.2.1.3 专用条件

专用条件为通用条件的原则性规定提供了具体化、完善和补充的细节,或对其中的某些内容进行了必要的修订或特别约定。在签订特定工程监理合同时,根据地区的具体特点、所涉及的专业特性以及委托监理工程的独有特征,对通用条件中的相关条款进行相应的增补或修改,以确保合同内容更加符合项目的实际需求。

所谓"补充",是指通用条件中的条款明确规定的。在该条款确定的原则下,专用条件的条款中进一步明确具体内容,使两个条件中相同序号的条款共同组成一条内容完备的条款。

所谓"修改",是指通用条件中规定的程序方面的内容。如果双方认为不合适,可以协议修改。

6.2.1.4 附录

附录包括两部分,即附录 A 和附录 B。

委托人应在附录 A 明确约定服务范围及工作内容。委托人根据需要自主委托全部内容,也可以委托某个阶段的工作或部分服务内容。如果委托人不进行委托代理,则无须填写附录 A。

委托人为监理人开展正常工作派遣的人员和无偿提供的房屋、资料、设备,应在附录 B 中明确约定派遣或提供的对象、数量和时间。

6.2.2 工程监理合同的订立

6.2.2.1 定义

为了更好地确定合同中关键性的、特定的词语内涵,除根据上下文另有其意义外,组成合同的全部文件中的下列名词和用语应具有所赋予的含义:

①"工程"是指按照合同约定实施监理与相关服务的建设工程。

②"委托人"是指合同中委托监理与相关服务的一方,及其合法的继承人或受让人。

③"监理人"是指合同中提供监理与相关服务的一方,及其合法的继承人。

④“承包人”是指在工程范围内与委托人签订勘察、设计、施工等有关合同的当事人，及其合法的继承人。

⑤“监理”是指监理人受委托人的委托，依照法律法规、工程建设标准、勘察设计文件及合同，在施工阶段对建设工程质量、进度、造价进行控制，对合同、信息进行管理，对工程建设相关方的关系进行协调，并履行建设工程安全生产管理法定职责的服务活动。

⑥“相关服务”是指监理人受委托人的委托，按照合同约定，在勘察、设计、保修等阶段提供的服务活动。

⑦“正常工作”是指合同订立时通用条件和专用条件中约定的监理人的工作。

⑧“附加工作”是指合同约定的正常工作以外监理人的工作。

⑨“项目监理机构”是指监理人派驻工程负责履行合同的组织机构。

6.2.2.2　监理工作内容

监理工作内容应在专用条件中约定，通用条件规定的监理工作内容包括：

①收到工程设计文件后编制监理规划，并在第一次工地会议 7 天前报委托人。根据有关规定和监理工作需要，编制监理实施细则。

②熟悉工程设计文件，并参加由委托人主持的图纸会审和设计交底会议。

③参加由委托人主持的第一次工地会议；主持监理例会并根据工程需要主持或参加专题会议。

④审查施工承包人提交的施工组织设计，重点审查其中的质量安全技术措施、专项施工方案与工程建设强制性标准的符合性。

⑤检查施工承包人工程质量、安全生产管理制度及组织机构和人员资格。

⑥检查施工承包人专职安全生产管理人员的配备情况。

⑦审查施工承包人提交的施工进度计划，核查承包人对施工进度计划的调整。

⑧检查施工承包人的试验室。

⑨审核施工分包人的资质条件。

⑩查验施工承包人的施工测量放线成果。

⑪审查工程开工条件，对条件具备的签发开工令。

⑫审查施工承包人报送的工程材料、构配件、设备质量证明文件的有效性和符合性，并按规定对用于工程的材料采取平行检验或见证取样方式进行抽检。

⑬审核施工承包人提交的工程款支付申请，签发或出具工程款支付证书，并报委托人审核、批准。

⑭在巡视、旁站和检验过程中，发现工程质量、施工安全存在事故隐患的，要求施工承包人整改并报委托人。

⑮经委托人同意，签发工程暂停令和复工令。

⑯审查施工承包人提交的采用新材料、新工艺、新技术、新设备的论证材料及相关验收标准。

⑰验收隐蔽工程、分部分项工程。

⑱审查施工承包人提交的工程变更申请，协调处理施工进度调整、费用索赔、合同争议等事项。

⑲审查施工承包人提交的竣工验收申请，编写工程质量评估报告。

⑳参加工程竣工验收,签署竣工验收意见。

㉑审查施工承包人提交的竣工结算申请并报委托人。

㉒编制、整理工程监理归档文件并报委托人。

6.2.2.3 监理与相关服务收费

建设工程监理及相关服务的费用,包括施工阶段的监理费用和勘察、设计、保修等阶段的相关服务费用。根据《建设工程监理与相关服务收费管理规定》,其收费取决于建设项目的性质,分别按照政府指导价或市场调节价进行。依法必须进行的工程施工阶段监理收费按政府指导价执行;而其他工程施工监理收费以及其他阶段的监理与相关服务收费则由市场调节。对于执行政府指导价的施工监理费用,其基准价按照《建设工程监理与相关服务收费标准》确定,并允许在20%的浮动范围内调整。发包人和监理人应根据工程实际情况协商确定最终收费。对于采用市场调节价的工程监理与相关服务费用,则完全由发包人和监理人通过协商来决定收费金额。

6.2.3 工程监理合同的履行

6.2.3.1 委托人的义务

(1)告知。委托人应在委托人与承包人签订的合同中明确监理人、总监理工程师和授予项目监理机构的权限。如有变更,应及时通知承包人。

(2)提供资料。委托人应按照合同约定,无偿向监理人提供与工程相关的所有必要资料。在合同执行过程中,委托人必须及时更新并提交最新的工程资料,以确保监理人能够有效履行其职责。

(3)提供工作条件。委托人应为监理人完成监理与相关服务提供必要的条件,包括:①委托人应按照《建设工程监理合同(示范文本)》(GF—2012—0202)附录B的约定派遣相应的人员,提供房屋、设备,供监理人无偿使用;②委托人应负责协调工程建设中所有外部关系,为监理人履行合同提供必要的外部条件。

(4)委托人代表。委托人必须指定一位熟悉工程详情的代表,专门负责与监理人之间的沟通。在合同签订之后的7天内,委托人需以书面形式将该代表的姓名和职责明确告知监理人。若委托人决定更换代表,须至少提前7天通知监理人。

(5)委托人意见或要求。在合同约定的监理与相关服务工作范围内,委托人对承包人的任何意见或要求都应通知监理人,由监理人向承包人发出相应指令。

(6)答复。委托人需在合同的专用条件中规定的时间内,对监理人以书面形式提交且需要作出决策的事项给予书面响应。若委托人超出约定时间未能提供答复,则该事宜将被视为委托人默认同意。

(7)支付。委托人应按合同约定的额度、时间和方式,向监理人支付酬金。

6.2.3.2 监理人的义务

(1)监理与相关服务依据

①监理依据包括:a.适用的法律、行政法规及部门规章;b.与工程有关的标准;c.工程设计及有关文件;d.合同及委托人与第三方签订的与实施工程有关的其他合同。双方根据工程的行业和地域特点,在专用条件中具体约定监理依据。

②相关服务依据在专用条件中约定。

(2)项目监理机构和人员

①监理人必须建立一个能够全面满足工程监理需求的项目机构,并配备所需的检测设备。此外,项目监理机构的核心成员必须具备合适的资格和经验,以确保他们能够有效地执行监理任务。

②在合同执行期间,总监理工程师和关键职位的监理人员应保持人员的稳定性,以保障监理工作的连续性和有效性,确保整个监理过程顺利进行。

③在合同履行过程中,监理人可以根据工程的进展和实际工作需求调整项目监理团队的人员配置。若监理人需要更换总监理工程师,必须提前 7 天向委托人提交书面报告,并在获得委托人的同意后才能进行更换。对于项目监理机构中的其他监理人员的更换,监理人应确保替换人员具有相当的资质与能力,并及时通知委托人以征得其同意。

④监理人应及时更换有下列情形之一的监理人员:

a. 有严重过失行为的。

b. 有违法行为不能履行职责的。

c. 涉嫌犯罪的。

d. 不能胜任岗位职责的。

e. 严重违反职业道德的。

f. 专用条件中约定的其他情形。

⑤委托人可要求监理人更换不能胜任本职工作的项目监理机构人员。

(3)履行职责

监理人应遵循职业道德准则和行为规范,严格按照法律法规、工程建设有关标准及合同履行职责。

①在监理和相关服务的范围内,当委托人和承包人提出他们的意见和要求时,监理人必须迅速作出反应,及时提供相应的处理建议。如果委托人与承包人之间出现合同解释上的分歧或争议,监理人应积极参与协调过程,协助双方通过协商找到解决争议的方案。这有助于确保所有合同条款都得到恰当执行,并维护项目顺利进行。

②当委托人与承包人之间的合同争议提交仲裁机构仲裁或人民法院审理时,监理人应提供必要的证明资料。

③在合同的专用条件中规定的授权范围内,监理人应负责处理委托人与承包人之间签订合同的任何变更事项。若合同变更超出了监理人的授权范围,必须以书面形式提交给委托人审批。在紧急情况下,为了立即保护财产和确保人身安全,如果监理人需发出指令而无法提前获得委托人的批准,则应在指令发出后的 24 小时内向委托人提供书面报告。

④除专用条件另有约定外,监理人发现承包人的人员不能胜任本职工作的,有权要求承包人予以调换。

(4)提交报告

监理人应按专用条件约定的种类、时间和份数向委托人提交监理与相关服务的报告。

(5)文件资料

在合同履行期内,监理人应在现场保留工作所用的图样、报告及记录监理工作的相关文件。工程竣工后,应当按照档案管理规定将监理有关文件归档。

(6)使用委托人的财产

监理人有权无偿使用委托人提供的人员、房屋、资料及设备。除非合同的专用条款中另有明确规定,这些由委托人提供的房屋和设备仍然属于委托人的财产。监理人必须小心使用并妥善保管这些财产。在合同结束时,监理人需要根据合同的专用条款所约定的时间和方法,将房屋和设备的详细清单提交给委托人,并按约定完成物品的移交工作。

6.2.3.3 违约责任

(1)监理人的违约责任

监理人未履行合同义务的,应承担相应的责任。

①因监理人违反合同约定给委托人造成损失的,监理人应当赔偿委托人损失。赔偿金额的确定方法在专用条件中约定。监理人承担部分赔偿责任的,其承担的赔偿金额由双方协商确定。

②当监理人向委托人提出索赔,而该索赔最终被认定为不成立或无合理依据时,根据合同条款,监理人可能需要承担相应的责任。这包括对委托人因应对索赔而产生的费用进行赔偿。这些费用可能包括委托人为反驳索赔准备文件的费用、相关的法律咨询费,以及因处理索赔事宜而导致的其他间接损失。因此,监理人在提出索赔前应仔细评估其索赔的合理性和证据的充分性,以避免不必要的经济损失和信誉损害。

(2)委托人的违约责任

委托人未履行合同义务的,应承担相应的责任。

①委托人违反合同约定造成监理人损失的,委托人应予以赔偿。

②委托人向监理人的索赔不成立时,应赔偿监理人由此引起的费用。

③委托人未能按期支付酬金超过 28 天的,应按专用条件约定支付逾期付款利息。

(3)除外责任

在非监理人原因且监理人无任何过错的情况下,如果发生工程质量事故、安全事故或工期延误等造成的损失,监理人将不承担赔偿责任。此外,当合同因不可抗力事件而全部或部分无法履行时,各方应自行承担由此产生的损失和损害。

6.2.3.4 合同生效、变更、暂停、解除与终止

(1)生效

除法律另有规定或者专用条件另有约定外,委托人和监理人的法定代表人或其授权代理人在协议书上签字并盖单位章后合同生效。

(2)变更

①当合同的任何一方提出变更请求时,双方应通过协商达成共识。只有在双方经过充分的讨论并一致同意的情况下,才可以对合同内容进行相应的变更。这一过程确保了变更是以双方的共同利益为基础的,同时也保护了各自的权益,使得合同的执行更加适应可能出现的新情况或变化的需求。

②除不可抗力外,因非监理人原因导致监理人履行合同期限延长、内容增加时,监理人应当将此情况与可能产生的影响及时通知委托人。增加的监理工作时间、工作内容应视为附加工作。附加工作酬金的确定方法在专用条件中约定。

③合同生效后,如果实际情况发生变化使得监理人不能完成全部或部分工作时,监理人应立即通知委托人。除不可抗力外,其善后工作以及恢复服务的准备工作应为附加工作,附加工

作酬金的确定方法在专用条件中约定。监理人用于恢复服务的准备时间不应超过 28 天。

④合同签署完毕之后，若遇到与工程相关的法律法规或标准的颁布或修订，双方必须遵守并执行这些新的或修订过的法律法规和标准。如果因此导致监理及相关服务的范围、时间安排或酬金支付等方面发生变化，双方应通过协商一致的方式对这些变化进行适当的调整。这既保证了合同的履行能够符合最新的法律要求，也确保了监理服务的质量和效率得到维持或提升。

⑤如果工程的概算投资额或者建筑安装工程费用的增加，不是由监理人引起的，那么正常工作所对应的酬金也应当相应地进行调整。具体的调整方法和方式应在合同的专用条件中明确规定，以确保酬金的调整公平合理，符合双方的实际工作内容和责任范围。

⑥由于工程规模或监理范围的变化导致监理人的正常工作量减少，其相应的正常工作酬金应当进行相应的调整。具体的调整方法应在合同的专用条件中详细说明，以确保酬金的调整能够恰当反映实际工作量的变化，保障监理人的利益与工作的合理补偿。

(3)暂停与解除

除双方协商一致可以解除合同外，当一方无正当理由未履行合同约定的义务时，另一方可以根据合同约定暂停履行合同，直至解除合同。

(4)终止

以下条件全部满足时，合同即告终止：

①监理人完成合同约定的全部工作。

②委托人与监理人结清并支付全部酬金。

6.3　工程造价咨询合同管理

6.3.1　工程造价咨询合同示范文本

知识链接：《建设工程造价咨询合同(示范文本)》(GF—2015—0212)

《建设工程造价咨询合同(示范文本)》(GF—2015—0212)有四个主要部分：协议书、通用条件、专用条件和附录。该示范文本为合同双方提供了一个参考框架，适用于各种类型的建设工程的全过程造价咨询服务，以及特定阶段的造价咨询合同的制定。在符合法律法规的前提下，合同当事人可以根据实际的工程情况，参照该示范文本中的内容，明确约定并同意双方的具体权利和义务。

6.3.1.1　协议书

示范文本中的协议书部分详细阐述了合同当事人的基本权利和义务。它不仅确定了委托人和咨询人的身份，还详细列出了工程造价咨询与相关服务的工程项目信息，包括工程名称、工程地点、工程规模、投资总额、资金来源、建设工期或周期等。此外，协议书也明确了服务的范围、工作内容、服务期限、质量标准、报酬计算方法、特定词语的定义，以及合同生效的条件和合同签订的具体时间、地点，合同副本的数量等。

协议书还明确了以下建设工程造价咨询合同的组成文件：

①中标通知书或委托书(如果有)。

②投标函及投标函附录或造价咨询服务建议书(如果有)。

③专用条件及附录。

④通用条件。

⑤其他合同文件。

上述提及的各项合同文件，包括双方就这些文件所做出的任何补充和修改，只要是属于同一类内容的文件，都应以最后签署的版本为准。在合同的订立及履行过程中产生的所有与合同相关的文件(包括任何补充协议)都是合同文件的组成部分。所有这些文件应当能够相互解释和说明。除非专用条件中另有明确规定，否则合同文件的解释顺序应按照上述列出的序号为准。

6.3.1.2 通用条件

通用条件是根据《民法典》《建筑法》以及其他相关法律法规制定的，针对工程造价咨询的实施及有关事项，对合同双方当事人的权利和义务进行了原则性的规定。这些条件不仅满足了当前法律法规对工程承发包计价的相关要求，还考虑到了工程造价咨询管理的特殊需求。

通用条件包括了词语定义、所用语言、解释顺序与适用法律、委托人的责任、咨询人的责任、违约责任、支付方式、合同的变更、解除与终止，以及争议解决机制等其他方面的约定。

6.3.1.3 专用条件

专用条件是对通用条件原则性约定的细化、完善、补充、修改或另行约定的条件。合同当事人可以根据不同建设工程的特点及承发包计价的具体情况，通过双方的谈判、协商，对相应的专用条件进行修改和补充。在使用专用条件时，应注意以下事项：

①专用条件应当与相应的通用条件保持一致的编号，以确保合同条款的清晰对应和易于识别。这样，当事人在查阅合同时可以快速找到相关的专用条件，并与对应的通用条件进行比较，从而确保双方的权利和义务都能正确地理解和执行。

②当事人可根据具体工程需求调整专用条件，避免直接修改通用条款，确保合同更贴合实际项目。这一做法提高了合同灵活性，满足特定要求，减少纠纷，促进工程顺利进行。

③在专用条件中有横道线的地方，合同当事人可针对相应的通用条件进行细化、完善、补充、修改或另行约定；如无细化、完善、补充、修改或另行约定，则填写“无”或画“/”。

6.3.1.4 附录

附录包括四部分，即附录 A“服务范围及工作内容、酬金一览表”、附录 B“咨询人提交成果文件一览表”、附录 C“委托人提供资料一览表”、附录 D“委托人提供房屋及设备一览表”。

委托人须在附录 A(表 6-1)中明确指定各服务阶段的服务范围和工作内容。未在列表中提及的服务范围和工作内容应列入“其他”类别。附录详细划分了不同服务阶段(例如决策、设计、承发包、实施、竣工等)，并规定了每个阶段的具体服务范围和工作内容，包括编制、审核和调整任务。委托人可以选择特定阶段和工作内容的服务，或者选择涵盖全过程的全套服务。

表 6-1 服务范围及工作内容、酬金一览表

服务阶段	服务范围及工作内容		酬金			备注
	服务范围	工作内容	收费基数	收费标准(比例)	酬金数额(单位:万元)	
决策阶段	投资估算	□编制□审核□调整				
	经济评价	□编制□审核□调整				
	其他:					

续表 6-1

服务阶段	服务范围及工作内容		酬金			备注
	服务范围	工作内容	收费基数	收费标准（比例）	酬金数额（单位：万元）	
设计阶段	设计概算	□编制□审核□调整				
	施工图预算	□编制□审核□调整				
	其他：					
发承包阶段	工程量清单	□编制□审核□调整				
	最高投标限价	□编制□审核□调整				
	投标报价分析	□编制□审核□调整				
	清标报告	□编制□审核□调整				
	其他：					
实施阶段	资金使用计划	□编制				
	工程计量与工程款审核	□编制□审核□调整				
	合同价款调整	□编制□审核□调整				
	工程变更、索赔、签证	□审核				
	工程实施阶段造价控制					
	其他：					
竣工阶段	竣工结算	□编制□审核□调整				
	竣工决算	□编制□审核□调整				
	其他：					
其他服务	工程估价鉴定					

注：1. 附录 A 中服务范围及工作内容未涉及的可在“其他”项中列明。

2. 实行全过程造价咨询的工程，服务范围及工作内容按上表，酬金及计取方式为________________。

6.3.2　语言、适用法律与词语定义

6.3.2.1　语言、适用法律

语言一般使用中文书写、解释和说明。如专用条件约定使用两种及两种以上语言文字时，应以中文为准。

适用法律主要包括我国的法律、行政法规、部门规章，以及工程所在地的相关地方性法规、自治条例、单行条例和地方政府规章等。在专用条件中，合同当事人也可以约定其他适用于合同的规范性文件，包括规范、规程、定额和技术标准等。

6.3.2.2　词语定义

组成合同的全部文件中的下列名词和用语应具有所赋予的含义：

①“工程”是指按照合同约定实施造价咨询与其他服务的建设工程。

②“工程造价”是指工程项目建设过程中预计或实际支出的全部费用。

③“委托人”是指合同中委托造价咨询与其他服务的一方，及其合法的继承人或受让人。

④“咨询人”是指合同中提供造价咨询与其他服务的一方，及其合法的继承人。

⑤“第三人”是指除委托人、咨询人以外与本咨询业务有关的当事人。

⑥“正常工作”是指合同订立时通用条件和专用条件中约定的咨询人的工作。

⑦“附加工作”是指咨询人根据合同条件完成的正常工作以外的工作。

⑧“项目咨询团队”是指咨询人指派负责履行合同的团队。其团队成员为合同的项目咨询人员。

⑨“项目负责人”是指由咨询人的法定代表人书面授权，在授权范围内负责履行合同、主持项目咨询团队工作的负责人。

⑩“委托人代表”是指经委托人的法定代表人以书面形式授权，在授权范围内行使委托人权利的个体。

⑪“酬金”是指咨询人履行合同义务，委托人按照合同约定给付咨询人的金额。

⑫“正常工作酬金”是指在协议书中载明的，咨询人完成正常工作，委托人应给付咨询人的酬金。

⑬“附加工作酬金”是指咨询人完成附加工作，委托人应给付咨询人的酬金。

⑭“书面形式”是指合同书、信件和数据电文（包括电报、电传、传真、电子数据交换和电子邮件）等可以有形地表现所载内容的形式。

⑮“不可抗力”指的是在合同签订时，委托人和咨询人无法预见，且在合同执行过程中无法避免或克服的自然灾害和突发社会事件，例如地震、海啸、疫情、洪水、骚乱、暴动和战争等。

6.3.3 双方的义务

6.3.3.1 委托人的义务

通常情况下，工程造价咨询合同专用条件需要约定双方具体的义务，通用条件规定如下：

(1)提供资料、支付酬金

①委托人负责在约定的期限内，根据“委托人提供资料一览表”的条款，无偿向咨询人提供与合同咨询业务有关的资料。在合同执行过程中，委托人必须及时更新并提交与咨询业务相关的重要资料。同时，委托人需确保所提供资料的真实性、准确性、合法性及完整性。

②委托人应当根据合同中明确规定的条款，按时向咨询人支付相应的酬金。这是咨询人提供专业服务的基本对价，反映了双方在商业交易中的诚信和责任。酬金的支付不仅是对咨询人工作的认可，也是维持合同关系稳定和顺畅的关键因素。委托人需要确保酬金的支付方式、数额以及时间节点符合合同的约定，任何的延误或不足额支付都可能影响咨询人的服务质量，甚至导致法律上的纠纷。因此，委托人应严格遵守合同规定，保证酬金的及时和完整支付，以维护双方的权益和合作的顺利进行。

(2)提供工作条件

委托人应为咨询人完成造价咨询提供必要的条件。

①如果委托人需要咨询人派驻项目现场咨询人员，那么在没有其他专用条件的特殊约定下，这些咨询人员有权无偿使用《建设工程造价咨询合同(示范文本)》(GF—2015—0212)附录D中由委托人提供的房屋及设备。这是为了确保咨询人员能够在项目现场更好地开展工作，

提供高质量的咨询服务。使用这些设施和设备是咨询人员正常工作的一部分，并且这种安排有助于提高工作效率和服务质量。委托人提供的房屋和设备应符合适当的标准，以确保咨询人员有一个舒适的工作环境，从而能够专注于他们的专业职责。这种对资源的利用是建立在合同条款的基础上的，旨在促进项目的成功实施，并遵守合作双方的相互义务。

②委托人应当承担与本工程造价咨询业务有关的所有外部关系的协调工作，确保为咨询人履行合同提供必要的外部条件。这包括但不限于与项目相关的政府机关、监管机构和其他第三方机构的沟通与协调。委托人需要确保这些外部关系不会对咨询人的正常工作造成不利影响，并解决可能对咨询服务产生直接或间接影响的问题。通过有效地管理和协调这些外部关系，委托人可以帮助创造一个有利于咨询人高效、顺利履行职责的工作环境。这种责任的承担是保障整个项目按计划进行的关键因素之一，也是维护双方合作关系和实现项目目标的重要环节。

(3)合理工作时限与答复

①委托人应当为咨询人完成其咨询工作设定合理的工作时限，确保咨询人有充分的时间进行深入研究、分析和提供高质量的咨询服务。

②委托人应当在专用条件约定的时间内，就咨询人以书面形式提交并要求作出答复的事宜给予书面答复。逾期未答复的，由此造成的工作延误和损失由委托人承担。

(4)委托人代表

委托人应指定一名授权代表来负责监督合同的执行。在双方签订合同后的 7 天内，委托人必须以书面形式将授权代表的姓名和职权范围通知给咨询人。如果委托人决定更换其代表，必须在更换前至少 7 天以书面形式通知咨询人。

6.3.3.2　咨询人的义务

(1)项目咨询团队及人员

工程造价咨询作为专业服务，实际提供服务的专业人员对最终的咨询成果有着决定性影响。为了保证咨询成果的质量，通用条件中规定如下：

①项目咨询团队的主要成员必须满足专用条件中约定的资格条件，以确保团队具备完成任务所需的专业能力。同时，团队成员的数量也应符合合同中的规定，以保障有足够的人力资源来执行和完成所有必要的咨询服务工作。

②项目负责人。咨询人应以书面形式授权一名项目负责人负责履行合同、主持项目咨询团队工作。采用招标程序签署合同的，项目负责人应当与投标文件载明的一致。

③在合同执行期间，咨询团队的构成应保持一定的稳定性，以确保咨询任务能够顺畅无阻地进行。随着工程进展或工作需求的变化，咨询人可以对项目团队的人员进行调整。若需更换项目负责人，咨询人必须至少提前 7 天向委托人提交书面报告，并在获得委托人的同意后，方可进行更换。除非专用条件中有特别的规定，否则更换项目团队中的其他咨询人员时，咨询人应提前 3 天向委托人发出书面通知，并在得到委托人的同意后，用具有相似资质和能力的人员进行替换。

④咨询人员有下列情形之一，委托人要求咨询人更换的，咨询人应当更换：

存在严重过失行为的、存在违法行为不能履行职责的、涉嫌犯罪的、不能胜任岗位职责的、严重违反职业道德的、专用条件约定的其他情形。

(2)咨询人的工作要求

按时按质出具咨询成果，是咨询人的主要合同义务，通用条件中规定如下：

①咨询人必须严格遵守专用条件中约定的时间要求，向委托人提供与工程造价咨询业务相关的所有资料。这些资料应当包括但不限于工程造价咨询企业的资质证书、负责合同业务的团队成员名单及其执业（从业）资格证书、咨询工作大纲等。咨询人还需确保按照合同约定的服务范围和工作内容，认真执行咨询业务，以满足委托人的需求并确保咨询服务的质量和效率。

②咨询人必须在专用条件规定的时间内，按照约定的份数和组成，向委托人提交咨询成果文件。这些文件应当符合当前国家或行业的相关规定、标准和规范。如果委托人要求的工程造价咨询成果文件的质量标准高于现行国家或行业标准，应在专用条件中明确规定，并且应相应地增加服务酬金以反映更高的质量要求。

③咨询人提交的工程造价咨询成果文件，除了必须加盖咨询单位的公章和工程造价咨询企业的执业印章之外，还需要按照要求加盖参与咨询工作的人员的执业（从业）资格印章。这一步骤是确保文件真实性、有效性和专业性的重要环节，同时也体现了咨询团队的专业资质和对工作成果的责任认可。

④咨询人应在专用条件约定的时间内，对委托人以书面形式提出的建议或者异议给予书面答复。

⑤咨询人在从事工程造价咨询活动时，必须恪守独立、客观、公正和诚实信用的原则。这意味着咨询人在提供专业服务的过程中，应保持独立性，避免受到任何不正当的影响或干预；应以客观事实为基础，进行科学的分析和评估；应公正对待所有相关方，确保咨询结果的公平性；同时，还应严格遵守诚实信用的原则，保证信息的真实性和可靠性，不得有任何虚假陈述或误导性行为。此外，咨询人在执行其职责时，应始终注意不得损害社会公共利益和他人的合法权益，确保咨询活动的合法性和道德性。

⑥咨询人郑重承诺，将依照法律规定和合同约定，忠诚地完成合同范围内的建设工程造价咨询服务。咨询人保证不会将承接的造价咨询服务业务转包给其他方，以确保服务质量和客户利益。这一承诺体现了咨询人对专业责任的坚守，以及对客户权益的尊重和保障。

(3)咨询人的工作依据

①咨询人应在专用条件内与委托人协商明确履行合同约定的咨询服务需要适用的技术标准、规范、定额等工作依据，但不得违反国家及工程所在地的强制性标准、规范。

②咨询人应自行配备上述的技术标准、规范、定额等相关资料。必须由委托人提供的资料，应在“委托人提供资料一览表”中载明。需要委托人协助才能获得的资料，委托人应予以协助。

(4)使用委托人房屋及设备的返还

项目咨询人员在使用委托人提供的房屋及设备期间，咨询人应负责妥善使用和保管。在合同终止时，咨询人必须按照专用条件中约定的时间和方式，将上述房屋及设备原样返还给委托人。

6.3.4 合同的变更、解除与终止

6.3.4.1 合同变更

(1)当任何一方以书面形式提出变更请求时，双方应通过协商一致的原则来处理这一请

求。只有在双方经过充分的沟通和协商、达成一致意见后，才可对合同内容进行相应的变更。这一过程确保了合同的修改，反映了双方共同的意愿，同时也保护了各自的利益和权利。

(2)除非因不可抗力，如果咨询人履行合同的期限延长或工作内容增加是非咨询人的原因造成的，咨询人应立即将这种情况及其可能产生的影响通知委托人。由此增加的工作时间或工作内容应当被视为附加工作。对于附加工作的酬金，其确定方法应由双方根据委托的服务范围及工作内容，在专用条件中明确约定。

(3)合同履行过程中，遇有与工程相关的法律法规、强制性标准颁布或修订的，双方应遵照执行。非强制性标准、规范、定额等发生变化的，双方协商确定执行依据。由此引起造价咨询的服务范围及内容、服务期限、酬金发生变化的，双方应通过协商确定。

(4)当工程规模、服务范围及工作内容发生变化，导致咨询人的工作量出现增减时，服务酬金应当进行相应的调整。这种调整应当公平反映工作量的变化，确保咨询人得到合理的报酬。具体的调整方法应由双方在专用条件中通过协商来约定，以便在变化发生时能够快速有效地实施调整，保证合同执行的顺利进行。

6.3.4.2 合同解除

有下列情形之一的，合同当事人一方或双方可以解除合同：

(1)在合同执行过程中，如果咨询人将合同约定的工程造价咨询服务工作全部或部分转包给他人，未经委托人同意，委托人有权解除合同。这种行为可能违反了合同中对服务提供者的资质和责任的约定，影响了合同的履行质量。委托人可以在发现转包情况时，要求咨询人立即纠正并停止转包行为。如果咨询人未能采取相应的措施或转包已经影响到服务质量，委托人则可以依法解除合同，并要求咨询人承担相应的违约责任。

(2)在合同执行过程中，如果委托人未能按照合同约定及时支付服务酬金，咨询人有权发出催告通知。如果经过咨询人的催告后，委托人在 28 天内仍未支付相应的服务酬金，咨询人便可以依法解除合同。这一条款是为了保护咨询人的合法权益，确保其能够按时获得自己应得的报酬。解除合同是咨询人在委托人严重违约情况下的最后手段，此举可能导致双方合同关系的终止，并可能涉及进一步的法律责任和赔偿。因此，在实际操作中，咨询人在解除合同前通常会再次尝试与委托人协商解决支付问题，以避免合同解除带来的复杂后果。

(3)在合同执行过程中，如果遇到不可抗力的情况，导致合同无法继续履行，双方应根据实际情况进行处理。在这种情况下，受影响的一方应及时通知对方，并提供必要的证明文件。双方应根据不可抗力的影响程度，协商决定是否延期履行合同、部分免除履行责任或解除合同，并确定相应的经济结算方式，以公平合理地处理因不可抗力带来的后果。

(4)因一方违约致使合同无法实际履行或实际履行已无必要。

除上述情形外，双方还可以根据委托的服务范围及工作内容，在专用条件中约定解除合同的其他条件。

(1)在合同执行过程中，如果任何一方基于合同约定或法律规定提出解除合同，该方应提前 30 天以书面形式通知对方。这一要求是为了确保双方有足够的时间对解除合同的决定进行评估和准备，以便更好地处理因合同解除可能产生的各项事宜，如暂停工作、结算费用、转移资产等。提前通知也是对对方权益的尊重，有助于双方协商解决未完成的工作、未支付的酬金以及可能产生的违约责任等问题，减少因合同解除可能引发的争议和损失。

(2)合同解除后，委托人应按照合同约定向咨询人支付已完成部分的咨询服务酬金。因不可抗力导致的合同解除，其损失的分担按照合理分担的原则由合同当事人在专用条件中自行约定。除不可抗力外，因非咨询人原因导致的合同解除，其损失由委托人承担。因咨询人自身原因导致的合同解除，按照违约责任处理。

(3)合同解除后，合同约定的有关结算、争议解决方式的条款仍然有效。

6.3.4.3 合同终止

除合同解除外，以下条件全部满足时，合同终止：

(1)咨询人完成合同约定的全部工作。

(2)委托人与咨询人结清并支付酬金。

(3)咨询人将委托人提供的资料交还。

6.3.5 违约责任与争议解决

6.3.5.1 委托人的违约责任

(1)在合同执行过程中，如果委托人未能履行其合同义务，或者其履行的义务不符合合同约定的质量、标准或时间等要求，委托人应当承担相应的违约责任。这种违约责任可能包括修复不合格的工作、补正不足、支付违约金、赔偿损失等。为了明确违约发生时的处理方式，双方可以在专用条件中具体约定违约金的计算方法和支付方式。这样的约定有助于在违约情况发生时，能够快速、公正地解决争议，减少因违约带来的不确定性和潜在的纠纷。违约金的设定应当公平合理，既能补偿咨询人因委托人违约而遭受的损失，又不至于对委托人造成过重的负担。

(2)在合同执行过程中，如果委托人违反合同约定，导致咨询人遭受损失，委托人应当根据合同约定承担赔偿责任。这种赔偿责任的目的是使咨询人因委托人的违约行为而受到的损失得到补偿，恢复咨询人到未受损害前的状态。为了明确赔偿的具体操作，双方可以在专用条件中详细约定赔偿金额的确定方法和支付方式。这可以包括赔偿金的计算标准、支付时间、支付方式等细节。通过这样的约定，可以确保当委托人违约时，咨询人能够及时、有效地获得应有的赔偿，同时也为双方提供了一个清晰、可操作的赔偿流程，有助于减少争议和纠纷。

(3)如果委托人未能按照合同约定的期限支付酬金，且逾期时间超过 14 天，那么委托人应当按照一定的计算方法支付逾期付款利息。这种利息的计算可以基于中国人民银行发布的同期贷款基准利率，具体计算公式为逾期付款利息 = 当期应付款总额 × 中国人民银行发布的同期贷款基准利率 × 逾期支付天数(从逾期之日起开始计算)。此外，双方也可以在专用条件中另行约定逾期付款利息的计算及支付方法，以便更灵活地适应实际情况，并满足特定的合同履行需求。这样的约定有助于确保咨询人在委托人逾期支付时能够得到适当的经济补偿，同时也促使委托人更加重视合同义务的按时履行。

6.3.5.2 咨询人的违约责任

(1)咨询人不履行合同义务或者履行义务不符合合同约定的，应承担违约责任。双方可在专用条件中约定违约金的计算及支付方法。

(2)因咨询人违反合同约定给委托人造成损失的，咨询人应当赔偿委托人损失。双方可在专用条件中约定赔偿金额的确定及支付方法。

6.3.5.3 争议解决

(1)协商。在合同履行过程中，如果发生任何争议，双方应本着诚实信用的原则，通过友好协商的方式予以解决。这种方式强调了双方在处理争议时应保持诚信和互信，以达成一个双方都可接受的解决方案。

(2)调解。如果在规定的 14 天期限或者双方共同商定的其他时间段内，合同双方未能就争议事项达成共识，那么他们可以将此争议提交给在专用合同条件中事先约定的调解人，或者根据双方后期达成的调解协议，选定一个合适的调解人来进行调解。

(3)仲裁或诉讼。双方均有权不经调解直接向专用条件约定的仲裁机构申请仲裁或向有管辖权的人民法院提起诉讼。

6.3.6 合同其他约定

6.3.6.1 酬金支付

(1)支付货币。除非专用条件中已有明确规定，所有的支付均应以人民币进行。当涉及外币支付时，所采用的货币类型、汇率以及相关的换算方法都应在合同的专用条件中详细约定，以确保双方在交易过程中的货币兑换和支付都遵循着清晰且一致的标准。这样有助于避免因汇率波动或货币不同造成的不必要的经济损失和误解。

(2)支付申请。咨询人应在合同约定的每次应付款日期前，向委托人提交支付申请书。支付申请书的提交日期由双方在专用条件中约定。支付申请书应当说明当期应付款总额，并列出当期应支付的款项及其金额。

(3)支付酬金。支付酬金包括正常工作酬金、附加工作酬金、合理化建议奖励以及相关费用，当咨询人根据合同提交酬金支付申请后，对方必须在收到申请书的 7 天内，以书面形式提出异议(如果有)。对于无异议的酬金部分，应当按照约定时间进行支付。而对于有异议的部分，应依据合同中争议解决条款的规定进行处理。这样的处理确保了双方权益的正当性和支付流程的透明性。

6.3.6.2 考察及相关费用

除专用条件另有约定外，咨询人经委托人同意进行考察发生的费用由委托人审核后另行支付。差旅费及相关费用的承担由双方在专用条件中约定。

6.3.6.3 奖励与保密

(1)对于咨询人在服务过程中提出合理化建议，使委托人获得效益的，双方在专用条件中约定奖励金额的确定方法。奖励金额在合理化建议被采纳后，与最近一期的正常工作酬金同期支付。

(2)在合同的履行期间或者根据专用条件约定的特定期限内，双方必须严格遵守保密义务，不得泄露对方明确声明为保密的资料。这包括所有与项目实施有关的敏感信息，以及由第三方提供的任何保密资料。具体的保密条款、保密信息的范畴、保密期限以及违反保密义务的后果等细节都应在合同的专用条件中明确规定。这样的安排是为了保护双方的商业利益和知识产权，确保合作的顺利进行，同时维护第三方的信任与合作关系。

6.3.6.4 联络

(1)所有与合同执行相关的通知、指示、要求、决定等，必须以书面形式进行。这些文档应在合同的专用条件中规定的期限内被准确地送达到预定的接收人和指定的送达地点。这种书面送达的要求旨在确保双方沟通的清晰性、可追溯性和法律上的有效性，同时避免因口头传达可能产生的误解或争议。遵守这一规定对保持合同执行的顺畅和保护双方的权益至关重要。

(2)委托人和咨询人应在专用条件中约定各自的送达接收人、送达地点、电子邮箱。任何一方指定的接收人或送达地点或电子邮箱发生变动的,应提前 3 天以书面形式通知对方,否则视为未发生变动。

(3)委托人和咨询人应当保证及时签收对方根据合同送达指定地点和接收人的往来函件。如果在有充分证据的情况下,一方无正当理由而拒绝签收这些文件,那么在法律上将被视为该方已经认可了函件中的内容。这种规定是为了确保双方能够有效地进行沟通,并且对于交流的文件承担相应的法律责任。

6.3.6.5 知识产权

(1)除专用条件另有约定外,由委托人提供给咨询人的图样、委托人自行或委托制定的技术规范以及体现委托人要求或其他类似性质的文件的著作权归委托人所有。咨询人可以为了实现合同的目的而复制或以其他方式使用这些文件,但不得用于与合同无关的事项。未经委托人书面同意,咨询人不得为合同之外的目的复制、使用上述文件,或将其提供给任何第三方。

(2)除专用条件另有约定外,咨询人为履行合同约定而编制的成果文件,其著作权属于咨询人。委托人可以为实现合同目的而复制、使用此类文件,但不能擅自修改或用于与合同无关的其他事项。未经咨询人书面同意,委托人不得为了合同以外的目的而复制或者以其他方式使用上述文件或将之提供给任何第三方。

(3)在执行合同的过程中,双方均需保证不侵犯对方及任何第三方的知识产权。如咨询人因使用信息或技术的方式不当而侵犯了他人的知识产权,由此产生的责任须由咨询人独自承担。相反,如果侵权问题是由委托人所提供的基础资料造成的,则此责任应由委托人来承担。两方应采取一切必要的预防措施,以避免产生知识产权纠纷。

(4)除专用条件另有约定外,双方均有权在履行合同保密义务并且不损害对方利益的情况下,将履行合同形成的有关成果文件用于企业宣传、申报奖项以及接受上级主管部门的检查。

6.4 国际工程常用合同条件简介

6.4.1 国际工程常用合同条件概述

6.4.1.1 国际工程合同条件的种类

随着国际工程承包事业的不断进步,合同条件或合同文本也逐渐形成一套国际工程施工承包的标准模式。许多国家招标土木工程时,会参考这些国际性的合同条件标准,再根据本国的具体需求和情况,制定出适合自己国家的标准合同条件。

当前,在国际上被广泛使用的施工合同条件主要包含以下几种:国际咨询工程师联合会(FIDIC)的各类合同条件,英国土木工程师学会的“ICE 土木工程施工合同条件”以及“NEC(新工程合同条件)”,英国皇家建筑师学会的“RIBA/JCT 合同条件”,美国建筑师学会的“AIA 合同条件”,美国承包商总会的“AGC 合同条件”,美国工程师合同文件联合会的“EJCDC 合同条件”,以及美国联邦政府发布的“SF-23A 合同条件”。其中,应用最为广泛且具有高度影响力的是国际咨询工程师联合会的“土木工程施工合同条件”,英国土木工程师协会的“ICE 土木工程施工合同条件”和美国建筑师学会的“AIA 合同条件”。

6.4.1.2　国际工程合同条件的组成

国际通用的施工合同条件一般分为两部分：第一部分是“通用条件”；第二部分是“专用条件”。

(1)通用条件。通用条件是指对某一类工程都通用，如 FIDIC 的“土木工程施工合同条件”对于各种类型的土木工程(如房屋建筑、工业厂房、公路、桥梁、水利、港口、铁路等)均适用。

(2)专用条件。专用条件是针对特定的工程项目而设定的，考虑到项目所在地的法律法规、项目的特性以及业主对合同实施的特殊要求，对通用条件进行具体化、修改和补充。在合同条件的专用条件部分，通常会提供许多建议性的措辞范例供参考，业主及其聘请的咨询工程师可以决定直接采用这些示例措辞，或者制定自己认为更合适的措辞，以实现对通用条件的调整和补充。

在整个合同条件中，如果第二部分的内容与第一部分存在差异，则应以第二部分为准。这是因为第二部分的条款号与第一部分相同，二者共同构成一个完整的合同条件。专用条件旨在使通用条件更加具体化，并对其中内容进行必要的修改和补充。若通用条件与专用条件之间出现矛盾，则专用条件的规定将优先适用。

然而，并非所有国际施工合同条件都分为通用条件和专用条件两部分。例如，ICE 合同条件并没有独立的第二部分专用条件，而是通过其标准合同条件的第七十一条来阐述专用条件的相关内容。

6.4.2　FIDIC 合同条件简介

6.4.2.1　FIDIC 组织简介

FIDIC，即国际咨询工程师联合会(Federation Internationale Des Ingenieurs Conseils，中文简称为菲迪克)，成立于 1913 年。最初，它由欧洲的三个独立咨询工程师协会组成，包括法国和比利时。到了 1949 年，英国土木工程师协会作为正式代表加入，并在次年主办了 FIDIC 的代表会议。这标志着当代国际咨询工程师联合会的正式成立。1959 年，美国、南非、澳大利亚和加拿大的加入，进一步扩大了 FIDIC 的影响力，使其成为一个覆盖多个国家和地区的国际性组织。

FIDIC 的总部设在瑞士日内瓦，在全球范围内已经拥有 74 个成员协会，代表了约 150 万名独立从事咨询工作的工程师。FIDIC 每年服务营业额达 1500 亿美元，每年参与的施工建设费用为 1.5 亿美元。独立性是该组织的特点之一。在 FIDIC 组织成立初期，其核心的职业道德准则之一是要求咨询工程师保持独立性。这意味着工程师在提供工程咨询服务时，必须独立于承包商、制造商和供应商之外，仅代表委托人的利益，并确保仅为此获得报酬。这一准则确保了工程师在为委托人服务时的公正性和责任感。

6.4.2.2　FIDIC 合同条件的发展历程

1957 年，FIDIC 与国际房屋建筑和公共工程联合会(即现在的欧洲国际建筑联合会 FIEC)合作，基于英国咨询工程师联合会(ACE)发布的《土木工程合同文件格式》，出版了第一版的《土木工程施工合同条件(国际)》，这套合同条件被广泛称为“红皮书”。

这些合同条件主要分为两部分：第一部分包含了适用于大多数工程项目的通用合同条件，而第二部分则包含了针对具体项目特定需求的专用合同条件。这种结构旨在提供一套灵活且适应性强的合同体系，以满足不同项目和不同地区的法律要求及实践。

1963 年，首次出版了适用于业主和承包商的机械与设备供应和安装的《电气与机械工程标准合同条件格式》，即黄皮书。

1969 年，红皮书出版了第 2 版。这一版增加了第三部分疏浚和填筑工程专用条件。1977 年，FIDIC 和欧洲国际建筑联合会（Federation Internationale Europeenne dela Construction，FIEC）联合编写了红皮书的第 3 版。

1980 年，黄皮书出版了第 2 版。

1987 年，红皮书出版了第 4 版。同时出版的还有黄皮书的第 3 版《电气与机械工程合同条件》，分为三个独立的部分，即序言、通用条件和专用条件。

1995 年，出版了橘皮书《设计-建造和交钥匙合同条件》。以上的红皮书（1987）、黄皮书（1987）、橘皮书（1995）和《土木工程施工合同-分合同条件》、蓝皮书（《招标程序》）、白皮书（《顾客/咨询工程师模式服务协议》）、《联合承包协议》和《咨询服务分包协议》共同构成了 FIDIC 彩虹族系列合同文件。

1999 年，FIDIC 出版了一套 4 本全新的标准合同条件，即《施工合同条件》（新红皮书）、《生产设备和设计-施工合同条件》（新黄皮书）、《设计采购施工（EPC）/交钥匙工程合同条件》（绿皮书）和适用于小规模项目的《简明合同格式》（绿皮书）。

2005 年，FIDIC 与世界银行、亚洲开发银行、非洲开发银行、泛美开发银行、加勒比开发银行、北欧开发基金等国际金融机构共同合作编制了多边开发银行统一版《施工合同条件》（2005 年版）。

2010 年，FIDIC 与多边开发银行对前一版 FIDIC《施工合同条件》进行了修改和补充，编制了用于多边开发银行提供贷款项目的合同条件——多边开发银行协调版《施工合同条件》（2010 年版）。2010 年，更新的 FIDIC 合同条件不仅更适合多边开发银行及其借款人使用，也便利了参与这些银行贷款项目的其他各方，包括工程咨询机构、承包商等，使得合同条件更加易于理解和应用。

6.4.2.3 FIDIC 系列合同的优点

由于 FIDIC 合同条件来源于英因 ICE 合同条件，所以它同原来属于英联邦国家或地区使用的标准合同条件有很大的相似性。掌握了 FIDIC 合同条件之后，就很容易掌握上述国家或地区使用的标准合同条件，一旦熟悉了 FIDIC 的合同条件，理解和应用上述国家或地区的标准合同条件也将变得相对简单。FIDIC 合同条件的主要精髓是“公平、公正、公开”，其主要优点如下：

（1）脉络清晰、逻辑性强，承包人和业主之间的风险分担公平合理，不留模棱两可之词，使任何一方都无隙可乘。

（2）通过明确规定承包人、业主的权利和义务以及工程师的职责和权限，合同条件确保各方的责任和权利清晰明确。这种明确性有助于减少合同执行过程中的纠纷和索赔事件，同时促进了合同双方的相互制约和合作。

（3）FIDIC 合同条件因其广泛被各国认可，为全球许多专业人士所熟知，同时得到了世界银行及其他金融机构的推荐，这些特点使其极适用于国际竞争性招标。作为世界上最大的投资金融机构之一，世界银行在许多工程项目中都有投资。世界银行积极倡导在其参与的项目中应用 FIDIC 合同条件。实际上，世界银行的“工程采购招标文件范本”中就包含了 FIDIC 合同条件。

(4)便于合同管理,对保证工程质量、合理地控制工程费用和工期产生良好的效果。

6.4.3　英国 NEC 合同条件简介

6.4.3.1　ICE 组织简介

ICE,即英国土木工程师学会(The Institution of Civil Engineers),是一个总部位于英国的国际性组织,其历史已超过 180 年。该学会以其广泛的会员基础和深厚的学术及专业影响力而闻名于世。目前,ICE 拥有超过 80000 名会员,其中约 1/5 的会员分布在英国以外的 140 多个国家和地区,这充分展现了其全球化的专业网络和影响力。

作为一个世界公认的学术中心、资质评定组织及专业代表机构,ICE 在推动土木工程的发展和卓越性方面发挥着核心作用。它不仅为行业内的专业人士提供教育和培训资源,还通过制定和推广行业标准来提升全球土木工程的实践水平。

特别是在土木工程建设合同方面,ICE 具有无可争议的权威性。由该学会编制的土木工程合同条件,在业界内被广泛采用,并被视为确保项目成功执行的关键文档。这些合同条件详尽地规定了项目实施过程中的各种条款和条件,包括权利义务、风险分配、保险要求等,旨在为参与项目的各方提供清晰、公正的指导方针。

因此,无论是在英国还是在全球范围内,ICE 制定的土木工程合同条件都被视为确保工程项目顺利进行的重要工具,其在土木工程领域的应用广泛且深远。

6.4.3.2　NEC 合同条件体系

NEC(New Engineering Contract,新工程合同条件)是由 ICE 编制的,用来处理设计和施工工程项目的工程标准合同族和项目管理法律框架。历史上 ICE 曾编制了 ICE 合同族、NEC 合同族,目前推荐使用的是 NEC 合同族。NEC 合同条件包括 6 种主要选项条款(合同形式)、9 项核心条款、15 项次要选项条款。发包人可以从中选择适合自己项目的条款。

(1)NEC 合同条件提供了 6 种主要选项条款,这些条款涉及计价方式的选择,并针对不同的风险分摊方案提供了多样化的基本配置。这些选项的设计,是为了在雇主和承包商之间实现风险的公平分配。每个选项根据其风险分配的不同,采用了向承包商支付费用的特定方式。这样的设置不仅保证了合同执行的灵活性,也确保了项目各方的利益和责任得到妥善地平衡。6 种主要选项条款(合同形式)包括①总价合同;②单价合同;③目标总价合同;④目标单价合同;⑤成本加酬金合同;⑥工程管理合同。

(2)9 项核心条款。①总则;②承包人的主要职责;③工期;④检验与缺陷;⑤支付;⑥补偿;⑦权利;⑧风险与保险;⑨争端与终止。关于支付,发包人可根据自己的需求选择总价合同、单价合同、成本加酬金合同、目标成本合同和工程管理合同。因此,NEC 不是某种标准的合同条件,而是内涵广泛的系列合同条件。

(3)15 项次要选项条款。①完工保证;②总公司担保;③工程预付款;④结算币种(多币种结算);⑤部分完工;⑥设计责任;⑦价格波动;⑧保留(留置);⑨提前完工奖励;⑩工期延误赔偿;⑪工程质量;⑫法律变更;⑬特殊条件;⑭责任赔偿;⑮附加条款。发包人可根据工程的特点、工程要求和计价方式作出选择。

6.4.3.3　NEC 合同条件的特点

NEC 合同条件与现有的其他标准合同条件相比,具有如下特点:

(1)NEC 合同因其立足于实际的工程实践而广受欢迎。其主要条款采用易于理解的非技

术语言编写，避免了复杂的专业术语和法律用语，使得合同对用户更加友好。在设计责任方面，NEC提供了灵活性，允许根据项目的具体需求，由发包人和承包人按约定比例共同承担。此外，NEC还提供了6种不同的支付方式和15种次要条款供选择，这种自助式的合同条件不仅适用范围广泛，而且有助于减少合同执行中的争端。

(2)随着新型项目采购方式的引入及项目管理方法的演进，传统的合同条件已无法完全满足项目参与各方的需求。与此相比，NEC合同强调了合作的重要性，鼓励业主、设计师、承包商和项目经理之间的紧密合作，从而促进项目的有效管理和控制。这种合作精神不仅提升了项目执行的效率，也为项目管理带来了新的活力。

(3)NEC的合同语言简明清晰，避免使用法律和专业的技术语言，合同语句言简意赅。

6.4.4 美国AIA合同条件简介

6.4.4.1 AIA系列合同条件

美国建筑师学会(AIA)成立于1857年，是一个专业的建筑师组织，致力于提升建筑师的专业标准。AIA发布的合同文件系列在美国及全球建筑工程行业中具有极高的权威性。随着时间的推移，AIA的合同文件已经演化成一个包含超过80个独立文件的综合性体系，涵盖了各种工程建设管理模式、合同种类以及项目需求的方方面面。这些文件按照其功能和用途被细分为A、B、C、D、F、G、INT等系列，以满足不同项目需求。其中：

(1)A系列是关于业主与承包人之间的合同文件。

(2)B系列是关于业主与建筑师之间的合同文件。

(3)C系列是关于建筑师与提供专业服务的咨询机构之间的合同文件。

(4)D系列是建筑师行业所用的有关文件。

(5)F系列是财务管理报表。

(6)G系列是合同和办公管理中使用的文件和表格。

(7)INT系列适用于国际工程项目的合同文件(为B系列的一部分)。

6.4.4.2 AIA系列合同的特点

(1) AIA合同条件主要用于私营的房屋建筑工程，并专门编制用于小型项目的合同条件。

(2)美国建筑师学会(AIA)作为一个历史悠久的专业社团，已有近140年的历史，其成员总数达到56000名，遍布美国及全球各地。AIA发布的合同文件系列在美国及国际工程承包领域，特别是在美洲地区，被广泛认可和应用。

(3)AIA系列合同条件的核心在于其“通用条件”。在面对不同类型的工程项目管理和计价方法时，用户只需选择合适的“协议书格式”，与这些“通用条件”相结合即可。AIA主要提供三种计价方式的合同文件：总价合同、成本补偿合同以及最高限定价格合同，以满足不同项目的需求。

习　题

一、单项选择题

1. 委托监理合同中不属于监理人义务的内容是(　　)。

A. 负责施工合同的协调管理　　B. 负责外部关系的协调

C. 认真勤奋地工作　　D. 不得泄露申明的秘密

2. 监理合同示范文本的标准条款规定，当发生(　　)情况时，监理人有权向委托人发出终止合同的通知。

A. 执行监理业务的时间超过合同内约定的时间

B. 委托人未批准监理单位调换总监理工程师的要求

C. 委托人未按监理人提交的支付清单中要求的附加监理酬金付款

D. 因委托人资金原因导致被监理的施工暂停 5 个月

3. 工程造价咨询合同中未明确规定委托人为咨询单位提供车辆。开展咨询工作时，咨询单位使用自备车辆，则在执行造价咨询工作期间的车辆使用费用属于(　　)承担。

A. 附加工作费用，由委托人　　B. 额外工作费用，由委托人

C. 正常工作酬金范围，由咨询单位　　D. 工程成本，由承包方

4. 监理合同示范文本规定，因(　　)，属于监理服务的额外工作。

A. 承包方原因导致施工进度延误，监理单位需延长监理工作的时间

B. 委托人要求增加的监理工作范围

C. 委托人原因导致施工合同终止，致使监理业务终止后的善后工作

D. 承包方原因使监理工作受到阻碍，增加的工作内容

5. 在设计合同中，判定设计人是否按时完成设计任务，计算设计期限的开始时间是(　　)日。

A. 设计人收到定金　　B. 合同签订

C. 设计人员勘查现场　　D. 场址选择

6. 设计合同履行期间，因发包人原因要求解除合同。此时已开始设计工作，发包人应根据设计人已完成的实际工作量承担违约责任，原则是(　　)。

A. 不足一半时，退还发包人已付定金

B. 不足一半时，按该阶段设计费的一半支付

C. 不足一半时，按该阶段设计费的全部支付

D. 超过一半时，按该阶段设计费的一半支付

二、多项选择题

1. 根据《建设工程造价咨询合同(示范文本)》，合同协议书包括的文件有(　　)。

A. 中标通知书　　B. 造价咨询招标文件

C. 工程量清单　　D. 专用条件及附录

E. 合同履行中双方达成的书面协议

2. 委托监理合同中，属于委托人可行使的权利有(　　)。

A. 工程建设有关协作单位组织协调主持权　　B. 工程施工单位选定权

C. 工程设计变更审批权　　D. 工程款支付审批权

E. 监理人调换总监理工程师批准权

3. 设计合同中，发包人的责任包括(　　)等。

A. 对设计依据资料的正确性负责　　B. 保证设计质量

C. 提出技术设计方案　　D. 解决施工中出现的设计问题

E. 提供必要的现场工作条件

4.设计合同履行过程中，发包人要求变更部分委托的设计工作内容，由于设计人不具备相应的设计资质，发包人准备将这部分设计任务另委托给另一设计人。设计合同范本针对此情况的规定包括（　　）。

A.发包人与设计人协商并经设计人同意　B.设计人对该部分设计未能按时交付承担责任
C.该部分设计成果需经设计人审查批准　D.设计人不对该部分设计质量承担责任
E.设计人必须与发包人选择的另一设计人签订合同

三、思考题

1.工程设计合同的主要条款有哪些？
2.工程监理合同的主要条款有哪些？
3.工程造价咨询合同的主要条款有哪些？
4.工程造价咨询合同的当事人双方有哪些权利和义务？
5.国际工程常用合同条件有哪些？
6.FIDIC合同条件有哪些版本？

第7章 建筑工程索赔与争议解决

思维导图

章节目标

知识目标：

1. 阐述工程索赔的概念及特征；
2. 分析工程索赔分类、起因；
3. 掌握工期索赔与费用索赔的计算；
4. 运用工期索赔与费用索赔的计算方法解决工程实际索赔问题。

能力目标：

1. 具备编写工程索赔文件的能力；
2. 具备工期索赔与费用索赔的计算能力；
3. 具备区别不同种类索赔的能力；
4. 具备编写工程索赔文件的能力。

素质目标：

1. 通过工期索赔与费用索赔的计算方法解决工程实际索赔问题，培养学生的系统思维能力和实际应用能力；
2. 通过编写工程索赔文件，培养学生分析问题、解决问题的能力。

思政目标：

1. 通过工程索赔影响工程造价变化，引导学生多视角看问题；
2. 通过索赔的案例分析，引导学生形成牢固的法治精神，培养实事求是的态度和精神。

案例分析

1. 背景

项目概述：某大型公共基础设施项目，总投资额达到3亿元人民币，业主方与承包方签订了固定总价合同，约定工期为24个月，合同总价款为2.8亿元人民币。

思政背景：在项目的实施过程中，强调诚实守信、公平交易、责任担当的思政理念，旨在通过工程索赔的实际案例，展示这些思政理念在工程项目管理中的应用。

2. 索赔起因

设计变更：在施工过程中，因业主方需求变更，导致工程设计发生多次修改，增加了工程量和施工难度。

材料价格上涨：受国际大宗商品价格波动影响，项目所需的部分建筑材料价格大幅上涨，超出承包方预算。

不可抗力因素：项目所在地遭遇罕见暴雨和洪涝灾害，导致施工现场被淹，施工进度受阻。

3. 索赔过程

收集证据：承包方及时收集了设计变更通知、材料采购合同、价格变动证明、气象报告等相关证据，确保索赔请求的合理性。

编制索赔报告：基于合同条款和相关法律法规，承包方编制了详细的索赔报告，明确索赔金额、计算依据和证明材料。报告中特别强调了诚实守信原则，表明承包方始终按照合同约定履行义务，但因业主方原因和不可抗力因素导致损失，故提出索赔请求。

提交索赔申请：承包方向业主方正式提交索赔申请，并附上相关证据和报告。在沟通过程中，承包方坚持公平交易原则，以事实为依据，以法律为准绳，与业主方进行坦诚沟通。

协商与谈判：双方就索赔事宜进行多轮协商和谈判。在谈判过程中，承包方强调责任担当的思政理念，表示愿意承担因自身造成的损失，但要求业主方承担因设计变更、材料价格上涨和不可抗力因素导致的损失。

4. 索赔结果

经过双方多轮协商和谈判，最终达成以下协议：

设计变更索赔：业主方同意支付因设计变更增加的工程量和施工难度的相关费用，共计3000万元人民币。

材料价格上涨索赔：业主方同意按照实际涨幅调整合同价款，共计支付承包方1500万元人民币作为材料价格上涨的补偿。

不可抗力因素索赔：业主方同意承担因暴雨和洪涝灾害导致的停工损失和修复费用，共计2000万元人民币。

5. 案例分析

思政理念：在本案例中，诚实守信、公平交易、责任担当的思政理念得到了充分体现。承包方在索赔过程中始终坚持诚信原则，以事实为依据，以法律为准绳；在谈判过程中坚持公平交易原则，以双方利益为出发点；在面对损失时勇于承担责任，体现了良好的企业形象和社会责任感。

索赔过程中的注意事项：一是及时收集证据，确保索赔请求的合理性；二是编制详细的索赔报告，明确索赔金额和计算依据；三是坚持诚信原则，以事实为依据进行索赔；四是与业主方进行坦诚沟通，寻求双方共赢的解决方案。

通过本案例的分析，我们可以看到思政理念在工程项目管理中的重要性以及在实际操作中的应用价值。在今后的工程项目管理中，我们应该更加注重思政理念的融入和实践，推动企业形成诚信经营、公平竞争、勇于承担责任的良好氛围。

7.1 建筑工程索赔与争议的概念、重要性及原则和程序

7.1.1 建筑工程索赔与争议的相关概念

建筑工程索赔与争议解决是建筑行业中不可避免的一部分，涉及工程合同双方因各种原因产生的权益争议和经济损失，也是建筑行业中的重要环节。双方应秉持诚信、公正、公平的原则，积极寻求合理解决方案，以维护工程顺利进行和双方权益。

7.1.1.1 建筑工程索赔的概念

建筑工程索赔是指在建筑施工过程中，由于各种原因导致合同双方出现争议，通过协商达成合理的解决方案的一种方式。它是表达追索权益、损失或赔偿的请求。

索赔通常发生在施工过程中，由于对方原因（如违约、设计错误等）或不可抗力（如自然灾害）使一方（通常是施工方）付出了额外的费用或遭受了损失，受损方通过合法的程序要求对方偿还全部或部分损失的行为。当工程合同发生解释歧义、施工方在执行过程中遇到未达预期情况、设计方案变更等问题时，索赔便成为双方解决纠纷的重要手段。

建筑工程索赔的法律依据主要包括《民法典》《建筑法》等，以及相关的司法解释和行业标准。

7.1.1.2 建筑工程索赔的分类方式

建筑工程索赔可以从多个角度进行分类，常见的分类方式有：

(1)按索赔有关当事人分类。承包人与发包人之间的索赔，承包人与分包人之间的索赔，承包人或发包人与供货商之间的索赔，承包人或发包人与保险人之间的索赔。

(2)按索赔的目的和要求分类。工期索赔和费用索赔。

(3)按索赔事件性质分类。工期延期索赔，工期加速索赔，工程变更索赔，不可预见的外部故障或条件索赔，不可抗力引起的索赔，工程终止索赔，其他索赔。

(4)按索赔原因分类。变更索赔，延误索赔，不可抗力索赔，设计错误索赔，质量问题索赔。

(5)按合同类型分类。总承包合同索赔，分包合同索赔，劳务合同索赔，其他合同索赔。

(6)按索赔处理方式分类。单项索赔和总索赔。

以上分类方式并不是孤立的，它们之间可能存在交叉和重叠。在实际应用中，可以根据具体的情况和需要，选择适合的分类方式。同时，建筑工程索赔的流程也是非常重要的，包括索赔意向通知的发出，索赔申请的提交、审核和审批等环节，需要按照规定的程序进行。

7.1.1.3 工程争议的概念

(1)争议的概念

争议，作为一个广泛被运用于各个领域的名词，指的是双方或多方之间就某一问题、观点或事件存在的分歧或冲突，尚未达成一致结论的状态。它可能源于不同的个人经验、价值观、文化背景、学术观点等，并可能存在于各个领域。

(2)建筑工程争议的概念

建筑工程争议是指在进行建筑工程建设的过程中，各种原因引起的争议。这些争议可能涉及建设工程的各个方面，包括但不限于设计、施工、材料采购、合同管理、工程款支付等。

7.1.1.4 建筑工程争议的分类和特点

(1)建筑工程争议的种类

建筑工程争议主要包括民事纠纷和行政纠纷。民事纠纷主要涉及财产关系和人身关系，如合同纠纷、侵权纠纷等；行政纠纷则涉及行政机关的行政行为，如行政许可、行政处罚等。

(2)建筑工程争议的特点

①权益关系复杂。建筑工程涉及多方权益，包括业主、承包商、设计师、监理等，这些参与方在权益上可能存在冲突。

②技术性强。建筑工程属于复杂的技术性工作，争议往往涉及专业知识，需要依靠专业人员进行技术评估和鉴定。

③信息不对称。在建筑工程建设中，业主作为委托方可能缺乏专业知识，对于工程进展、质量等方面的信息了解有限，这增加了解决争议的难度。

④利益涉及面广。建筑工程通常涉及巨额投资，一旦出现争议，可能导致巨大的经济损失。

⑤时间和成本高。建筑工程争议解决周期较长，涉诉成本也较高，包括法律费用、律师费用等。

⑥软硬件纠纷并存。建筑工程争议既有硬件方面的问题，如质量、施工进度等，也有软件方面的问题，如设计、合同履行等。

7.1.2 建筑工程索赔与争议解决的重要性

首先，索赔与争议解决有助于确保各方利益得到合理地保护。当发生工期延误、质量问题等不可预见的情况或由于某些原因导致工程项目的成本、工期或质量受到损害时，索赔机制允许承包商或业主向对方提起索赔，以获得赔偿或补偿。这有助于平衡合同双方的责任与风险，维护项目的顺利进行。

其次，索赔与争议解决对于促进合同的顺利履行至关重要。合同中明确规定了双方的责任和义务，但在实际执行过程中，可能会出现偏差或争议。通过索赔与争议解决的方式，可以推动各方按照合同要求进行履约，确保项目能够按照预定的计划进行。

此外，有效的争议解决机制有助于防止争议升级和扩大化，减少纠纷的发生。通过及时解决问题，可以避免问题扩大化、延误整个工程进度，从而节约成本，保证项目的顺利进行。如果争议无法得到妥善解决，可能会导致合同终止，造成不必要的经济损失。

最后，从更广泛的角度来看，争议解决也有助于维护合作关系的稳定性和信任。争议的存在会对合作关系造成负面影响，打击各方的信任和合作意愿。通过合理的索赔与争议解决机制，可以维护合作关系的稳定性，保持合作方的良好形象。

因此，建筑工程索赔与争议解决的重要性不容忽视。对于工程项目而言，建立健全的索赔与争议解决机制是保障项目顺利进行、维护各方利益的关键环节。同时，这也需要合同双方以及相关的监理方、法律机构等共同努力，确保争议得到公正、合理地解决。

7.1.3 建筑工程索赔与争议解决的原则和特点

7.1.3.1 工程索赔的原则

(1)以合同为依据原则

索赔的提出首先应基于承发包双方之间存在的有效的合同条款。合同是双方经平等协商达成的合意，具有法律约束力，记载着双方的权利义务及合同风险分配的内容。

知识链接：
索赔相关样表

(2)实际损失原则

实际损失包括已经产生或必然产生的损失，且这些损失能反映在成本费用中，构成经营成本的一部分。

(3)合理分担风险原则

由于建设工程工期长、合同关系复杂，不可控因素较多，合同风险无法完全消除，因此，需要合理分担风险，通过合同等手段降低风险发生的可能性。

(4)逾期失效原则

索赔逾期失效制度对索赔权利人递交索赔意向通知书的时间和程序提出了严格要求。逾期未发出索赔意向通知书的，可能丧失索赔权利。

7.1.3.2　争议解决的原则

(1)合法性原则。争议解决应依据合同规定和法律法规进行，确保解决方案的合法性。

(2)合理性原则。解决方案应合理反映实际情况，确保双方利益得到公平处理。

(3)时效性原则。争议解决应及时进行，避免延误工期和增加成本。

(4)协商处理原则。合同双方应本着友好协商原则进行沟通和互动，共同寻求解决方案。

7.1.3.3　建筑工程索赔的特点

(1)双向性

索赔是双向的，不仅承包人可以向发包人索赔，发包人同样也可以向承包人索赔。但在实践中，承包人向发包人索赔的频率通常较高，而业主向承包商索赔的频率较低。

(2)以实际损失或权利损害为前提

索赔的前提是实际发生了经济损失或权利损害。经济损失可能包括因对方因素造成的合同外的额外支出，如人工费、材料费、机械费等。权利损害则可能涉及工期延长等。

(3)合法性

建筑工程合同索赔必须基于法律规定和合同约定。任何索赔行为都应符合相关法律法规以及合同中约定的条款。

(4)时效性

根据相关法律规定，索赔通常有一定的时效限制。超过规定的时限后，即使有合理的索赔理由，也可能无法得到法律支持。

(5)证据性

在索赔过程中，索赔方需要提供充分的证据来支持其索赔请求。这些证据可能包括合同文本、变更指令、工程日志、照片、视频、第三方证明等。

(6)专业性

建筑工程合同索赔涉及的内容复杂，包括法律知识、工程技术、成本核算等多个专业领域。因此，处理索赔事宜通常需要专业人士的参与。

(7)结果的不确定性

尽管索赔方可能提供了充分的证据和合理的索赔理由，但最终的索赔结果仍然可能受到多种因素的影响，包括对方的抗辩、法院的判断，甚至外部环境的变化等。

(8)程序性

合同索赔通常需要遵循一定的程序,如先提出书面通知,然后进行协商,最后可能进入仲裁或诉讼程序。这一程序的严格遵守对于保障索赔成功至关重要。

以上特点共同构成了建筑工程索赔的复杂性和挑战性,需要合同双方充分理解并采取相应的措施来应对。

7.2 建筑工程索赔的类型与原因

7.2.1 建筑工程索赔的类型

(1)合同索赔

在合同履行的过程中,因非自身过错导致的实际损失,依据合同条款向对方提出经济补偿或时间补偿的要求。基于合同条款,双方约定的责任和义务,当一方未能按约定履行时,另一方有权提出索赔。

(2)变更索赔

因设计变更、工程变更等导致承包方在施工中出现额外的费用或工期延误,从而向发包方提出索赔。如发包人或工程师指令增加或减少工程量、修改设计、变更施工顺序等,承包方因此向发包人提出索赔。

(3)延期索赔

当工程施工过程中因非承包方原因导致工期延误时,承包方向发包方提出的工期延长或经济补偿的索赔。通常涉及工期延误的原因分析、责任划分和延误天数的计算等。

(4)质量索赔

因工程质量问题导致承包方或第三方遭受损失,承包方向责任方(可能是发包方、分包方或供应商)提出索赔。质量索赔通常涉及质量问题的认定、损失的计算和责任的划分等。

(5)不可抗力索赔

因不可抗力因素(如自然灾害、战争等)导致合同无法履行或履行困难,一方因此向另一方提出索赔。不可抗力是合同双方都无法预见、无法避免和无法控制的客观情况,一旦发生,可能导致合同无法履行或履行困难。注意事项:尽管不可抗力是法定的免责事由,但并不是发生了不可抗力就可以全部免责,有时候只得到部分的免责。

7.2.2 建筑工程索赔的常见原因

(1)设计变更

在设计阶段或施工过程中,由于各种原因需要对原设计进行修改或变更。设计周期不足,导致设计深度不够,后期需要调整;设计精度不够,对地质、水文等条件了解不足,导致设计缺项、漏项或工程量不准;工程造价文件编制粗糙,合同商务条款存在缺项、漏项,需要在施工中调整。设计变更可能导致工程量的增加或减少,从而影响合同价格和工期,引起索赔。

(2)工程质量问题

工程施工过程中或完工后,发现工程存在质量缺陷或不符合设计要求。材料质量问题,如使用不合格材料或材料性能不符合要求;施工工艺问题,如未按设计要求施工或施工操作不当;管理问题,如监理不到位、质量控制不严格等。工程质量问题可能导致工程返工、修复或加固,从而增加工程成本,引起索赔。

(3)工程延期

因各种原因导致工程未能按照合同约定的工期完工。环境因素,如自然灾害、恶劣天气等;材料供应问题,如供应商问题、运输延误等;人力资源问题,如施工队伍数量不足、质量不高或管理不善等;设计变更,如设计调整导致工程计划变更。工程延期可能导致投资者需要继续支付人工、购买材料、租赁设备等费用,增加经济成本,引起索赔。

(4)合同价格调整

由于工程量变化、材料价格变动等需要对合同价格进行调整。工程量增减,如实际完成的工程量与合同约定的工程量有出入;材料价格变动,如主要材料价格上涨或下跌;法律法规变化,如税率调整、人工费调整等。合同价格调整可能导致承包商或发包方需要承担额外的费用或损失,引起索赔。

(5)不可抗力事件

不可抗力事件指不能预见、不能避免且不能克服的客观情况,如自然灾害、战争等。自然灾害,如台风、洪水、地震等;社会异常事件,如罢工、骚乱、疫情等;政府行为,如征收、征用等。不可抗力事件可能导致工程无法继续进行或需要暂停施工,从而引起索赔。

这些原因在实际工程中可能单独出现,也可能相互交织,导致索赔事件具有复杂性。因此,在合同管理中需要充分预见和评估这些风险,并采取相应的措施来降低索赔事件的发生概率。

7.3　建筑工程索赔的程序

7.3.1　索赔通知的提交

(1)索赔通知的内容与要求

①索赔通知的内容

事件发生的时间和情况的简单描述:清晰说明索赔事件发生的具体时间、地点、涉及的人员以及事件的经过。

合同依据的条款和理由:明确指出索赔所依据的合同条款或法律条文,并详细解释为何这些条款适用于当前的情况。

有关后续资料的提供:说明将如何及时记录和提供事件发展的动态,以便发包人或工程师了解事件的最新进展。

对工程成本和工期产生的不利影响的严重程度:详细分析索赔事件对工程成本和工期产生的具体影响,包括损失的计算和预测。

②索赔通知的要求

真实可靠:索赔事件必须真实存在,且有可靠的证据支持。

明确肯定:对索赔事件的叙述应明确、肯定,不包含任何估计或猜测。

责任分析清楚:在索赔通知中应仔细分析事件的责任,明确指出索赔所依据的合同条款或法律条文。

(2)通知的提交时间与方式

①提交时间。根据《建设工程施工合同(示范文本)》规定,在索赔事件发生后28天内,向监理工程师发出索赔意向通知。在发出索赔意向通知后的28天内,向监理工程师提交补偿经济损失和(或)延长工期的索赔报告及有关资料。监理工程师在收到索赔报告和有关资料后,于14天内给予答复。若14天内未予以答复或未对承包人作进一步要求,视为该项索赔已经认可。当索赔事件持续进行时,承包人应阶段性向监理工程师发出索赔意向通知。在索赔事件终了后28天内,向监理工程师提供索赔的有关资料和最终索赔报告。

②提交方式。索赔通知必须以书面形式提交,以便记录和查阅。索赔通知应首先提交给监理工程师,同时抄送一份给发包人,确保双方都能及时了解到索赔情况。

7.3.2 索赔证据的收集与整理

(1)证据的种类

①合同文件。包括招标文件、工程合同及附件、发包人认可的施工组织设计等。

②工程记录。工程设计交底记录、变更图纸、变更指令等;工程各项经发包人或者工程师签认的签证,工程各项往来的信件、指令、信函、通知、答复等;施工计划及现场实施情况记录,如施工日志及工长工作日志、备忘录等。

③施工现场文件。施工图纸变更、交底记录的送达份数及日期记录;工程验收报告及各项技术鉴定报告等。

④财务与采购记录。工程材料采购、订货、运输、进场、验收、使用等方面的凭据;会计核算资料。

⑤外部文件。国家、省、市有关影响工程造价、工期的各种文件和规定等。

⑥气象报告、市场行情记录等。

(2)证据的要求

①真实性。证据必须真实,不能是虚假或伪造的。

②全面性。证据应全面反映索赔事件的全貌,包括事件的起因、经过、结果等。

③法律证明效力。证据应具有法律认可的有效性,能够在法律程序中作为证据使用。

④及时性。证据的收集应及时,避免因时间拖延导致其丢失或失效。

(3)证据的收集与整理方法

①明确责任人。索赔证据的收集应由施工项目现场管理机构负责,项目经理是第一责任人。

②合法收集。证据的收集必须合法,包括收集的证据真实、收集方式合法、收集者有权持有等。

③前瞻性收集。索赔证据的收集应具有前瞻性,并贯穿于施工全过程。与施工过程资料文件的档案管理相结合,避免遗漏。

④及时收集。当索赔事件发生时,及时收集证据,确保证据的真实性和证明力度。

⑤全面完整收集。确保收集到的证据能够形成一个完整的证据链,有效地证明索赔事项。

⑥分类整理。将收集到的证据按照种类进行分类整理,如合同文件、工程记录、施工现场文件、财务与采购记录、外部文件等。

⑦建立索引。为每类证据建立索引或目录,方便查阅和使用。

⑧备份保存。对重要的证据进行备份保存，以防丢失或损坏。

7.3.3　索赔报告的编制

(1)报告的结构

①标题。应言简意赅地概括索赔的核心内容，如“关于××事件的工程索赔报告”。

②引言。简要介绍索赔事件的背景、目的和重要性。

③索赔事项概述。详细描述索赔事件的发生时间、地点、原因、经过及影响。

④合同引证部分。概述索赔事项的处理过程；发出索赔通知书的时间；引证索赔要求的合同条款；指明所附的证据资料。

⑤索赔额计算部分。详细说明因索赔事项引起的额外开支，包括人工费、材料费、设备费、工地管理费、总部管理费、投资利息、税收、利润等。每一项费用开支，应附以相应的证据或单据。

⑥结论与建议。总结索赔事件的影响，明确提出索赔要求，并给出建议。

⑦附件。包括相关合同、图纸、照片、计算书、往来函件等支持材料。

(2)报告的内容

①事实描述。准确、详细地描述索赔事件的事实经过，避免主观臆断和猜测。

②理由分析。合理引用合同规定，建立事实与损失之间的因果关系，说明索赔的合理合法性。

③损失计算。详细列举各项损失及计算依据，确保索赔金额的合理性和准确性。

④证明材料。提供充分的证明材料支持索赔请求，如合同、图纸、照片、计算书等。

(3)报告的编写技巧

①内容完整、准确。确保报告内容全面覆盖索赔事件的各个方面，数据准确无误。

②逻辑清晰。报告的内容应条理清晰，便于读者理解和接受。

③强调不可预见性和突发性。在报告中强调索赔事件的不可预见性和突发性，以突出承包商的无奈和损失。

④责任分析清楚。明确分析责任归属，避免产生歧义和纠纷。

⑤语言婉转。避免使用强硬、不客气的语言，保持与对方的良好沟通。

⑥证据充分。提供充分的证据支持索赔请求，增加报告的说服力。

通过遵循以上结构和内容要求以及编写技巧，可以编制出一份高质量的索赔报告，为索赔过程提供有力的支持。

7.3.4　索赔的审核与协商

(1)审核程序

①接收索赔报告。保险公司或相关机构接收索赔报告，并确认其完整性。

②初步审查。对索赔报告进行初步审查，包括核对索赔事实、分析损失情况、检查证据材料等。

③现场勘查(如有需要)。对于复杂或需要现场确认的索赔，安排人员进行现场勘查，获取第一手资料。

④详细审核。根据初步审查结果，对索赔报告进行详细审核，包括合同条款、法律法规的

适用等。

⑤核定损失。根据审核结果,核定损失金额和范围。

⑥制定理赔方案。基于核定损失,制定具体的理赔方案。

(2)审核标准

①合同依据。审核索赔是否符合合同条款的约定。

②证据充分性。审核提供的证据材料是否充分、真实、有效。

③损失合理性。审核损失的计算是否合理,是否符合市场标准或行业惯例。

④法律法规。审核索赔是否符合相关法律法规的规定。

(3)协商的策略

①充分准备。了解相关法律法规、合同条款以及市场行情,确保在协商中占据主动地位。

②明确目标。设定合理的索赔期望值和底线,确保在协商中不会过度让步。

③注重沟通。与对方保持良好的沟通,确保信息畅通,避免误解和冲突。

④灵活应对。根据协商的进展情况,灵活调整策略,确保实现索赔目标。

(4)协商的技巧

①理性表达。在协商中保持冷静和理性,避免情绪化表达。

②强调事实。以事实为依据进行协商,避免夸大或歪曲事实。

③逐步推进。在协商中逐步推进,先易后难,逐步达成共识。

④寻找共同点。尝试与对方建立共同利益和目标,以便更容易达成共识。

⑤适当让步。在必要时做出适当的让步,以换取对方的妥协和支持。但让步应在可控范围内,避免损害自身权益。

索赔的审核与协商需要遵循一定的程序和标准,并灵活运用策略与技巧。通过充分准备、明确目标、注重沟通、灵活应对和适当让步等方式,可以更好地保障双方的权益,实现索赔目标。

7.4 建筑工程争议解决的方式

7.4.1 友好协商

(1)协商的原则

①平等自愿原则。协商必须在双方当事人都同意的情况下进行,达成的协议也必须在双方自愿的基础上完成。

②合法原则。协商的内容必须合法,衡量是非的标准是相关的法律、政策规定。经协商达成的协议本身也要合法,否则无效。

(2)协商的步骤

①准备阶段

a. 团队分工。确定协商代表的角色定位,做好分工,发挥各自特长。

b. 策略选择。讨论并确定本次协商的基本策略,了解整体经济环境和本企业的经营状况。

c. 协商方案。确定对方的诉求与底线,预测对方的策略,准备替代方案。

d. 事先沟通。通过直接交流或间接传话的方式,进行事先沟通,增进双方了解。

②启动阶段

a. 积极宣传。解读相关政策法规，帮助双方了解协商的必要性和规范。

b. 案例展示。展示集体协商的正反案例，说明协商的积极作用和缺乏协商的后果。

③正式协商阶段

双方根据事先准备的方案和策略，按照法定程序进行正式协商，确保协商公开、透明。

(3)协商的技巧

①听取对方意见。在协商过程中，首先要做的是倾听对方的意见和看法，理解对方的需求。

②表达自己的意见。在表达看法时，注意避免产生冲突和使用攻击性的语言，让对方更容易接受。

③寻找共同点。注重寻找双方的共同点或同意的地方，通过这些共识来建立协议。

④探寻解决方案。结合双方的利益和需求，寻找解决问题的最佳方案，共同参与以达成可接受的结果。

⑤尊重他人观点。协商过程中要尊重他人的观点和意见，理解他人的需求和利益。

⑥积极沟通。积极参与协商沟通，表达自己的看法和需求，同时也要听取对方的意见和需求。

(4)协商的注意事项

①目标明确。在协商前，双方需要明确他们的目标和期望，避免误解和不必要的争执。

②双赢思维。在协商过程中，要努力寻找一个解决方案，使得每个人都能够得到一些回报和利益，实现双赢。

③证据充分。提供充分的证据以支持索赔请求，增加协商的说服力。

④灵活应变。根据协商的进展情况，灵活调整策略和目标，确保实现协商目标。

通过遵循以上原则、步骤、技巧与注意事项，可以确保协商过程更加顺利、高效，并有助于达成双方都能接受的协议。

7.4.2　调解

(1)调解特点

①自愿性。调解以双方自愿为前提，双方或多方当事人在人民法院、人民调解委员会及有关组织主持下，自愿进行协商，解决纠纷。

②平等性。调解过程中，各方当事人地位平等，通过平等协商达成协议。

③高效性。调解具有简便、快捷的特点，能够迅速解决纠纷，降低解决纠纷的成本。

④灵活性。调解方式灵活多样，可以根据不同纠纷的特点选择适合的调解方式。

(2)调解的优势

①减少诉讼成本。调解可以避免繁琐的诉讼程序，降低解决纠纷的成本和时间。

②维护人际关系。调解强调互谅互让，不伤感情，有利于维护当事人之间的人际关系。

③促进社会稳定。调解是解决社会矛盾的有效手段，能够减少社会矛盾和冲突，促进社会和谐稳定。

(3)调解的程序

①提出申请。当事人向有关调解组织或机构提出申请，并提交相关证据材料。

②受理审查。调解组织或机构对申请进行审查,符合受理条件的予以受理。

③调解准备。调解组织或机构通知当事人参加调解,并告知调解的时间、地点和注意事项。

④进行调解。在调解人员的主持下,当事人进行协商,通过教育疏导,促成各方达成协议。

⑤达成协议。当事人达成调解协议后,应当签字或盖章确认。

⑥司法确认(如有需要)。双方当事人自调解协议生效之日起三十日内,共同申请司法确认。

(4)调解的注意事项

①保持冷静和理性。在调解过程中,当事人需要保持冷静和理性的状态,避免情绪化的行为和言辞。

②尊重对方。尊重对方的权利和观点,相互倾听,理解对方的立场。

③保护自己的权益。明确自己的利益和底线,善于表达和捍卫自己的观点,同时考虑对方的权益和底线。

④坚持诚实和透明。提供真实的信息和材料,避免隐瞒或歪曲真相。

⑤遵守调解程序和规则。遵守调解人员的决定和建议,确保调解的公正和效率。

7.4.3 仲裁

(1)仲裁的概念

仲裁是指争议双方根据事先或事后所达成的协议,自愿将争议交付第三方(即仲裁机构),按照一定程序进行审理,并作出对争议双方当事人均有法律约束力的裁决的一种非司法审判程序。

(2)仲裁的特点

①自愿性。仲裁以当事人的自愿为基础,仲裁庭受理案件的权力来自争议双方的自愿授权,而非强制的法定管辖。

②民间性。受理国际商事争议的常设仲裁机构一般均属民间机构而非国家机关。

③自主性。仲裁程序的当事人享有充分的自主权,可以自行选择仲裁机构、仲裁地点、仲裁员、争端解决应适用的实体法,以及在某些情况下可以选择仲裁的程序规则。

④终局性。仲裁程序终结后所作出的裁决都是终局性的,对双方都有法律约束力。若败诉方不自动履行仲裁裁决,胜诉方可要求法院强制执行。

(3)仲裁协议

仲裁协议是指双方当事人自愿将他们之间已经发生或者可能发生的可仲裁事项提交仲裁裁决的书面协议。仲裁协议是仲裁委员会受理案件的前提条件,也是申请仲裁的必备材料。仲裁协议具有合同的性质,其形式必须是书面的,口头形式的仲裁协议不受法律保护。

(4)仲裁程序

仲裁裁决的程序包括开庭、仲裁调查、仲裁辩论、询问意见、仲裁调解、休庭等步骤。具体流程如下:

记录员查明当事人和其他仲裁参与人是否到庭,宣读仲裁庭纪律,然后向首席仲裁员报告仲裁庭准备就绪。

首席仲裁员核对当事人身份及委托代理权限;宣布仲裁庭组成人员、记录人员名单;告知当事人的权利、义务;询问当事人是否申请回避。

仲裁员、记录员、当事人和其他仲裁参与人在笔录上签名或者盖章。

(5)仲裁裁决的效力与执行

①效力。仲裁裁决一旦做出即具有约束力,当事人不得就已经裁决的事项再行申请仲裁,也不得就此提起诉讼。除《中华人民共和国仲裁法》另有规定外,当事人就同一纠纷再申请仲裁或者向人民法院起诉的,仲裁委员会或人民法院不予受理。

②执行。一方当事人不履行的,另一方当事人可以依照民事诉讼法的有关规定向人民法院申请执行。受申请的人民法院应当执行。人民法院的执行工作由执行员进行,包括责令被执行人履行义务、采取强制措施等。

7.4.4 诉讼

(1)诉讼的概念

诉讼是指合同当事人或权益受到侵犯的当事人,按照民事诉讼程序向法院对一定的个人提出权益主张,并要求法院予以解决和保护的请求。

(2)诉讼的特点

①司法途径。诉讼是通过司法机关进行的纠纷解决方式,由专业的法官依法裁决。

②公开公正。诉讼过程公开透明,所有当事人都有平等的权利参与和辩护。法院在裁决时要求公正、公平。

③强制执行。法院裁决具有强制执行力,一旦判决生效,当事人必须遵守判决结果。

④法律效力。法院裁决具有法律效力,对当事人具有约束力,可以起到维护法律权益的作用。

(3)诉讼程序

①起诉与受理。当事人向有管辖权的法院提交起诉状和相关证据,法院在审查后决定是否受理。

②审理前准备。法院受理案件后,会通知双方当事人进行审理前的准备,包括证据交换、庭审安排等。

③开庭审理。在指定的时间和地点,法院对案件进行开庭审理,双方当事人进行陈述、举证、辩论等。

④法院调解。在开庭审理过程中,法院会根据案情进行调解,如果双方当事人达成协议,法院会制作调解书。

⑤判决。如果双方当事人无法达成协议,法院会根据审理情况作出判决。

(4)证据规则

诉讼中的证据规则包括以下几个方面:

①举证责任。原告在起诉时应当主动举证,证明其所主张事实的真实性;被告可以进行反驳,并在必要时提出反诉,承担相应的举证责任。

②证据的适用原则。主要包括合法性原则、公正原则和足够性原则。证据的获取和使用必须符合法律的规定,不得违反法律或者社会公德;诉讼双方在证据的获取和使用过程中应当遵守诚实信用原则,不得采取欺诈行为;证据必须具备推翻或证实主张的能力,不能存在重大的疑点。

③证据的形式。根据我国法律的规定,证据可以是书证、物证、证人证言、鉴定意见、勘验

笔录、视听资料等形式。

④证据的认定与审查。法院对于提交的证据进行认定和审查，确保证据的合法性、真实性和可靠性。

(5)诉讼判决的效力与执行

①效力。法院作出的判决具有法律效力，对当事人具有约束力。当事人必须遵守判决结果，否则可能面临法律制裁。

②执行。如果对方当事人不履行生效判决，当事人可以向管辖法院申请强制执行。申请执行的期限为二年，从法律文书规定履行期间的最后一日起计算。执行费用最终由被执行人承担。在收到判决书之日起的第十五日无人提起上诉的，判决生效(一审判决)。判决生效后，在判决规定的被告履行判决义务期限届满(被告不主动履行)之日起的一年内，应向法院申请强制执行。如果未在规定的期限内申请，就丧失了法院给予执行的权利。

7.5 建筑工程索赔与争议解决的案例分析

7.5.1 合同索赔案例分析

(1)案例背景与问题

案例背景：

甲方为某建筑公司，乙方为一家工程承包商。双方签订了一份关于建设一栋商业大厦的施工合同，合同总额为1亿元人民币。该合同规定了具体的工程范围、质量标准、工期要求以及违约责任等条款。

问题：

在合同履行过程中，由于地质条件复杂和设计变更等，乙方工程进度严重滞后，未能按照合同约定的时间节点完成工程。甲方因此遭受了经济损失，并决定依据合同条款向乙方提出索赔要求。

(2)索赔过程与结果

索赔过程：

初步沟通。甲方首先与乙方进行初步沟通，要求乙方解释工期延误的原因，并提出索赔要求。

证据收集。甲方收集并整理了与合同履行相关的证据，包括合同文本、工程进度报告、设计变更通知、地质勘探报告等。

提出索赔。甲方依据合同条款和收集的证据，正式向乙方提出索赔要求，要求乙方支付违约金并赔偿因其违约行为造成的损失。

协商谈判。乙方对甲方的索赔要求表示异议，认为部分损失不应由自己承担。双方进入协商谈判阶段，就索赔金额和责任划分进行多轮讨论。

法律途径。在协商无果的情况下，甲方决定通过法律途径解决争议，委托律师向法院提起诉讼。

结果：

经过法院审理，法院最终判决乙方应向甲方支付违约金500万元人民币，并赔偿因其违约行为给甲方造成的直接经济损失 2000 万元人民币。同时，法院还判决乙方应继续履行合同，确保工程按时完成。

(3)案例分析与启示

案例分析：

合同条款的重要性。本案中，甲乙双方签订的合同条款明确规定了违约责任和赔偿标准，为索赔提供了明确的法律依据。

证据的重要性。甲方在索赔过程中收集了充分的证据，证明了乙方的违约行为和自己的损失情况，为法院审理提供了有力的支持。

协商谈判的局限性。在本案中，尽管双方进行了多轮协商谈判，但最终仍未能达成一致意见。这表明在某些情况下，协商谈判可能无法解决所有争议。

启示：

合同条款应明确具体。在签订合同时，双方应明确约定各项条款，特别是关于违约责任和赔偿标准的条款，避免在发生争议时产生歧义。

保留相关证据。在合同履行过程中，双方应妥善保留与合同履行相关的证据，以便在发生争议时作为支持自己主张的依据。

灵活运用协商方式和法律途径。双方应首先尝试通过协商方式解决争议。如果协商无果，可以考虑通过法律途径解决争议。同时，在运用法律途径时，应注意选择合适的诉讼策略，以提高胜诉率。

7.5.2　变更索赔案例分析

(1)案例背景与问题

案例背景：

在某大型基础设施项目中，由于地质勘探结果不准确，在实际施工过程中原设计方案需要进行大量的设计变更。这些变更涉及基础处理、结构布局以及材料选择等多个方面，直接影响了工程进度和成本。

问题：

由于设计变更，承包商面临了额外的施工难度、成本增加以及工期延误等问题。同时，设计变更也导致了部分已采购的材料和设备无法使用，进一步增加了成本。因此，承包商提出了变更索赔要求，要求业主方对由此产生的额外费用和损失进行补偿。

(2)索赔过程与结果

索赔过程：

证据收集。承包商首先收集了与设计变更相关的所有文件和资料，包括设计变更通知、施工图纸、材料采购合同、施工记录等。同时，还委托了专业的评估机构对额外成本和损失进行了详细评估。

编制索赔文件。收集了充分的证据后，承包商编制了详细的索赔文件，列明了索赔金额、计算依据以及相关的证据材料。索赔文件还详细描述了设计变更对工程进度、成本以及已采购材料和设备的影响。

提交索赔文件。承包商将索赔文件正式提交给业主方，并要求进行索赔谈判。

谈判协商。在谈判过程中，双方就索赔金额、责任划分以及支付方式等问题进行了多轮协商。承包商提供了详细的证据和计算依据来支持自己的索赔要求。

达成协议。经过多轮协商，双方最终就索赔金额和支付方式达成了一致。业主方同意支付承包商因设计变更产生的额外费用和损失，具体金额根据评估机构的报告确定。

结果：

根据谈判达成的协议，业主方支付了承包商因设计变更产生的额外费用和损失共计××万元人民币。同时，双方还就后续工程合作达成了新的协议，以确保项目的顺利进行。

(3)案例分析与启示

案例分析：

设计变更的影响。设计变更在工程项目中是常见的，但其影响却不容忽视。本案中，设计变更导致了承包商面临额外的施工难度、成本增加以及工期延误等问题，给承包商带来了巨大的经济损失。

索赔的合理性。在本案中，承包商提出了合理的索赔要求，并提供了充分的证据和计算依据来支持自己的索赔要求。这表明在变更索赔中，承包商需要充分收集和整理证据，确保索赔的合理性。

谈判的重要性。在本案中，双方通过多轮协商最终达成了协议。这表明在变更索赔中，谈判是解决问题的关键。双方需要充分沟通并理解对方的立场和需求，寻求双方都能接受的解决方案。

启示：

加强项目前期工作。为了减少设计变更的发生，项目前期工作应更加细致和全面，包括地质勘探、设计审查等方面的工作应更加严格和准确，避免后期出现大量变更。

完善合同条款。在签订合同时，双方应明确约定设计变更的处理方式和责任划分。合同条款应详细规定设计变更的范围、责任划分以及索赔方式等内容，以便在发生争议时能够依据合同条款进行解决。

加强沟通和协作。在工程项目中，双方需要加强沟通和协作，及时解决问题并避免纠纷的发生。在发生设计变更时，双方应协商并寻求解决方案，以确保项目的顺利进行。

7.5.3 延期索赔案例分析

(1)案例背景与问题

案例背景：

针对某市政工程项目，甲乙双方签订了一份建设工程施工合同，约定工程完工日期为合同生效后18个月。然而，在施工过程中，因连续暴雨、材料供应商破产、设计变更以及甲方资金支付延误等多种因素，导致工程延期3个月才完成。

问题：

乙方(承包商)因工程延期，遭受了人工费用增加、设备租赁费用延长、现场管理成本上升等损失，要求甲方(业主)支付相应的延期索赔费用。

(2)索赔过程与结果

索赔过程：

证据收集。乙方详细收集了因暴雨导致的停工天数记录、与材料供应商的合同及破产证明、设计变更通知单、甲方资金支付记录等，作为索赔的证据。

编制索赔文件。乙方依据合同中的相关条款和收集的证据，编制了详细的索赔文件，列出了索赔金额的计算方法和依据，并附上了相关证据材料。

提交索赔文件。乙方将索赔文件正式提交给甲方，并请求甲方在规定时间内给予回复。

谈判协商。甲方收到索赔文件后，对索赔金额和延期责任提出了质疑。双方进行了多轮协商谈判，就责任划分、索赔金额和支付方式等问题进行了深入讨论。

达成协议。经过多轮协商，双方最终就延期索赔达成了一致意见。甲方同意支付乙方因工程延期产生的额外费用，共计 800 万元人民币，并约定了具体的支付方式和时间。

结果：

甲方按照协议支付了乙方 800 万元人民币的延期索赔费用。双方合作关系得以继续维持，并对后续工作进行了新的安排。

(3)案例分析与启示

案例分析：

延期原因复杂性。本案中，工程延期的原因包括自然灾害、材料供应问题、设计变更和资金支付延误等多种因素，体现了工程延期原因的复杂性。

索赔依据充分性。乙方在索赔过程中，提供了充分的证据支持自己的索赔请求，包括详细的记录、合同、证明文件等，为索赔成功奠定了基础。

协商谈判的解决方式。在双方对索赔金额和责任划分存在争议的情况下，通过协商谈判找到了双方都能接受的解决方案，避免了进一步的纠纷。

启示：

加强风险管理。在工程项目开始前，双方应充分评估可能出现的风险，并制定相应的预防和应对措施，以减少工程延期的可能性。

注重证据收集。在工程施工过程中，双方应注重证据的收集和整理，以便在发生争议时能够提供充分的证据来支持自己的主张。

灵活应对变化。在工程项目执行过程中，双方应灵活应对各种变化和挑战，及时沟通和协商解决问题，确保工程的顺利进行。

完善合同条款。在签订合同时，双方应明确约定延期责任和处理方式，以减少争议和纠纷的发生。合同条款应详细规定延期的原因、责任划分、索赔方式和金额计算方法等内容。

7.5.4 费用索赔案例分析

(1)案例背景与问题

案例背景：

2024 年，昆明市盘龙区某建设项目 A 立项通过，盘龙区政府作为项目建设单位按照程序开展建设管理单位招标工作，甲建设工程全过程管理有限公司中标，并与盘龙区政府签订全程建设管理合同，开展 A 项目建设管理工作。

问题：

在结算过程中，承发包双方就以下事件发生了争议。请站在该项目工程造价咨询者的角度，阐述该争议的处理意见。按施工合同约定，施工现场主导施工机械一台，由施工企业租得，台班单价为 300 元/台班，租赁费为 100 元/台班，人工工资为 40 元/工日，窝工补偿为 10 元/工日，以人工费为基数的综合费率为 35%。在施工过程中，发生了如下事情：①出现异常恶劣天气导致工程停工 2 天,人员窝工 30 个工日;因恶劣天气导致场外道路中断,抢修道路用工 20 个工日;③场外大面积停电,停工 2 天,人员窝工 10 个工日。为此,施工企业可向业主索赔的费用为多少?

(2)案例分析与计算

各事件的索赔费用计算及处理结果如下:

①异常恶劣天气导致的停工不能进行费用索赔。

②抢修道路用工的索赔额:20×40×(1+35%)=1080 元

③停电导致的索赔额:2×100+10×10=300 元

总索赔费用:1080+300=1380 元

7.6 建筑工程索赔与争议解决的结论与展望

7.6.1 建筑工程索赔与争议解决的重要性和挑战

(1)重要性

①确保各方利益得到合理保护。在施工过程中,如遇到工期延误、质量问题等,索赔与争议解决机制可以确保业主和施工方的合法权益得到公正评估和保护。这有助于减少因纠纷导致的经济损失,并维护良好的合作关系。

②促进合同的顺利履行。通过合理的索赔与争议解决机制,可以推动各方按照合同要求进行履约。这有助于保障项目的顺利进行,避免不必要的停工和延误。

③减少纠纷的发生。及时有效地解决施工过程中的争议,可以避免问题扩大化,减少纠纷的发生。这有助于节约成本,保证项目的顺利进行,并维护良好的行业秩序。

(2)挑战

①索赔管理不规范。目前,一些建筑企业对索赔管理工作重视程度不够,没有建立专门的索赔机构,导致索赔工作进展艰难。这既不利于企业自身的发展,也会影响到工程的施工进度。

②索赔方法和程序不合理。部分建筑企业对于索赔问题缺乏深入了解,导致索赔方法和程序不合理。例如,只关注提出索赔而忽视收集证据和撰写索赔报告的重要性,或者忽视了索赔的及时性。这些问题都会使企业在索赔过程中处于不利地位。

③索赔人员的专业素质较差。由于索赔金额较大,索赔工作需要有专业人员参与。然而,一些施工企业的索赔人员缺乏必要的工程法律知识和语言表达能力,导致索赔工作难以成功。此外,一些企业尚未建立有关的法律咨询和项目管理体制,也影响了索赔工作的顺利进行。

④复杂多变的施工环境。建设工程项目具有规模大、投资高、周期长和技术性强等特点,导致索赔事件频繁发生。同时,施工过程中的不确定因素较多,如天气变化、材料价格波动等,都可能引发索赔争议。这些复杂多变的施工环境给索赔工作带来了很大挑战。

建筑工程索赔与争议解决在确保各方利益、促进合同履行和减少纠纷等方面具有重要意义。然而,在实际操作中,也面临着索赔管理不规范、索赔方法和程序不合理、索赔人员专业素质较差以及复杂多变的施工环境等挑战。因此,建筑企业需要加强对索赔工作的重视和管理,提高索赔人员的专业素质,以应对这些挑战并确保项目的顺利进行。

7.6.2 索赔与争议解决领域的未来发展趋势

(1)数字化与自动化

①数据驱动决策。随着大数据和人工智能技术的不断发展,未来索赔与争议解决将更加依赖于数据分析。通过对历史索赔案例、合同数据、市场趋势等信息的深入挖掘,企业能够更准确地预测和评估索赔风险,制定更合理的争议解决策略。

②自动化流程。自动化技术的应用将大幅提高索赔处理的效率。例如,通过智能识别技术自动处理索赔文件,通过自动化工具进行索赔金额的计算和审核,从而减少人工干预,降低错误率,提高处理速度。

(2)专业化与精细化

①专业化团队。索赔与争议解决涉及法律、工程、财务等多个领域,需要专业化的团队进行处理。未来,这一领域将吸引更多具备跨学科知识和实践经验的专业人才,形成更加专业的服务团队。

②精细化服务。随着市场需求的不断变化,索赔与争议解决服务将朝着更加精细化的方向发展。企业将根据客户的具体需求,提供定制化的服务方案,解决客户在索赔和争议解决过程中遇到的各种问题。

(3)合规性与国际化

①合规性要求。随着法律法规的不断完善,索赔与争议解决领域将面临更高的合规性要求。企业需要严格遵守相关法律法规,确保索赔和争议解决过程的合法性和公正性。

②国际化趋势。随着全球化的深入发展,跨国工程和合作项目不断增加,索赔与争议解决领域也将面临更多的国际化挑战。企业需要具备处理国际工程索赔和争议的能力,与国际接轨,提高竞争力。

(4)多元化与综合化

①多元化解决方式。未来索赔与争议解决将更加注重多元化的解决方式。除了传统的诉讼途径外,仲裁、调解、谈判等将替代争议解决方式,得到更广泛的应用。这有助于降低争议解决成本,提高解决效率。

②综合化服务模式。企业将提供更加综合化的服务模式,包括风险评估、争议预防、索赔处理、争议解决等多个环节。这有助于企业形成更加完整的服务体系,为客户提供更加全面、高效的服务。

总之,索赔与争议解决领域的未来发展趋势将呈现数字化与自动化、专业化与精细化、合规化与国际化,以及多元化与综合化等特点。企业需要密切关注市场动态和技术发展趋势,不断调整和优化自身的服务模式和策略,以适应市场变化和客户需求。

习　题

一、单项选择题

1. 在建筑工程施工过程中,若因设计变更导致施工方案调整,从而增加施工成本,承包商可以向业主提出哪种类型的索赔?(　　)

A. 工期索赔　　B. 质量索赔　　C. 成本索赔　　D. 利润索赔

2.在建筑工程施工索赔中,索赔证据应具备以下哪些特点?( )

A.真实性 B.合法性 C.关联性 D.以上都是

3.建筑工程施工索赔的常见原因不包括以下哪项?( )

A.设计变更 B.工程延期 C.工程质量问题 D.业主按时支付工程款

4.承包商在提出索赔时,以下哪项不是必要的步骤?( )

A.提交索赔意向通知 B.等待业主主动联系协商

C.收集索赔证据 D.编制索赔报告

二、多项选择题

1.建筑工程施工索赔的常见原因包括以下哪些?( )

A.设计变更 B.工程延期 C.工程质量问题

D.合同条款不明确 E.业主资金短缺

2.建筑工程施工索赔的主要依据包括哪些?( )

A.施工合同 B.设计图纸 C.工程变更单

D.业主口头承诺 E.相关法律法规

三、简答题

1.简述建筑工程索赔的一般程序。

2.简述建筑工程索赔的种类。

3.某建筑工程项目,承包商与业主签订了总价合同,合同金额为364000元,工期为24个月。在施工过程中,因设计变更导致合同工程量增加了70863元。同时,业主发现承包商在投标书中的计算错误,多算了7730元,并坚持在合同总价中减去这个差额。承包商则要求:如果坚持固定价格条款,则需在原报价基础上增加75000元。最终,工程在24个月内完成。

请问:承包商可能向业主提出的索赔类型是什么?承包商提出的索赔金额为多少?

附录 1　建设工程施工合同案例

（GF—2017—0201）

建设工程施工合同

住 房 和 城 乡 建 设 部
国家工商行政管理总局　制定
云南省工商行政管理局监制

说　明

为了指导建设工程施工合同当事人的签约行为，维护合同当事人的合法权益，依据《中华人民共和国合同法》《中华人民共和国建筑法》《中华人民共和国招标投标法》以及相关法律法规，住房和城乡建设部、国家工商行政管理总局对《建设工程施工合同（示范文本）》（GF—1999—0201）进行了修订，制定了《建设工程施工合同（示范文本）》（GF—2013—0201，以下简称《示范文本》）。为了便于合同当事人使用《示范文本》，现就有关问题说明如下。

一、《示范文本》的组成

《示范文本》由合同协议书、通用合同条款和专用合同条款三部分组成。

（一）合同协议书

《示范文本》合同协议书共计13条，主要包括：工程概况、合同工期、质量标准、签约合同价和合同价格形式、项目经理、合同文件构成、承诺以及合同生效条件等重要内容，集中约定了合同当事人基本的合同权利义务。

（二）通用合同条款

通用合同条款是合同当事人根据《中华人民共和国建筑法》《中华人民共和国合同法》等法律法规的规定，就工程建设的实施及相关事项，对合同当事人的权利义务作出的原则性约定。

通用合同条款共计20条，具体条款分别为一般约定、发包人、承包人、监理人、工程质量、安全文明施工与环境保护、工期和进度、材料与设备、试验与检验、变更、价格调整、合同价格、计量与支付、验收和工程试车、竣工结算、缺陷责任与保修、违约、不可抗力、保险、索赔和争议解决。前述条款安排既考虑了现行法律法规对工程建设的有关要求，也考虑了建设工程施工管理的特殊需要。

（三）专用合同条款

专用合同条款是对通用合同条款原则性约定的细化、完善、补充、修改或另行约定的条款。合同当事人可以根据不同建设工程的特点及具体情况，通过双方的谈判、协商，对相应的专用合同条款进行修改补充。在使用专用合同条款时，应注意以下事项：

1. 专用合同条款的编号应与相应的通用合同条款的编号一致；

2. 合同当事人可以通过对专用合同条款的修改，满足具体建设工程的特殊要求，避免直接修改通用合同条款；

3. 在专用合同条款中有横道线的地方，合同当事人可针对相应的通用合同条款进行细化、完善、补充、修改或另行约定；如无细化、完善、补充、修改或另行约定，则填写“无”或划“/”。

二、《示范文本》的性质和适用范围

《示范文本》为非强制性使用文本。《示范文本》适用于房屋建筑工程、土木工程、线路管道和设备安装工程、装修工程等建设工程的施工承发包活动，合同当事人可结合建设工程具体情况，根据《示范文本》订立合同，并按照法律法规规定和合同约定承担相应的法律责任及合同权利义务。

第一部分　合同协议书

发包人(全称):云南省××市第一中学

承包人(全称):云南××建筑工程有限公司

根据《中华人民共和国合同法》《中华人民共和国建筑法》及有关法律规定,遵循平等、自愿、公平和诚实信用的原则,双方就云南省××市第一中学工程及有关事项协商一致,共同达成如下协议:

一、工程概况

1. 工程名称:云南省××市第一中学

2. 工程地点:××市第一中学内

3. 工程立项批准文号:云发改投资(2018)×××号

4. 资金来源:财政拨款

5. 工程内容:合同及施工图纸内包括的全部内容

群体工程应附《承包人承揽工程项目一览表》(附件1)

6. 工程承包范围:具体详见招标文件、招标人提供的工程量清单,详细范围以招标工程量清单内容为准。

二、合同工期

计划开工日期:2018年06月12日

计划竣工日期:2019年02月17日

工期总日历天数:240天。工期总日历天数与根据前述计划开竣工日期计算的工期天数不一致的,以工期总日历天数为准。(开工日期以监理公司开工令为准)

三、质量标准

工程质量符合现行国家施工质量验收规范合格标准。

四、签约合同价与合同价格形式

1. 签约合同价:

人民币(大写)______________________(¥__________元)(本项目最终结算以审计机关审计结果为准)。

其中:

(1)安全文明施工费:

人民币(大写)__________(¥__________元);

(2)材料和工程设备暂估价金额：

人民币(大写)________________(¥____________元)；

(3)专业工程暂估价金额：

人民币(大写)________________(¥____________元)；

(4)暂列金额：

人民币(大写)________________(¥____________元)；

2.合同价格形式：采用固定综合单价合同，招标工程量清单内的工程内容按投标文件中所报相应综合单价及实际工程量结算。

五、项目经理

承包人项目经理：×××。

六、合同文件构成

本协议书与下列文件一起构成合同文件：

(1)中标通知书；

(2)投标函及其附录；

(3)专用合同条款及其附件；

(4)通用合同条款；

(5)技术标准和要求；

(6)图纸；

(7)已标价工程量清单或预算书；

(8)其他合同文件。

在合同订立及履行过程中形成的与合同有关的文件均构成合同文件组成部分。

上述各项合同文件包括合同当事人就该项合同文件所作出的补充和修改，属于同一类内容的文件，应以最新签署的为准。专用合同条款及其附件须经合同当事人签字或盖章。

七、承诺

1.发包人承诺按照法律规定履行项目审批手续、筹集工程建设资金，并按照合同约定的期限和方式支付合同价款。

2.承包人承诺按照法律规定及合同约定组织完成工程施工，确保工程质量和安全，不进行转包及违法分包，并在缺陷责任期及保修期内承担相应的工程维修责任。

3.发包人和承包人通过招投标形式签订合同的，双方理解并承诺不再就同一工程另行签订与合同实质性内容相背离的协议。

八、词语含义

本协议书中词语含义与第二部分通用合同条款中赋予的含义相同。

九、签订时间

本合同于2018年06月08日签订。

十、签订地点

本合同在××市第一中学签订。

十一、补充协议

合同未尽事宜,合同当事人另行签订补充协议。补充协议是合同的组成部分。

十二、合同生效

本合同自双方签字、盖章后生效。

十三、合同份数

本合同一式陆份,均具有同等法律效力,发包人执叁份,承包人执叁份。

发包人:(公章)

法定代表人或其委托代理人:

(签字)

组织机构代码:______

地　　址:______

邮政编码:______

法定代表人:______

委托代理人:______

电　　话:______

传　　真:______

电子信箱:______

开户银行:______

账　　号:______

承包人:(公章)

法定代表人或其委托代理人:

(签字)

组织机构代码:______

地　　址:1区707室

邮政编码:665000

法定代表人:______

委托代理人:______

电　　话:______

传　　真:0879-21905××

电子信箱:______

开户银行:中国银行××市北市区支行

账　　号:______

第二部分　通用合同条款(略)

第三部分 专用合同条款

1.一般约定

1.1 词语定义

1.1.1 合同

1.1.1.10 其他合同文件包括：按“通用合同条款”第1.1.1条执行

1.1.2 合同当事人及其他相关方

1.1.2.4 监理人：

名　　称：昆明××工程监理咨询有限公司；

资质类别和等级：＿＿＿＿＿＿；

联系电话：＿＿＿＿＿＿；

电子信箱：＿＿＿＿＿＿；

通信地址：＿＿＿＿＿＿。

1.1.2.5 设计人：

名　　称：大连××建筑设计院；

资质类别和等级：＿＿＿＿＿＿；

联系电话：＿＿＿＿＿＿；

电子信箱：＿＿＿＿＿＿；

通信地址：＿＿＿＿＿＿。

1.1.3 工程和设备

1.1.3.7 作为施工现场组成部分的其他场所包括：无

1.1.3.9 永久占地包括：无。

1.1.3.10 临时占地包括：无。

1.3 法律

适用于合同的其他规范性文件：《中华人民共和国建筑法》《中华人民共和国合同法》《建设工程质量管理条例》及国家颁布的其他法律、法规，云南省颁布的相关条例、规定和当地政府的有关规定。

1.4 标准和规范

1.4.1 适用于工程的标准规范包括：执行国家及云南省颁发的现行建筑工程施工质量检验评定标准和施工验收规范。

1.4.2 发包人提供国外标准、规范的名称：无；

发包人提供国外标准、规范的份数：＿＿＿＿＿＿；

发包人提供国外标准、规范的名称：＿＿＿＿＿＿。

1.4.3 发包人对工程的技术标准和功能的特殊要求：________________。

1.5 合同文件的优先顺序

合同文件组成及优先顺序：1.合同协议书；2.中标通知书；3.投标函及其附录(如果有)；4.专用合同条款及其附件；5.通用合同条款；6.技术标准和要求；7.图纸；8.已标价工程量清单或预算书；9.其他合同文件。

1.6 图纸和承包人文件

1.6.1 图纸的提供

发包人向承包人提供图纸的期限：合同签订后7天之内；

发包人向承包人提供图纸的数量：叁套；

发包人向承包人提供图纸的内容：施工图。

1.6.4 承包人文件

需要由承包人提供的文件，包括施工组织设计，施工技术措施及各项资源需要量计划；

承包人提供的文件的期限：接到中标通知书7天内；

承包人提供的文件的数量：________；

承包人提供的文件的形式：书面；

发包人审批承包人文件的期限：在承包人提供文件后的3天内审定完毕。

1.6.5 现场图纸准备

关于现场图纸准备的约定：________。

1.7 联络

1.7.1 发包人和承包人应当在______天内将与合同有关的通知、批准、证明、证书、指示、指令、要求、请求、同意、意见、确定和决定等书面函件送达对方当事人。

1.7.2 发包人接收文件的地点：施工现场甲方办公室；

发包人指定的接收人：业主派驻现场代表。

承包人接收文件的地点：施工现场项目部办公室；

承包人指定的接收人：________。

监理人接收文件的地点：监理人施工现场监理办公室；

监理人指定的接收人：总监或总监代表。

1.10 交通运输

1.10.1 出入现场的权利

关于出入现场的权利的约定：无。

1.10.3 场内交通

关于场外交通和场内交通的边界的约定：施工围墙。

关于发包人向承包人免费提供满足工程施工需要的场内道路和交通设施的约定：______。

1.10.4 超大件和超重件的运输

运输超大件或超重件所需的道路和桥梁临时加固改造费用及其他有关费用由 无

承担。

1.11 知识产权

1.11.1 关于发包人提供给承包人的图纸、发包人为实施工程自行编制或委托编制的技术规范以及反映发包人关于合同要求或其他类似性质的文件的著作权的归属：发包人。

关于发包人提供的上述文件的使用限制的要求：不能用于与合同无关的其他事项。

1.11.2 关于承包人为实施工程所编制文件的著作权的归属：承包人。

关于承包人提供的上述文件的使用限制的要求：不能用于与合同无关的其他事项。

1.11.4 承包人在施工过程中所采用的专利、专有技术、技术秘密的使用费的承担方式：无。

1.13 工程量清单错误的修正

出现工程量清单错误时，是否调整合同价格：是。

允许调整合同价格的工程量范围：按"通用合同条款"1.13 条执行。

2. 发包人

2.2 发包人代表

发包人代表：

姓　　名：×××；

身份证号：＿＿＿＿；

职　　务：＿＿＿＿；

联系电话：＿＿＿＿；

电子信箱：＿＿＿＿；

通信地址：＿＿＿＿。

发包人对发包人代表的授权范围如下：1. 督促监理工程师按照监理合同办事；2. 协调各有关单位工作；3. 工程进度与工程量的确认；4. 督促并控制好工程进度、质量、投资等。

2.4 施工现场、施工条件和基础资料的提供

2.4.1 提供施工现场

关于发包人移交施工现场的期限要求：最迟于开工日期 7 天前。

2.4.2 提供施工条件

关于发包人应负责提供施工所需要的条件，包括：按"通用合同条款"第 2.4.2 条执行。

2.5 资金来源证明及支付担保

发包人提供资金来源证明的期限要求：无。

发包人是否提供支付担保：无。

发包人提供支付担保的形式：无。

3. 承包人

3.1 承包人的一般义务

(5) 承包人提交的竣工资料的内容：按"通用合同条款"第 3.1 条(9)执行。

承包人需要提交的竣工资料套数：竣工图 3 套。

承包人提交的竣工资料的费用承担：由承包人承担。

承包人提交的竣工资料移交时间：工程竣工后7天。

承包人提交的竣工资料形式要求：书面资料。

(6)承包人应履行的其他义务：无。

3.2 项目经理

3.2.1 项目经理：

姓　　名：×××；

身份证号：；

建造师执业资格等级：二级建造师；

建造师注册证书号：滇20809090×××；

建造师执业印章号：；

安全生产考核合格证书号：云建安B(2006)002788×××；

联系电话：；

电子信箱：；

通信地址：；

承包人对项目经理的授权范围如下：全权委托项目经理负责该工程的施工与管理。

关于项目经理每月在施工现场的时间要求：施工期间每月在施工现场不少于22天参与工程施工管理。

承包人未提交劳动合同，以及没有为项目经理缴纳社会保险证明违约责任：无。

项目经理未经批准，擅自离开施工现场的违约责任：双方协商。

3.2.3 承包人擅自更换项目经理的违约责任：。

3.2.4 承包人无正当理由拒绝更换项目经理的违约责任：由此对发包人造成的工期延误和经济损失由承包人承担。

3.3 承包人人员

3.3.1 承包人提交项目管理机构及施工现场管理人员安排报告的期限：工程开工后7天内。

3.3.3 承包人无正当理由拒绝撤换主要施工管理人员的违约责任：由此对发包人造成的工期延误和经济损失由承包人承担。

3.3.4 承包人主要施工管理人员离开施工现场的批准要求：执行“通用合同条款”。

3.3.5 承包人擅自更换主要施工管理人员的违约责任：。

承包人主要施工管理人员擅自离开施工现场的违约责任：项目管理班子人员未经工程师同意擅自离开现场一次罚款50元，并在当月进度款中扣除。

3.5 分包

3.5.1 分包的一般约定

禁止分包的工程包括：无。

主体结构、关键性工作的范围：无。

3.5.2 分包的确定

允许分包的专业工程包括：无。

其他关于分包的约定：无。

3.5.4 分包合同价款

关于分包合同价款支付的约定：无。

3.6 工程照管与成品、半成品保护

承包人负责照管工程及工程相关的材料、工程设备的起始时间：执行"通用合同条款"。

3.7 履约担保

承包人是否提供履约担保：否。

承包人提供履约担保的形式、金额及期限：无。

4. 监理人

4.1 监理人的一般规定

关于监理人的监理内容：按照发包人与监理方签订的合同，依照合同和有关法律、法规，负责和主持整个项目的监理工作，在合同规定范围内，对工程项目施工进行全过程监理（包括工程质量、工期进度、安全文明施工管理、工程量与工程款的审核等）。

关于监理人的监理权限：＿＿＿＿。

关于监理人在施工现场的办公场所、生活场所的提供和费用承担的约定：＿＿＿＿。

4.2 监理人员

总监理工程师：

姓名：＿＿＿＿；

职务：＿＿＿＿；

监理工程师执业资格证书号：＿＿＿＿；

联系电话：＿＿＿＿；

电子信箱：＿＿＿＿；

通信地址：＿＿＿＿；

关于监理人的其他约定：＿＿＿＿。

4.4 商定或确定

当发包人和承包人不能通过协商达成一致意见时，发包人授权监理人对以下事项进行确定：

(1)＿＿＿＿；

(2)＿＿＿＿；

(3)＿＿＿＿。

5. 工程质量

5.1 质量要求

5.1.1 特殊质量标准和要求：无。

关于工程奖项的约定：无。

5.3 隐蔽工程检查

5.3.2 承包人提前通知监理人隐蔽工程检查的期限的约定：检查前48小时。

监理人不能按时进行检查时，应提前24小时提交书面延期要求。

关于延期最长不得超过：48小时。

6. 安全文明施工与环境保护

6.1 安全文明施工

6.1.1 项目安全生产的达标目标及相应事项的约定：遵守国家和工程所在地有关安全生产的要求，如在施工期间出现安全事故，责任由相应的责任方进行承担。

6.1.4 关于治安保卫的特别约定：由承包人统一管理施工场地的治安保卫事宜。

6.1.5 文明施工

合同当事人对文明施工的要求：由承包人采取措施保证施工现场平整、物料堆放整齐。

6.1.6 关于安全文明施工费支付比例和支付期限的约定：由发包人开工后28天内预付安全文明施工费的50%，其余部分与进度款同期支付。

7. 工期和进度

7.1 施工组织设计

7.1.1 合同当事人约定的施工组织设计应包括的其他内容：__________________。

7.1.2 施工组织设计的提交和修改

承包人提交详细施工组织设计期限的约定：合同签订后10天内。

发包人和监理人在收到详细的施工组织设计后确认或提出修改意见的期限：承包人提供施工组织设计后7天内审定完毕；若发包人对其施工组织设计提出质疑或要求承包人进行修正，承包人在规定期限内应提供修正的施工组织设计，发包人应在7天内对承包人修正的施工组织设计进行最后审定。

7.2 施工进度计划

7.2.2 施工进度计划的修订

发包人和监理人在收到修订的施工进度计划后确认或提出修改意见的期限：7天内完成审核和批准或提出修改意见。

7.3 开工

7.3.1 开工准备

关于承包人提交工程开工报审表的期限：开工日期前7天内。

关于发包人应完成的其他开工准备工作及期限：无。

关于承包人应完成的其他开工准备工作及期限：无。

7.3.2 开工通知

因发包人原因造成监理人未能在计划开工日期之日起 90 天内发出开工通知的，承包人有权提出价格调整要求，或者解除合同。

7.4 测量放线

7.4.1 发包人通过监理人向承包人提供测量基准点、基准线和水准点及其书面资料的期限：开工日期前7天。

7.5 工期延误

7.5.1 因发包人原因导致工期延误

(7)因发包人原因导致工期延误的其他情形：按“通用合同条款”第7.5.1条执行。

7.5.2 因承包人原因导致工期延误

因承包人原因造成工期延误，逾期竣工违约金的计算方法：因不可预见原因，如停电、停水、下雨，造成无法施工的及发包人设计变更要求停工等待的，工期相应顺延。若因承包方自身技术、管理原因造成工期延误，逾期竣工违约金的上限为合同价的5%。

7.6 不利物质条件

不利物质条件的其他情形和有关约定：按“通用合同条款”第7.6条执行。

7.7 异常恶劣的气候条件

发包人和承包人同意以下情形视为异常恶劣的气候条件：

(1)__________；

(2)__________。

7.9 提前竣工的奖励

7.9.2 提前竣工的奖励： 无 。

8. 材料与设备

8.4 材料与工程设备的保管与使用

8.4.1 发包人供应的材料、设备的保管费用的承担： 无 。

8.6 样品

8.6.1 样品的报送与封存

需要承包人报送样品的材料或工程设备，样品的种类、名称、规格、数量要求：按“通用合同条款”及现场要求执行。

8.8 施工设备和临时设施

8.8.1 承包人提供的施工设备和临时设施

关于修建临时设施费用承担的约定：按“通用合同条款”执行。

9. 试验与检验

9.1 试验设备与试验人员

9.1.2 试验设备

施工现场需要配置的试验场所：__________。

施工现场需要配备的试验设备：__________。

施工现场需要具备的其他试验条件：__________。

9.4 现场工艺试验

现场工艺试验的有关约定：__________。

10. 变更

10.1 变更的范围

关于变更的范围的约定：

(1)增加或减少合同中任何工作，或追加额外的工作。

(2)取消合同中任何工作，但转由他人实施的工作除外。

(3)改变合同中任何工作的质量标准或其他特性。

(4)改变工程的基线、标高、位置和尺寸。

(5)改变工程的时间安排或实施顺序。

(6)工程设计变更联系单(图)以及业务联系单涉及合同规定结算需要调整的，承包人必须在该项目内容实施前经发包人同意签证盖章，并在该项目完成7天内，将调整原因、调整价款金额(附价款调整结算书、单价分析表)一式三份报监理工程师，监理工程师在5天内进行审核后报发包人，发包人在2天内审核确认，返还给承包人。承包人未按规定时间上报的，视为该项变更不涉及合同价款变更。发包人未按时间签证的，视为变更工程报告已被确认。

10.4 变更估价

10.4.1 变更估价原则

关于变更估价的约定：按"通用合同条款"第10.4.1条执行。

10.5 承包人的合理化建议

监理人审查承包人合理化建议的期限：承包人报送后7天。

发包人审批承包人合理化建议的期限：监理人报送后7天。

承包人提出的合理化建议降低了合同价格或者提高了工程经济效益的奖励方法和金额：甲乙双方协商决定。

10.7 暂估价

暂估价材料和工程设备的明细详见附件11:《主材暂估价一览表》。

10.7.1 依法必须招标的暂估价项目

对于依法必须招标的暂估价项目的确认和批准采取第3种方式确定。

10.7.2 不属于依法必须招标的暂估价项目

对于不属于依法必须招标的暂估价项目的确认和批准采取第3种方式确定。

第3种方式：承包人直接实施的暂估价项目。

承包人直接实施的暂估价项目的约定：经发包人同意，由承包人自行实施完成。

10.8 暂列金额

合同当事人关于暂列金额使用的约定：竣工结算时应按承包人实际完成的工作内容结算，剩余部分仍归发包人所有。

11. 价格调整

11.1 市场价格波动引起的调整

市场价格波动是否调整合同价格的约定：施工期内市场价格波动超过合同当事人约定的范围，合同价格予以调整，价格的调整按甲乙方共同认定并签字认可的市场价格进入结算。

因市场价格波动调整合同价格，采用以下第2、3种方式对合同价格进行调整：

第1种方式：采用价格指数进行价格调整。

关于各可调因子、定值和变值权重,以及基本价格指数及其来源的约定:________。

第2种方式:采用造价信息进行价格调整。

①由于工程量清单少算、漏项或工程变更等产生新的工程量清单项目时,工程量按规定的程序经造价师、监理工程师及发包人确认后执行,并按照以下方式确定的综合单价来调整合同价款:

Ⅰ.合同中已有适用于变更工程的价格,则按合同已有的价格计算。

Ⅱ.合同中只有类似变更工程的价格,则按类似变更工程价格确定变更价格,调整合同价款。

Ⅲ.合同中没有适用或类似于变更工程的价格,由承包人提出适当的变更价格,经监理工程师及发包人确认后予以调整合同价款。

②投标报价(相对于招标人提供的工程量清单)有未填报项目,则此项目的费用视为已包括在中标的投标报价的其他单价和合价中;该项目费用结算时,造价工程师、监理工程师及发包人应对投标报价未填报项目的工程量进行确认,并与招标人提供的清单工程量对比,按下列原则办理:

Ⅰ.两者工程量相等时,该项目费用不得补计。

Ⅱ.确认工程量比招标人提供的工程量增加时,增加部分工程量参照现行消耗量定额和市场价,并按照与投标水平相一致的原则调整合同价款。

Ⅲ.确认工程量比招标人提供的工程量减少时,减少部分工程量参照现行消耗量定额和市场价,并按照与投标水平相一致的原则从合同价中扣除。

③当分部分项工程量清单符合上述第Ⅰ、Ⅱ、Ⅲ条价款调整条件时,对应措施项目报价(技术措施、组织措施)按照与投标报价水平相一致的原则,由承包人提出适当的报价,经造价工程师、发包人确认后予以调整。

④当分部分项工程量清单、措施项目清单及其他项目清单报价调整时,规费、税金、安全防护、文明施工与环境保护费应按相关规定予以调整。

⑤发包人在招标时提供暂定价格、承包人自行采购的材料如遇材料价格调整,承包人应在采购前通知发包人,由发、承包双方最终确认的材料单价在综合单价中调整。

第3种方式:其他价格调整方式。如①国家政策性调整及自然灾害造成的物价上涨,甲乙双方协商后给予相应调整进入决算;②根据云建标〔2016〕208号文件规定,2013版计价依据中定额人工费按15%增长幅度进行调整计算;③根据云建标〔2016〕207号文件规定,建筑业营业税按增值税(营改增)计入工程决算。

12.合同价格、计量与支付

12.1合同价格形式

1.单价合同

综合单价包含的风险范围: 无________。

风险费用的计算方法:________。

风险范围以外合同价格调整方法:因工程量清单项目数量有差异、漏项、工程设计变更、施工条件变更、现场签证增加、国家政策性调整等引起新增的工程量清单项目，其综合单价调整执行(清单中没有的子目)2013版清单规范及2013版计价依据，经发包方、承包方、监理方三方同意签字认可后进入决算。

2. 总价合同。

总价包含的风险范围：＿＿＿＿＿＿＿＿。

3. 其他价格方式：

(1)招标人规定的暂定价材料，投标人报价时不作变更，最终根据招标人对材料的档次要求，结合市场行情和采购情况，将此部分材料的最终核定价作为结算价。

(2)材料基准价以商务标投标书所报材料价格为基准。暂定价材料外的材料市场价格波动在±5%之外的，双方以材料进场三方签证价格为依据(如乙方不提供签证单，则以发包方提供的依据为准)，按本工程施工期间加权平均计算。发生上涨或下浮的情况，幅度在投标材料价±5%以内(含±5%)的，其价差由中标人承担或受益；幅度在投标材料价±5%以外的，其超出部分的价差由发包人承担或受益。

(3)合同执行期间，按照有关行业主管部门发布的相关计价依据，合同价款予以相应调整。

12.2 预付款

12.2.1 预付款的支付

预付款支付比例或金额：乙方入场后甲方支付预付款30%。

预付款支付期限：合同签订后7天。

预付款扣回的方式：每月支付进度款时相应扣回。

12.2.2 预付款担保

承包人提交预付款担保的期限：　无　＿＿＿＿＿＿＿＿。

预付款担保的形式：　无　＿＿＿＿＿＿＿＿。

12.3 计量

12.3.1 计量原则

工程量计算规则：《建设工程工程量清单计价规范》(GB 50500—2013)、《云南省建设工程计价定额》(2013版)及相应政策调整文件。

12.3.2 计量周期

关于计量周期的约定：　按月进行。

12.3.3 单价合同的计量

关于单价合同计量的约定：　按“通用合同条款”第12.3.3条执行。

12.3.4 总价合同的计量

关于总价合同计量的约定：＿＿＿＿＿＿＿＿。

12.3.5 总价合同采用支付分解表计量支付的，是否适用第12.3.4项(总价合同的计量)约定进行计量：＿＿＿＿＿＿＿＿。

12.3.6 其他价格形式合同的计量

其他价格形式的计量方式和程序：＿＿＿＿＿＿＿＿。

12.4 工程进度款支付

12.4.1 付款周期

关于付款周期的约定：按工程进度按月支付。

12.4.2 进度付款申请单的编制

关于进度付款申请单编制的约定：按照云南省工程资料管理的相关格式编制。

12.4.3 进度付款申请单的提交

(1)单价合同进度付款申请单提交的约定：按月向监理人提交。

(2)总价合同进度付款申请单提交的约定：______/______。

(3)其他价格形式合同进度付款申请单提交的约定：______/______。

12.4.4 进度款审核和支付

(1)监理人审查并报送发包人的期限：收到进度付款申请单7天内。

(2)发包人完成审批并签发进度款支付证书的期限：收到进度付款申请单7天内。

(3)发包人支付进度款的期限：工程进度款按每月20日由承包方向发包人递交工程进度表，根据工程进度拨付80%工程款，工程竣工验收合格后一个月内支付至95%工程款，剩余5%工程款作为保修金按《房屋建筑工程质量保修书》执行，保修期满后，无质量问题，一个月内无息一次性结清。

发包人逾期支付进度款的违约金的计算方式：______/______。

12.4.6 支付分解表的编制

2.总价合同支付分解表的编制与审批：______/______。

3.单价合同的总价项目支付分解表的编制与审批：____________。

13.验收和工程试车

13.1 分部分项工程验收

13.1.2 监理人不能按时进行验收时，应提前__24__小时提交书面延期要求。

关于延期最长不得超过：__48__小时。

13.2 竣工验收

13.2.2 竣工验收程序

关于竣工验收程序的约定：执行“通用合同条款”第13.2条。

发包人不按照本项约定组织竣工验收、颁发工程接收证书的违约金的计算方法：______。

13.2.5 移交、接收全部与部分工程

承包人向发包人移交工程的期限：____________。

发包人未按本合同约定接收全部或部分工程的，违约金的计算方法：____________。

承包人未按时移交工程的，违约金的计算方法：____________

____________。

13.3 工程试车

13.3.1 试车程序

工程试车内容：____________

____。

(1)单机无负荷试车费用由__________________________承担；

(2)无负荷联动试车费用由__________________________承担。

13.3.3 投料试车

关于投料试车相关事项的约定：____

____。

13.6 竣工退场

13.6.1 竣工退场

承包人完成竣工退场的期限：____。

14. 竣工结算

14.1 竣工结算申请

承包人提交竣工结算申请单的期限：____________________________________。

竣工结算申请单应包括的内容：____

____。

14.2 竣工结算审核

发包人审批竣工付款申请单的期限：____________________________________。

发包人完成竣工付款的期限：____。

关于竣工付款证书异议部分复核的方式和程序：__________________________

____。

14.4 最终结清

14.4.1 最终结清申请单

承包人提交最终结算申请单的期限：____________________________________。

14.4.2 最终结清证书的支付

(1)发包人完成最终结清申请单的审批并颁发最终结清证书的期限：______________。

(2)发包人完成支付的期限：____。

15. 缺陷责任期与保修

15.2 缺陷责任期

缺陷责任期的具体期限：____

____。

15.3 质量保证金

关于是否扣留质量保证金的约定：____________________。在工程项目竣工前，承包人按专用合同条款第 3.7 条提供履约担保的，发包人不得同时预留工程质量保证金。

15.3.1 承包人提供质量保证金的方式

质量保证金采用以下第__/__种方式：

(1)质量保证金保函，保证金额为________________；

(2)__/__%的工程款；

(3)其他方式：______________________________。

15.3.2 质量保证金的扣留

质量保证金的扣留采取以下第 (2) 种方式：

(1)在支付工程进度款时逐次扣留，在此情形下，质量保证金的计算基数不包括预付款的支付、扣回以及价格调整的金额。

(2)工程竣工结算时一次性扣留质量保证金。

(3)其他扣留方式：______________________________。

关于质量保证金的补充约定：______________________________。

15.4 保修

15.4.1 保修责任

工程保修期： 见附件3 。

15.4.3 修复通知

承包人收到保修通知并到达工程现场的合理时间：48小时。

16. 违约

16.1 发包人违约

16.1.1 发包人违约的情形

发包人违约的其他情形：按"通用合同条款"第16.1.1条执行。

16.1.2 发包人违约的责任

发包人违约责任的承担方式和计算方法：

(1)因发包人原因未能在计划开工日期前7天内下达开工通知的违约责任：应承担因其违约给承包人增加的费用和延误的工期。

(2)因发包人原因未能按合同约定支付合同价款的违约责任： / 。

(3)发包人违反第10.1款〔变更的范围〕第(2)项约定，自行实施被取消的工作或转由他人实施的违约责任：应承担因其违约给承包人增加的费用及合适的利润。

(4)发包人提供的材料和工程设备的规格、数量或质量不符合合同约定，或因发包人原因导致交货日期延误或交货地点变更等情况的违约责任：无。

(5)因发包人违反合同约定造成暂停施工的违约责任：应承担工期的顺延及相应的费用损失。

(6)发包人无正当理由没有在约定期限内发出复工指示，导致承包人无法复工的违约责任：应承担工期的顺延及相应的费用损失。

(7)其他：双方协商确定。

16.1.3 因发包人违约解除合同

承包人按16.1.1项〔发包人违约的情形〕约定暂停施工满28天后发包人不纠正其违约行为并致使合同目的不能实现的，承包人有权解除合同。

16.2 承包人违约

16.2.1 承包人违约的情形

承包人违约的其他情形：按“通用合同条款”第16.2.1条执行。

16.2.2 承包人违约的责任

承包人违约责任的承担方式和计算方法：按“通用合同条款”第16.2.2条执行。

16.2.3 因承包人违约解除合同

关于承包人违约解除合同的特别约定：按“通用合同条款”第16.2.3、16.2.4条执行。

发包人继续使用承包人在施工现场的材料、设备、临时工程、承包人文件和由承包人或以其名义编制的其他文件的费用承担方式：确认后，按实际价值支付给承包方。

17. 不可抗力

17.1 不可抗力的确认

除通用合同条款约定的不可抗力事件之外，视为不可抗力的其他情形：包括战争、动乱、空中飞行物体坠落或其他非承包人责任造成的爆炸、火灾或经气象部门确认的20年一遇的风、雨、雪等特大自然灾害或地震部门确认的5级以上地震。

17.4 因不可抗力解除合同

合同解除后，发包人应在商定或确定发包人应支付款项后28天内完成款项的支付。

18. 保险

18.1 工程保险

关于工程保险的特别约定：按“通用合同条款”第18.1条执行。

18.3 其他保险

关于其他保险的约定：承包方负责办理施工现场的全部人员意外伤害保险。

承包人是否应为其施工设备等办理财产保险：是。

18.7 通知义务

关于变更保险合同时的通知义务的约定：按“通用合同条款”第18.7条执行。

20. 争议解决

20.3 争议评审

合同当事人是否同意将工程争议提交争议评审小组决定：同意。

20.3.1 争议评审小组的确定

争议评审小组成员的确定：按“通用合同条款”第20.3.1条执行。

选定争议评审员的期限：合同签订后28天内。

争议评审小组成员的报酬承担方式：由发包人和承包人各承担一半。

其他事项的约定：无。

20.3.2 争议评审小组的决定

合同当事人关于本项的约定：按“通用合同条款”第20.3.2条执行。

20.4 仲裁或诉讼

因本合同引起的或与本合同有关的任何争议，合同双方友好协商不成、不愿意提请争议组评审或者不愿意接受争议组评审意见的，按下列第(贰)种方式解决：

(壹)提请 当地 仲裁委员会申请仲裁；

（贰）向 ××市××区 人民法院起诉。

21. 补充条款

21.1 甲方所拨付的工程款必须经过乙方指定账户，否则与本工程有关的经济纠纷、法律责任均由甲方自行承担。（云南××建筑工程有限公司指定账户：中国银行××市北市区支行；账号：13723302×××）。

21.2 计价办法的调整

21.2.1 依据国家及省、地方有关部门相关文件条款进行调整。

21.2.2 人工费调差依据云建标〔2016〕208号《云南省住房和城乡建设厅关于调整云南省2013版建设工程造价计价依据中定额人工费的通知》进行调整。

21.2.3 税费调整依据云建标〔2016〕207号《云南省住房和城乡建设厅关于印发〈关于建筑业营业税改征增值税后调整云南省建设工程造价计价依据的实施意见〉的通知》执行。

附件

协议书附件：

附件1：承包人承揽工程项目一览表

专用合同条款附件：

附件2：发包人供应材料设备一览表

附件3：工程质量保修书

附件1：

承包人承揽工程项目一览表

单位工程名称	建设规模	建筑面积（平方米）	结构形式	层数	生产能力	设备安装内容	合同价格（元）	开工日期	竣工日期

附件2：

发包人供应材料设备一览表

序号	材料、设备品种	规格型号	单位	数量	单价（元）	质量等级	供应时间	送达地点	备注

附件 3：

工程质量保修书

发包人(全称)：云南省××市第一中学

承包人(全称)：云南××建筑工程有限公司

发包人和承包人根据《中华人民共和国建筑法》和《建设工程质量管理条例》，经协商一致，就云南省××市第一中学(工程全称)签订工程质量保修书。

一、工程质量保修范围和内容

承包人在质量保修期内，按照有关法律规定和合同约定，承担工程质量保修责任。

质量保修范围包括地基基础工程、主体结构工程、屋面防水工程、有防水要求的卫生间、房间和外墙面的防渗漏、供热与供冷系统、电气管线、给排水管道、设备安装和装修工程，以及双方约定的其他项目。具体保修的内容，双方约定如下：

按国务院〔2000〕第 279 号令《建设工程质量管理条例》执行。

二、质量保修期

根据《建设工程质量管理条例》及有关规定，工程的质量保修期如下：

1. 地基基础工程和主体结构工程为设计文件规定的工程合理使用年限；
2. 屋面防水工程、有防水要求的卫生间、房间和外墙面的防渗漏为 / 年；
3. 装修工程为 2 年；
4. 电气管线、给排水管道、设备安装工程为 2 年；
5. 供热与供冷系统为 / 个采暖期、供冷期；
6. 住宅小区内的给排水设施、道路等配套工程为 / 年；
7. 其他项目保修期限约定为 / 。

质量保修期自工程竣工验收合格之日起计算。

三、缺陷责任期

工程缺陷责任期为 12 个月，缺陷责任期自工程竣工验收合格之日起计算。单位工程先于全部工程进行验收，单位工程缺陷责任期自单位工程验收合格之日起计算。

缺陷责任期终止后，发包人应退还剩余的质量保证金。

四、质量保修责任

1. 属于保修范围、内容的项目，承包人应当在接到保修通知之日起7天内派人保修。承包人不在约定期限内派人保修的，发包人可以委托他人修理。

2. 发生紧急事故需抢修的，承包人接到事故通知后，应当立即到达事故现场抢修。

3. 对于涉及结构安全的质量问题，应当按照《建设工程质量管理条例》的规定，立即向当地建设行政主管部门和有关部门报告，采取安全防范措施，并由原设计人或者具有相应资质等级的设计人提出保修方案，由承包人实施保修。

4. 质量保修完成后，由发包人组织验收。

五、保修费用

保修费用由造成质量缺陷的责任方承担。

六、双方约定的其他工程质量保修事项

在保修期内，承包人接到发包人要求的保修内容后，24小时内应派人维修，如不按期到达维修，建设方有权委托他人维修，因此产生的费用从保修金中扣除。

工程质量保修书由发包人、承包人在工程竣工验收前共同签署，作为施工合同附件，其有效期限至保修期满。

发包人(公章)：	承包人(公章)：
地　址：	地　址：
法定代表人(签字)：	法定代表人(签字)：
委托代表人(签字)：	委托代表人(签字)：
电　话：	电　话：0879-21885××
传　真：	传　真：0879-21905××
开户银行：	开户银行：中国银行××市北市区支行
账　号：	账　号：13723302×××
邮政编码：	邮政编码：665000

附录2　直接委托施工合同案例

合同编号：

直接委托合同

项目名称：______________________________

建设单位：______________________________

咨询单位：______________________________

签订日期：______________________________

建设单位：(以下简称甲方)______________________________

咨询单位：(以下简称乙方)______________________________

甲方委托乙方承担【×××××】项目(下称“项目”)施工图第三方审查工作，乙方接受委托。为明确双方的责任、保护双方的合法权益，根据有关法律法规及文件规定，甲、乙双方经协商一致，签订本合同，共同执行。

第一条　本合同签订依据

1.1《中华人民共和国合同法》《中华人民共和国建筑法》《建筑工程勘察设计管理条例》《建设工程勘察设计市场管理规定》。

1.2 国家及项目所在地有关建设工程勘察设计管理法规和规章。

1.3 建设工程批准文件。

第二条　技术咨询服务范围

2.1 乙方受甲方委托作为独立第三方，进行施工图审查工作，审图范围为项目住宅、底商、幼儿园、配套用房及地下车库等的全套施工图，具体包括建筑、结构、给排水、暖通、强电、弱电、内装、景观、总图竖向、管线综合等施工图。

2.2 审图范围建筑面积：暂定为39.00万平方米(最终以项目所在地政府部门认可的测绘单位实测的建筑面积为准)。

第三条　审图依据

3.1《2016版施工图第三方审查要点》。

3.2 国家及项目所在地的相关设计标准及规范性技术文件。

3.3 施工图设计任务书。

3.4 方案设计文件。

3.5 ××项目建造标准。

第四条　审图工作进度及成果交付

4.1 乙方审图工作分三个阶段进行:建筑主体施工图审查阶段;室内设计施工图审查阶段;总图竖向及景观施工图审查阶段。甲方根据《施工图第三方审查需甲方提供的资料清单》,分阶段向乙方提供各阶段施工图审查工作所需的基础资料及文件。

4.2 乙方自收到甲方提供的相应审图阶段的基础资料及文件之日起(以乙方在相应阶段资料及文件清单上的签收日期为准)15个日历日内,按照《施工图第三方审查流程》的规定完成相应阶段的施工图第三方审查工作,并向甲方提交相应阶段的审查成果报告——《施工图第三方审查要点记录单》(以下称“工作成果”)。

4.3 如甲方需要乙方对基础及地下室结构专业施工图进行预审,乙方应在收到甲方提交的相应基础资料及文件之日起【7】天内完成,并向甲方提交相应的工作成果——《施工图第三方审查要点记录单》,相应的审图费用已含在本合同约定的技术咨询费用中。

第五条　技术咨询费用

5.1 本合同项下技术咨询费用采用固定综合单价的方式。

5.2 技术咨询费用的计算公式:技术咨询费用=固定综合单价×审图范围建筑面积。

5.3 技术咨询费用固定综合单价为人民币【2】元/平方米,审图范围建筑面积暂定为【39.00】万平方米,技术咨询费用(即技术咨询费用总价)暂定为人民币【柒拾捌万元整】(小写:【¥780000.00元】),最终按项目所在地政府部门认可的测绘单位实测的建筑面积乘以合同固定综合单价予以结算。

5.4 前述技术咨询费用总价为乙方完成本合同项下义务、甲方应向乙方支付的全部费用,包括但不限于本合同项下全套施工图审查费、基础及地下室结构专业施工图预审(如有)费、配合服务费用、差旅费、工作成果知识产权转让费用及乙方在中国大陆境内外所应缴纳的全部税费等。除本合同另有约定外,甲方无须就本合同向乙方或任何第三方支付其他任何费用。

5.5 乙方完成相应阶段施工图审查后,如甲方再次提供新版施工图且图纸内容发生经双方一致确认的颠覆性变化,需要乙方重新审图,重新审图费用及时间双方另行协商。新版施工图纸内容发生一般性变化的,乙方重新审图所需费用已包含在技术咨询费用总价中,甲方无须另行向乙方支付费用。

第六条　付款方式

6.1 本合同签订后15个工作日内,甲方支付给乙方技术咨询费总价的20%作为预付款,即人民币【壹拾伍万陆仟元整】(小写:【¥156000.00元】)。

6.2 乙方完成建筑主体施工图审查且经甲方书面审核确认后15个工作日内,甲方支付乙方技术咨询费总价的50%,即人民币【叁拾玖万元整】(小写:【¥390000.00元】)。

6.3 乙方完成室内、总图竖向及景观施工图审查且经甲方书面审核确认后15个工作日内,甲方支付乙方技术咨询费总价的20%,即人民币【壹拾伍万陆仟元整】(小写:【¥156000.00元】)。

6.4 设计单位根据乙方审查结果进行施工图修改，乙方完成对修改后的施工图的全部复审工作，且全部施工图均审查通过后，经甲方书面审核确认且甲乙双方完成结算后15个工作日内，甲方支付乙方剩余技术咨询费。

6.5 甲方每次付款前，乙方应向甲方提交相应金额且符合甲方要求的可计入成本的合法税务发票以及相应的书面请款报告，否则甲方有权拒绝付款且不承担任何违约责任。

第七条　甲方责任

7.1 甲方按本合同约定的资料清单向乙方提交各阶段施工图审查工作所需的基础资料及文件。

7.2 甲方负责协调施工图设计单位根据乙方工作成果进行图纸修改设计工作及组织审图成果交底会，以保证审查结果的有效落实。

7.3 甲方应按本合同约定支付相应阶段的技术咨询费用。

第八条　乙方责任

8.1 乙方应按国家及项目所在地技术规范、标准、规程及《2016版施工图第三方审查要点》的要求，进行施工图审查工作，按合同规定的进度提交加盖乙方单位公章的工作成果，并对工作成果质量全面负责。

8.2 乙方按本合同规定的内容、进度向甲方交付工作成果，参加甲方组织的最终审图成果报告交底会，并按规定参加甲方在北京总部组织的有关审查会，同时负责设计单位修改后施工图纸的复审工作。

8.3 乙方以《2016版施工图第三方审查要点》为主要审查依据，审查范围包括方案设计在施工图中的落实情况，不包括施工图中需计算或全面重新统计才能核查的设计内容。此部分内容由施工图设计单位负责其准确性。

8.4 乙方应向甲方提供项目施工图审查组成人员架构及总图、建筑、结构、设备、电气等专业人员名单，以及审图人员简历及资质。乙方保证乙方及其前述乙方人员在本合同有效期内持续具有承接本合同项下施工图审查工作的合法资质。未经甲方事先书面同意，乙方不得擅自更换前述乙方人员，否则甲方有权解除本合同，乙方应返还甲方已支付的全部技术咨询费，向甲方支付相当于技术咨询费总价20%的违约金，并赔偿甲方因此遭受的全部损失。甲方同时有权要求调换其认为不能达到审图服务要求的乙方人员。

8.5 本合同所述施工图审查工作严禁转包，且未经甲方事先书面同意，严禁擅自分包。一旦乙方违约转包或分包，甲方有权解除合同，并有权要求乙方立即移交项目资料并返还甲方已付技术咨询费用。甲方解除本合同的，乙方应支付甲方总设计费20%的违约金并赔偿甲方因此遭受的损失(包括但不限于甲方向第三方承担的违约责任等)。

第九条　保密及知识产权

9.1 乙方因履行本合同而获得的甲方的项目资料，包括但不限于甲方提供的审图基础资料、文件等，以及乙方依据本合同所完成的全部工作成果和资料，均属于甲方的商业机密。乙方不得随意复制，不得向与乙方无关人员或第三方展示、传阅。

9.2 乙方应确保其提供给甲方的工作成果及相关资料不存在任何的知识产权(包括但不限于著作权、专利权)纠纷和争议。

9.3 甲方拥有乙方提供的所有工作成果的知识产权和相关财产权利。

9.4 本合同终止，不影响乙方根据本条约定应当承担的保密和知识产权责任。

9.5 本合同终止后【7】日内，乙方应向甲方移交全部审图和项目资料，并不得保留任何副本或复印件。

9.6 乙方违反上述条款约定，应当向甲方支付人民币【10】万元的违约金。若该违约金不足以弥补甲方因此而蒙受的损失，则甲方有权向乙方追偿。

第十条 违约责任

10.1 在合同履行期间，甲方要求终止或解除合同(乙方违约除外)，乙方未开始施工图审查工作的，不退还甲方已付款项；已开始审查工作的，根据乙方已完成的实际工作量，甲方向乙方支付相应的技术咨询费用。

10.2 在合同履行期间，乙方要求终止或解除合同的，乙方除应返还已收取的全部技术咨询费外，还应向甲方支付技术咨询费总价20%的违约金。

10.3 甲方应按本合同规定的金额和时间向乙方支付技术咨询费用，如有变化，甲方需向乙方书面解释。除乙方同意延期外，每迟延一天，甲方应按照该阶段应付技术咨询费的1%向乙方支付违约金。

10.4 乙方对工作成果出现的疏漏或错误负责修改或补充。因乙方过错造成工程质量或安全事故给甲方造成损失的，乙方除负责采取补救措施外，应免收直接受损失部分的技术咨询费用，乙方还应根据损失的程度和乙方责任大小向甲方进行赔偿。

10.5 因乙方原因逾期交付相应阶段工作成果的，乙方需向甲方书面解释。除甲方同意延期外，每迟延一天，乙方应减收技术咨询费总价的1%，延误超过【7】天，甲方有权解除本合同，甲方据此解除合同的，甲方有权停止支付技术咨询费，且乙方应向甲方支付技术咨询费总价20%的违约金及赔偿甲方全部损失。

10.6 因乙方在施工图审查过程中的失误或疏漏，造成甲方项目工期延误，乙方应免收该部分的技术咨询费用，乙方还应根据损失的程度和乙方责任大小向甲方进行赔偿。

第十一条 其他约定

11.1 因不可抗力因素致使本合同无法履行时，双方应及时协商解决。

11.2 凡因执行本合同所发生或与本合同有关的一切争议，双方应通过友好协商解决。若协商解决不成的，本合同的任何一方均可向南宁市仲裁委员会申请按其届时有效的仲裁规则在南宁进行仲裁。该仲裁裁决是终局的，对双方均具有最终约束力。

11.3 本合同如下附件为本合同的有效组成部分，与本合同正文具有同等法律效力。

附件一：2016版施工图第三方审查要点(电子版)。

附件二：施工图第三方审查需甲方提供的资料清单。

附件三：施工图第三方审查流程。

附件四：审图人员名单。

附件五：廉洁合作协议。

11.4 本合同经双方签字并加盖公章之日起生效，一式捌份，甲方执陆份，乙方执贰份，均具有同等法律效力。

附录3　设计合同案例

编号：

设计咨询合同

工程名称：________________________________

工程地点：________________________________

合同编号：________________________________

设计证书等级：____________________________

委托方(以下简称甲方)：__________________________________

设计方(以下简称乙方)：__________________________________

签订日期：________________________________

甲方委托乙方承担[××××]的定位与策划研究和空间体系设计工作。双方本着自愿、平等、互利的原则，经过充分友好协商，一致同意签订本合同，并共同履行。

1. 本合同依据下列法律、法规文件签订

1.1《中华人民共和国合同法》；

1.2 国家及地方有关管理法规和规章；

1.3 规划项目批准文件。

2. 咨询依据

2.1《项目咨询任务书》；

2.2 甲方提交的基础资料。

3. 合同文件的优先次序

构成本合同的文件可视为是能互相说明的，如果合同文件存在歧义或不一致，则根据如下优先次序进行使用和解释：

3.1 合同书及补充协议。

3.2 委托方要求、《项目咨询任务书》。

3.3 合同规定的其他有效附件。

4. 本项目规模及咨询内容

4.1 工程规模

规划总用地面积约 352.65 万m^2，开发用地建设面积约 125.71 万m^2。

4.2 定位与策划研究

本方案定位与策划研究具体工作成果包含但不限于以下内容：

4.2.1 项目整体发展背景调研和分析

(1)宏观态势调研分析(城市功能研究和物业需求研究，依据政策导向、产业体系提出功能布局方案)：

大区域整体旅游度假产业态势调研与分析。

(2)中观态势调研分析：

项目周边两小时交通圈旅游度假概况调研与分析。

(3)微观态势调研分析：

××市旅游度假及相关联产业情况调研与分析。

(4)本项目整体发展调研与分析：

①本项目周边竞品发展情况调研分析。

②本项目发展目标分析。

③项目业主对于本项目物业载体的需求研判。

④国内借鉴案例的分析。

⑤经济人口及规划研究。

4.2.2 本项目拟开发业态市场分析研判

(1)商业业态市场研究

①××市商业总体市场分析。

②商业分布状况及分布特点分析。

③商业租金/售价分析及出租率分析。

④消费客层覆盖范围及来源。

⑤消费业态选择偏好与消费能力分析。

⑥本项目商业未来发展预测。

(2)度假酒店业态市场研究

①××市度假酒店业总体市场分析。

②度假酒店业分布状况及分布特点分析。

③度假酒店业业态经营特点及结构特征分析。

④度假酒店业供需分析。

⑤休闲观光客群与度假酒店客单价分析。

⑥度假酒店物业类型建议与研判。

(3)住宅业态市场研究

①××市住宅业态总体市场分析。

②公寓类产品分析(含短租、长租、分时度假等各类型产品)。

③洋房类产品分析。

④别墅类产品分析。

⑤住宅类业态整体客群选择偏好与消费能力分析。

⑥住宅类业态投资转租市场研判与分析。

(4)健康养生业态市场研究

①健康养生业态总体市场分析。

②健康养生业态客群分析。

③健康养生业态细分市场分析。

④健康养生业态资源导入分析。

⑤健康养生业态相关资源展示。

4.2.3 本项目发展方向、定位与愿景

(1)项目发展方向确定。

(2)项目发展定位确定。

①项目整体定位。

②对外形象定位。

③细分业态定位。

(3)项目发展目标。

(4)项目发展中远期愿景。

4.2.4 本项目开发/经营/招商策略建议

(1)项目整体开发策略研究。

①项目整体开发周期建议。

②项目启动时机建议。

③项目推出时间与周边板块的互动关系研究。

(2)项目运营策略建议

①项目合作模式及盈利模式建议。

②招商策略建议。

③项目自持部分运营建议。

④项目可售部分包装建议。

⑤项目整体推广策划建议。

4.3 空间体系设计内容

4.3.1 规划定位

对项目所在地的现状建筑、市政、景观、交通状况等各项条件进行深度调查和研究,根据现状情况和典型案例,对地块提出指导性纲领,用以明确项目空间定位。

(1)基地现状。

(2)基地分析(区位条件,诸如对周边用途、区域形象、配套设施进行研究;地块本身的面积、形状、地形、与相邻建筑及景观的可视性研究;就地块的土地用途、覆盖率、容积率、限高等进行研究;就项目出入口、交通状况、未来交通及与城市核心区的空间联系等进行评价;包含拿地策略建议,优惠政策、规划条件调整、土地获取门槛设置、土地获取时间节点建议)。

(3)基地定位。

4.3.2 规划结构

结合产业规划和上位规划,在空间上确定项目的总体结构,完成产业规划在空间布局中的落位。在规划定位的基础上,对地理空间进行分级,明确项目内部空间结构,为规划设计和产业落位提供支撑。

(1)总体结构。

(2)产业结构。

(3)空间结构。

4.3.3 规划发展

根据产业发展和规划结构,制定近期、中期和长期空间规划,确保实现产业发展目标,打造互相支撑、互相辅助的二元生长结构。

(1)近期规划(1.0 阶段)。

(2)中期规划(2.0 阶段)。

(3)长期规划(3.0 阶段)。

4.3.4 规划设计

(1)结合现状的区位条件、交通环境、景观特质、市场形势以及产业特征等对整个项目进行发展构思。

(2)探讨并确定项目的空间体系、功能布局、景观系统、生态结构、交通组织、开发强度和时序等问题的解决方案。

(3)落实开发思路,建立规划的大原则,明确规划结构、功能布局、交通组织等大框架,并对建设发展模式进行空间形态上的落位,对后续工作起指导性工作。

(4)明确核心(公共核心、精神核心、活动核心)、街区、节点、入口、边界和交通,并对重要节点进行意向性概念方案设计。包含总体鸟瞰图、建筑单体意向示意效果图、其他必要的示意效果图,以及其他彩色平面或建筑立面渲染图。

(5)为总体规划调整及控制性详细规划调整提供相应的规划条件。

4.3.5 规划实施

在落实规划并进行空间设计的同时,逐步梳理出公共空间、保留用地、可见用地、转型空间和共建空间,明确不同类型空间的营建主体。针对不同空间和主体类型提出实施策略,帮助项目最大限度地创造空间价值,并通过投资估算来帮助甲方进行定量决策。

(1)明确主体。

(2)实施策略。

(3)投资估算。

(4)开发组合。

(5)业态配比。

(6)功能布局。

5.咨询时间要求

5.1合同生效后5日内完成现场踏勘,双方就咨询理念、产业定位、市场定位、开发要求等与咨询有关问题进行探讨与沟通。

5.2为了提高工作效率,双方共同就每个阶段编制更具体的工作计划进度表,经双方确认后形成书面文书。该具体的书面工作计划进度表可作为合同的补充条款,与本合同具有同等的法律效力。

5.3上述各阶段若甲方咨询要求不详或有重大变化,咨询时间顺延。汇报过程中的修改时间另行商定。

6.甲方向乙方提交的有关资料、文件及时间

序号	资料及文件名称	内容要求	提交时间
1	总体规划(周边区域)地形图纸	比例尺1∶500	以具体的合同签订生效时间为准,且上述所提供的有关资料应满足各咨询阶段要求
2	地形图电子文件	光盘	
3	规划图及规划咨询条件	红线点坐标	
4	当地有关部门的规定	日照、人防等	
5	近三年地方年鉴	书面文件或电子文件	
6	其他相关资料	书面文件	

7.咨询费用与付款方式

7.1咨询取费标准

根据双方友好协商,咨询费按如下标准收取:

设计咨询内容	咨询设计费	合计咨询设计费
项目定位与策划研究	118万元	228万元整
项目空间体系设计	110万元	

注:①乙方合同内免费提供各阶段A2文本8套,相关电子文件中鸟瞰效果图不小于2张,效果图总数不小于8张。提供A1彩色展板一套不少于8张。乙方在收到各阶段咨询费后向甲方提供各阶段相应咨询电子文件。

②甲方要求额外增加技术协作的,乙方以收到甲方书面要求为准,计费标准详见合同附件。

7.2咨询设计费用

本项目咨询设计费用为人民币贰佰贰拾捌万元整(¥2280000.00)。包含营业税和其他税费,在现有合同范围内,乙方10次以内(含10次)到昆明或抚仙湖项目和国内其他城市(不含杭州)的考察出差配合费(每次出差人数根据实际情况需要,另外杭州范围内配合不算出差);超出以上次数时,由甲方按照每次每人3000元的出差标准额外支付乙方,每次出差天数不大于3天,人数按照甲方需求。

7.3 付款方式

7.3.1 定位与策划研究咨询费支付方式如下[各阶段达到付款条件时,乙方需要提供成果确认函和付款申请请甲方确认,并提供增值税专用发票(税率6%),方可进入付款阶段]:

付费次序	占总咨询费(%)	付费额(万元)	付费时间(由交付咨询文件所决定)
第一次	30%	35.4	本合同签订生效之日起五个工作日内,甲方向乙方支付总设计咨询费用30%的定金
第二次	20%	23.6	乙方提交定位与策划研究初步成果予甲方,经政府初步认可之日起十个工作日内,甲方向乙方支付总设计咨询费用的20%
第三次	20%	23.6	乙方提交的定位与策划研究中期成果经甲方书面确认之日起十个工作日内,甲方向乙方支付总设计咨询费用的20%
第四次	20%	23.6	乙方提交定位与策划研究最终成果予甲方,并经甲方确认及政府认可之日起十个工作日内,甲方向乙方支付总设计咨询费用的20%
第五次	10%	11.8	乙方提交的定位与策划研究最终成果经甲方书面确认之日起十个工作日内,甲方向乙方支付总设计咨询费用的10%(注:自乙方向甲方提交成果之日起60日内,如甲方未提出书面修改意见,则视同认可乙方提交的最终成果,应及时向乙方结清该阶段咨询费)

7.3.2 空间体系设计咨询费支付方式如下:

付费次序	占总咨询费(%)	付费额(万元)	付费时间(由交付咨询文件所决定)
第一次	30%	33.0	本合同签订生效之日起十个工作日内,甲方向乙方支付总设计咨询费用30%的定金
第二次	20%	22.0	乙方提交空间体系方案初步成果予甲方,经政府初步认可之日起十个工作日内,甲方向乙方支付总设计咨询费用的20%
第三次	20%	22.0	乙方提交的空间体系方案中期成果经甲方书面确认之日起十个工作日内,甲方向乙方支付总设计咨询费用的20%
第四次	20%	22.0	乙方提交空间体系方案最终成果予甲方,并经过政府认可之日起十个工作日内,甲方向乙方支付总设计咨询费用的20%
第五次	10%	11.0	乙方提交的空间体系方案最终成果,经甲方书面确认之日起十个工作日内,甲方向乙方支付总设计咨询费用的10%(注:自乙方向甲方提交成果之日起180日内,如甲方未提出书面修改意见,则视同认可乙方提交的最终成果,应及时向乙方结清该阶段咨询费)

7.4 付款信息

乙方收款账户信息：________________________

收款人：________________________

开户行：________________________

账号：________________________

8. 双方责任

8.1 甲方责任

8.1.1 甲方保证对乙方各阶段提交的各类提案、成果(含电子邮件形式)、工作联系单、主管职能部门审批意见等及时给予明确的书面调整或修改意见，且经甲方授权代表签字并加盖公章，通常情况下不超过7个工作日给予答复。因甲方不能及时下达指令和批示引起的工作延误，甲方不视为乙方过错和违约。

8.1.2 甲方按本合同第6条规定的内容，在规定的时间内向乙方提交资料及文件，并对其完整性、正确性及时效负责。为了尽可能避免判断失误和返工，甲方提供的上述技术资料应准确、详细。甲方提交上述资料及文件超过规定期限15天以内，乙方按本合同第5条规定的交付咨询文件时间顺延；超过规定期限15天时，甲乙双方重新协调提交咨询文件的时间。乙方只有在具备下一阶段咨询条件下才能进行下一阶段的咨询工作，甲方不得要求乙方违反国家有关标准进行咨询。

8.1.3 甲方变更委托咨询项目、规模、条件、要求，或因提交的资料错误，或对所提交资料作较大修改，以致乙方需对已完成的成果进行重大修改时，双方除需另行协商签订补充协议(或另订合同)、重新明确有关条款外，甲方应按乙方所耗工作量向乙方支付返工费，但不包括因乙方原因未达到甲方要求而增加的修改工作。在未签合同前甲方已同意乙方为甲方所做的各项工作，甲方应按收费标准支付相应咨询费。

8.1.4 甲方应按本合同第7条规定的金额和时间向乙方支付设计费用。逾期超过20天时，乙方有权暂停履行下一阶段工作，并书面通知甲方。

8.1.5 甲方应为乙方派往现场的工作人员提供工作支持。

8.1.6 合同开始履行后，乙方制作的与本合同相关的一切文件、图纸、图片、说明书以及电子资料的所有权和版权归甲方所有，乙方拥有署名权。未经甲方书面同意，乙方不得以任何形式向外泄露或使用此类文件，否则甲方有权要求乙方赔偿损失。合同终止或解除的，乙方已交付的设计成果，甲方有权使用本项目。

8.1.7 甲方在项目的宣传推介过程中(如媒体广告、楼书、售楼处等)，可根据自身的需要标注乙方的名称。

8.1.8 甲方指定项目负责人为×××，合同期间若有变动，应及时通告乙方。

8.2 乙方责任

8.2.1 乙方确定[×××]为本项目负责人，并负责联络工作，其间的有关联络及有效文件签署须有联络人签字，乙方指定双方往来文件传送的邮箱为×××××。若乙方变更联络人，须提前5日书面通知甲方。

8.2.2 乙方应按甲方任务书要求，提供工程咨询服务，按合同规定的进度要求提交咨询资料。

8.2.3 乙方按本合同第5条规定的内容、进度向甲方交付资料及文件(出现第8.1.1、8.1.2、8.1.3、8.1.4、9.1、9.2条规定的有关交付咨询文件顺延的情况除外)。

8.2.4 咨询过程中乙方收到甲方上一阶段咨询费后按合同约定提交下一阶段咨询成果。甲方付清每阶段咨询费后，乙方提供相应阶段的电子文件。

8.2.5 乙方配合提供为本项目宣传推广所需的相关资料，包括乙方公司介绍及过往业绩、项目主要服务人员介绍及过往业绩、公司形象标识，以及乙方享有的注册商标等。

8.2.6 乙方必须具备履行本合同应有的资质及能力，对本合同项下设计成果的正确性、适用性、安全性全面负责。乙方根据工作经验认为甲方提出的设计要求有任何违背现行法律法规、规章等规定的，乙方负有提前告知甲方的义务。

8.2.7 乙方提交的设计文件必须符合国家及地方规范要求，乙方应对提供的经济技术指标的准确性负责。

8.2.8 因乙方原因，设计成果在规定期限内未通过甲方确认的，甲方有权终止合同。

8.2.9 乙方对设计文件出现的遗漏或错误负责修改或补充。乙方对设计文件中出现的遗漏或错误负有完全责任，需自费进行此类修改或补充。若因乙方设计错误造成工程设计质量事故损失，乙方除负责自费采取补救措施和免收受损失部分的设计费外，还应当承担赔偿甲方实际损失的责任(包括但不限于律师费、诉讼费、保全费、鉴定费、交通费等全部直接和间接损失，但赔偿总额不超过设计费总额)。

8.2.10 乙方交付设计文件后，应参加有关部门设计审查会议及根据审查结论负责不超出原定计划任务书范围内的必要调整补充。

8.2.11 对于乙方设计无法达到甲方要求(包括在设计过程中提出的)的部分，乙方须按要求修改，三次(以合同指定邮件、加盖公章函件等正式通知为准)修改后仍不能满足甲方要求的，甲方有权直接委托第三方设计。所需费用根据本合同的工作量比例从乙方设计费中扣除。

8.2.12 乙方不得向第三方扩散、转让甲方提交的产品图纸等技术经济资料，不得将本合同所涉及的设计文件、图纸转让给第三方或用于其他项目。如发生以上情况，乙方应向甲方退还已收取的全部设计款项，如造成的实际损失超过设计款项，乙方还应当承担赔偿甲方损失的责任(包括但不限于律师费、诉讼费、保全费、鉴定费、交通费等损失)，最高不超过本合同总额。

8.2.13 乙方指定项目负责人为×××，主创设计师为×××，合同期间未经甲方书面同意，乙方不得擅自更换该人选(上述人员患病、与设计人解除劳动关系、退休、负伤、生育等导致的除外)，否则视作乙方违约，违约金按合同9.5条执行。同时，甲方有权责令乙方更正或解除合同。甲方解除合同的，乙方在承担违约金的同时还应退还甲方定金及已支付的设计费。

8.2.14 在合同履行过程中，甲方认为乙方指定的项目负责人或其他专业设计师不称职的，乙方应根据甲方意见及时更换。

9.违约责任

9.1 合同生效后，因乙方原因单方提出解除合同的，乙方应双倍返还甲方已支付的定金，并退还甲方已付的全部设计费用。合同履行期间，非乙方原因而由甲方单方提出解除合同的，乙方未开始设计工作，不退还甲方已付的定金；已开始设计工作的，甲方应根据乙方已进行的实际工作量支付。

9.2 甲方应按本合同第 7 条规定的金额和时间向乙方支付咨询服务费，每逾期支付 5 天，应承担支付金额万分之二的逾期违约金。逾期超过 15 天时，乙方有权暂停履行下一阶段工作，并书面通知甲方。逾期超过 30 天时视为严重违约，乙方有权单方面暂时中止合同，甲方须在收到乙方合同中止通知书后一周内结清未付的款项，且应向乙方承担本合同约定咨询费总额的 20%作为违约赔偿金。甲方对本合同项目停(缓)建，甲方均按本合同 9.1 条工作量结算方式支付咨询服务费。

9.3 除非双方协议将合同终止，或因一方违约使合同无法履行，违约方承担违约责任后仍应继续履行合同。因不可抗拒因素致使合同无法履行时，双方应及时协商解决。

9.4 因一方违约使合同不能继续履行，另一方有权提前终止或解除合同，由违约方承担违约责任，违约金按本合同 9.5 条执行。

9.5 违约金：除本合同另有约定外，违约金以合同总价的 20%计取。

9.6 乙方根据本合同约定应支付的违约金/损失赔偿等款项，甲方有权从本合同应付或届期应付给乙方的设计费内直接扣除相应款项，不足部分应由乙方另行支付。

9.7 甲方可无条件提前一个月书面通知乙方终止或搁置本合同，并不对乙方承担违约责任，乙方的设计费将根据付款方式按终止或搁置合同时所完成的实际工作量支付(乙方违约除外)。

9.8 为了提高工作效率，甲方保证按约定的时间清晰明确地下达工作指令和按时完成咨询成果审核并及时书面通知乙方，因甲方不能按时提供技术资料和按规定时间完成咨询成果审核且未及时书面通知乙方，乙方工作时间可以延迟，由此引起的后果甲方不视为乙方违约过错。因乙方原因，延误了按本合同第 5 条规定的咨询文件的交付时间，每延误 1 天，应减收延迟阶段应收咨询费金额千分之二的逾期违约金。逾期累计超过 30 天时，乙方应按本合同第 9.5 条的约定支付违约金。同时，甲方有权终止合同。

9.9 乙方提交的设计成果深度如未满足国家、地方相关规范以及甲方的深度要求，乙方应及时进行调整补充，并在规定时间内提交。若逾期，则按本合同第 9.3 条的约定承担违约责任。

10. 保密义务

10.1 甲方与乙方双方参与项目的当事人均有为对方保守商业秘密或技术秘密的义务。未经对方许可，任何一方不得将下列信息内容及其任何形式的载体擅自泄露给第三方：

(1)本合同；

(2)咨询成果(包括草稿、讨论稿、修改稿、定稿等全部阶段)；

(3)项目咨询费用；

(4)项目实施过程中任何一方获悉的其他商业秘密或技术秘密。

10.2 甲方与乙方双方承认保密信息构成有价值的商业秘密。双方同意严格按照合同约定使用对方的保密信息，未经对方的事先书面许可，不得向第三方直接或间接地透露保密信息。双方同意：

(1)对保密信息保密，并采取所有必要的预防措施(包括但不限于双方采取的用于保护自身保密信息的措施)，防止未经授权使用及透露保密信息；

(2)不得向第三方提供保密信息或由保密信息衍生的信息；

(3)除了本合同确定的使用范围外,不得在其他任何时候使用保密信息。

10.3 甲方与乙方双方不负责保护以下信息:

(1)已公开的信息;

(2)从不受保密限制的第三方获得的信息;

(3)未参考保密信息而独立开发的信息;依据法律的规定或根据法律赋予的权力可以获取此信息的司法、政府机构要求必须公开的信息。接到此类要求后的一方,应立即通知另一方使其了解将要披露的内容,并提出意见。

(4)双方使用本项目咨询过程中形成的咨询产品或研发成果用于撰写著作,进行报奖、评优工作及商业宣传等行为,不认为是泄露信息。

10.4 不论本合同是否变更、解除或者终止,保密义务条款不受其限制而继续有效,双方均应继续承担约定的保密义务。

10.5 如发生上述情况并给守约方造成经济损失的,违约方应负法律责任。守约方有权向违约方提出索赔。

11. 其他约定

11.1 因乙方一切工作成果需经甲方签字认可方可执行,凡涉及因法律法规、规范、国家标准等限定理解上的意见不统一时,甲方坚持己见并要求乙方按甲方意志执行时,甲方须出具乙方书面的责任承担书,并按本合同第 8.1.4 条支付修改服务费且由此引起的后果由甲方承担,包括乙方因此造成的损失。

11.2 因乙方的一切建议与成果须经甲方认可才可以执行,因此在会审中,双方发生意见分歧时,双方就分歧作出书面备案,乙方保留意见并执行甲方的指令。但由此引起的后果,甲方不视为乙方违约和过错。

11.3 为了提高工作效率,乙方向甲方提交的阶段性成果一般以电子邮件的形式发送给甲方,甲方应履行书面签收手续。乙方仅以甲方书面意见为工作标准,若甲方的指令和意见抽象、模糊、不可表现时,乙方可以提请甲方重新下达书面工作指令。

11.4 除本合同和任务书认定的需要乙方实体资料和咨询服务人员现场提供技术服务的要求外,乙方在本项目咨询过程中运用信息化手段向甲方提供技术服务。甲方委托乙方承担本合同内容之外的工作服务,另行支付费用。

11.5 因不可抗力因素致使合同无法履行时,双方应及时协商解决。本合同发生争议时,双方当事人应及时协商解决。协商不成,双方当事人同意依法向被告人所在地人民法院提起诉讼解决。

11.6 本合同所有条款均为双方真实意思的表达,合同期内除国家合同法指定不可抗力发生时、合同内约定单方有权解除或中止合同情形的,双方协商一致后可以修改和中止本合同,除此之外,双方不得未经协商达成意见一致而单方面以任何理由修改、中止和不按本合同条款履行,否则视为单方面违约。违约方需向守约方承担本合同双倍定金作为违约金。

12. 合同生效及其他

12.1 本合同经双方在合同书上盖章签字后生效。双方履行完合同规定的义务并签订终结协议后,本合同即行终止。

12.2 本合同一式陆份,双方各执叁份,均具有同等法律效力。

12.3 本合同未尽事宜，双方可签订补充协议，有关协议、附件及双方认可的来往传真、会议纪要等，均为本合同的附件，与本合同具有同等法律效力。

12.4 本合同的附件包括：

附件一：主要设计人员名录。

附件二：设计节点计划。

附件三：各阶段提交成果内容(略)。

---------------本页以下无正文----------------

双方签署页：

甲方：	乙方：
(盖章)	(盖章)
地址：	地址：
邮政编码：	邮政编码：
电话：	电话：
传真：	传真：
财务电话：	财务电话：
法定代表人：(签字)	法定代表人：(签字)
委托代理人：(签字)	委托代理人：(签字)
日期：	日期：
开户行：	开户行：
账号：	账号：

附件一：主要设计人员名录

序号	姓名	性别	学历	职称	职务
1	×××	女	本科	院长助理/发展总监	项目总牵头人
2	×××	男	本科	国家一级注册建筑师	空间定位总负责人
3	×××	男	博士	高级经济师	产业总负责人
4	×××	女	博士	注册规划(建筑)师(德国)	规划专业负责人
5	×××	女	本科	国家一级注册建筑师/注册规划师	建筑专业负责人
6	×××	男	硕士	国家一级注册建筑师	空间体系主创人员
7	×××	男	本科	国家一级注册建筑师	空间体系审核人
8	×××	男	本科	工程师	空间体系主要设计人员
9	×××	男	硕士	工程师	空间体系主要设计人员
10	×××	男	本科	助理工程师	空间体系主要设计人员
11	×××	男	本科	助理工程师	空间体系主要设计人员
12	×××	男	硕士	经济师	产业执行总监
13	×××	男	硕士	经济师	产业策划总监

附件二：设计节点计划（具体时间根据合同签订情况调整）

序号	工作内容	工程进度计划执行																																																											
		8月								9月																														10月																						
		24	25	26	27	28	29	30	31	1	2	3	4	5	6	7	8	9	10	11	12	13	14	15	16	17	18	19	20	21	22	23	24	25	26	27	28	29	30	1	2	3	4	5	6	7	8	9	10	11	12	13	14	15	16	17	18	19	20	21	22	23
1	现场踏勘	■																																																										
2	整体发展背景调研分析，拟开发业态市场调研分析，现有成果研判	■	■	■	■	■	■	■	■																																																			
3	就咨询理念、定位、开发要求等与业主交流						■																																																							
4	项目团队内部头脑风暴							■	■																																																					
5	风暴成果梳理并形成初步构架									■	■	■																																																
6	院内“南方大讲堂”头脑风暴												■																																																	
7	风暴内容梳理并形成概念构思成果													■	■																																															
8	项目发展方向、定位与愿景初步确立															■	■																																											
9	产业、空间协调讨论并优化																	■	■	■																																										
10	规划初步落位																				■	■																																								
11	制图、文本制作																						■	■	■	■	■	■																																		
12	初步阶段性成果与业主沟通																												■																																			
13	根据业主沟通反馈意见优化、深化																													■	■	■																														
14	项目团队内部头脑风暴																																■																													
15	风暴内容梳理并形成优化、深化概念成果																																	■	■	■																										
16	产业结构与空间结构初定并形成成果																																				■	■	■	■	■	■																				
17	本项目开发/经营/招商策略建议																																								■	■	■	■	■																	
18	制定近期、中期和长期空间规划，确保实现产业发展目标																																										■	■	■	■	■	■	■	■												
19	制图、文本制作																																																	■	■	■	■	■	■	■						
20	最终成果汇报																																																								■					
21	根据业主沟通反馈意见调整、优化																																																									■	■	■	■	
22	最终成果提交																																																													■

附录 4 建设工程监理合同案例

合同编号：XTCY-MFNL-JL-2023-1

建设工程监理合同

建设项目名称：光明市幸福街道璟房社区乡村振兴农旅融合产业项目

委　托　人：光明市宣投产业合作发展有限公司

监　理　人：云南天宏工程管理服务有限公司

合同签订日期：　　年　　月　　日

住房和城乡建设部
国家工商行政管理总局　制定

第一部分 协议书

委托人(全称):光明市宣投产业合作发展有限公司

监理人(全称):云南天宏工程管理服务有限公司

根据《中华人民共和国民法典》《中华人民共和国建筑法》及其他有关法律、法规,遵循平等、自愿、公平和诚信的原则,双方就下述工程委托监理与相关服务事项协商一致,订立本合同。

一、工程概况

1. 工程名称:光明市幸福街道璟房社区乡村振兴农旅融合产业项目。

2. 工程地点:光明市幸福街道璟房社区。

3. 工程规模:建设农特产品展销中心及附属设施、农旅融合特色种植产业基地、特色水产品养殖区等。

4. 项目总投资额:2000万元。

5. 监理服务期:自合同签订之日起至竣工验收交付使用后且缺陷责任期满,完成所有监理工作止。

二、词语限定

协议书中相关词语的含义与通用条件中的定义和解释相同。

三、组成本合同的文件

1. 协议书。

2. 中标通知书(适用于招标工程)或委托书(适用于非招标工程)。

3. 投标文件(适用于招标工程)或监理与相关服务建议书(适用于非招标工程)。

4. 专用条件。

5. 通用条件。

6. 附录。

附录A 相关服务的范围和内容。

附录B 监理人派遣的人员和提供的房屋、资料、设备。

本合同签订后,双方依法签订的补充协议也是本合同文件的组成部分。

四、总监理工程师

总监理工程师姓名: 王某某 ,身份证号码:53038119810713××××,注册号:530040××。

五、签约酬金

5.1 中标费率＝8.99‰。

5.2 监理费用最终结算价＝经审定后的建安工程竣工结算价×中标费率。

六、期限

1. 监理期限：

自2023年11月____日始，至2024年____月____日止。

2. 相关服务期限：

(1)勘察阶段服务期限自____年____月____日始，至____年____月____日止。

(2)设计阶段服务期限自____年____月____日始，至____年____月____日止。

(3)保修阶段服务期限自____年____月____日始，至____年____月____日止。

(4)其他相关服务期限自____年____月____日始，至____年____月____日止。

七、双方承诺

1. 监理人向委托人承诺，按照本合同约定提供监理与相关服务。

2. 委托人向监理人承诺，按照本合同约定派遣相应的人员，提供房屋、资料、设备，并按本合同约定支付酬金。

3. 监理服务质量及工程质量要求：符合《建设工程监理规范》《建设工程施工质量验收统一标准》和相关行业工程质量验收标准。质量达到一次性验收合格。

八、合同订立

1. 订立时间：______年____月____日。

2. 订立地点：______________________________。

3. 本合同一式捌份，具有同等法律效力，甲方陆份，乙方贰份。

委托人：光明市宣投产业合作发展有限公司
（盖章）
住所：云南省曲靖市光明市幸福街道北云社区1号
邮政编码：655400
法定代表人（签字）：____________
开户银行：____________
账号：____________
电话：____________

监理人：云南天宏工程管理服务有限公司
（盖章）
住所：云南省某市某区联盟街道办事处廖家庙股份合作社某花园
邮政编码：650224
法定代表人（签字）：____________
开户银行：____________
账号：____________
电话：____________

第二部分 通用条件

1. 定义与解释

1.1 定义

除根据上下文另有其意义外，组成本合同的全部文件中的下列名词和用语应具有本款所赋予的含义：

1.1.1“工程”是指按照本合同约定实施监理与相关服务的建设工程。

1.1.2“委托人”是指本合同中委托监理与相关服务的一方，及其合法的继承人或受让人。

1.1.3“监理人”是指本合同中提供监理与相关服务的一方，及其合法的继承人。

1.1.4“承包人”是指在工程范围内与委托人签订勘察、设计、施工等有关合同的当事人，及其合法的继承人。

1.1.5“监理”是指监理人受委托人的委托，依照法律法规、工程建设标准、勘察设计文件及合同，在施工阶段对建设工程质量、进度、造价进行控制，对合同、信息进行管理，对工程建设相关方的关系进行协调，并履行建设工程安全生产管理法定职责的服务活动。

1.1.6“相关服务”是指监理人受委托人的委托，按照本合同约定，在勘察、设计、保修等阶段提供的服务活动。

1.1.7“正常工作”是指本合同订立时通用条件和专用条件中约定的监理人的工作。

1.1.8“附加工作”是指本合同约定的正常工作以外监理人的工作。

1.1.9“项目监理机构”是指监理人派驻工程负责履行本合同的组织机构。

1.1.10“总监理工程师”是指由监理人的法定代表人书面授权，全面负责履行本合同、主持项目监理机构工作的注册监理工程师。

1.1.11“酬金”是指监理人履行本合同义务，委托人按照本合同约定给付监理人的金额。

1.1.12“正常工作酬金”是指监理人完成正常工作，委托人应给付监理人并在协议书中载明的签约酬金额。

1.1.13“附加工作酬金”是指监理人完成附加工作，委托人应给付监理人的金额。

1.1.14“一方”是指委托人或监理人；“双方”是指委托人和监理人；“第三方”是指除委托人和监理人以外的有关方。

1.1.15“书面形式”是指合同书、信件和数据电文(包括电报、电传、传真、电子数据交换和电子邮件)等可以有形地表现所载内容的形式。

1.1.16“天”是指第一天零时至第二天零时的时间。

1.1.17“月”是指按公历从一个月中任何一天开始的一个公历月时间。

1.1.18“不可抗力”是指委托人和监理人在订立本合同时不可预见，在工程施工过程中不可避免地发生并不能克服的自然灾害和社会性突发事件，如地震、海啸、瘟疫、水灾、骚乱、暴动、战争，以及专用条件约定的其他情形。

1.2 解释

1.2.1 本合同使用中文书写、解释和说明。如专用条件约定使用两种及两种以上语言文字时，应以中文为准。

1.2.2 组成本合同的下列文件彼此应能相互解释、互为说明。除专用条件另有约定外，本合同文件的解释顺序如下：

(1)协议书；

(2)中标通知书(适用于招标工程)或委托书(适用于非招标工程)；

(3)专用条件及附录 A、附录 B；

(4)通用条件；

(5)投标文件(适用于招标工程)或监理与相关服务建议书(适用于非招标工程)。

双方签订的补充协议与其他文件发生矛盾或歧义时，属于同一类内容的文件，应以最新签署的为准。

2. 监理人的义务

2.1 监理的范围和工作内容

2.1.1 监理范围在专用条件中约定。

2.1.2 除专用条件另有约定外，监理工作内容包括：

(1)收到工程设计文件后编制监理规划，并在第一次工地会议 7 天前报监理人，根据有关规定和监理工作需要，编制监理实施细则；

(2)熟悉工程设计文件，并参加由委托人主持的图纸会审和设计交底会议；

(3)参加由委托人主持的第一次工地会议；主持监理例会并根据工程需要主持或参加专题会议；

(4)审查施工承包人提交的施工组织设计，重点审查其中的质量安全技术措施、专项施工方案与工程建设强制性标准的符合性；

(5)检查施工承包人工程质量、安全生产管理制度及组织机构和人员资格；

(6)检查施工承包人专职安全生产管理人员的配备情况；

(7)审查施工承包人提交的施工进度计划，核查监理人对施工进度计划的调整；

(8)检查施工承包人的试验室；

(9)审核施工分包人的资质条件；

(10)查验施工承包人的施工测量放线成果；

(11)审查工程开工条件，对条件具备的签发开工令；

(12)审查施工承包人报送的工程材料、构配件、设备质量证明文件的有效性和符合性，并按规定对用于工程的材料采取平行检验或见证取样方式进行抽检；

(13)审核施工承包人提交的工程款支付申请，签发或出具工程款支付证书，并报监理人审核、批准；

(14)在巡视、旁站和检验过程中，发现工程质量、施工安全存在事故隐患的，要求施工承包人整改并报监理人；

(15)经委托人同意，签发工程暂停令和复工令；

(16)审查施工承包人提交的采用新材料、新工艺、新技术、新设备的论证材料及相关验收标准；

(17)验收隐蔽工程、分部分项工程；

(18)审查施工承包人提交的工程变更申请，协调处理施工进度调整、费用索赔、合同争议等事项；

(19)审查施工承包人提交的竣工验收申请，编写工程质量评估报告；

(20)参加工程竣工验收，签署竣工验收意见；

(21)审查施工承包人提交的竣工结算申请并报委托人；

(22)编制、整理工程监理归档文件并报委托人。

2.1.3 相关服务的范围和内容在附录A中约定。

2.2 监理与相关服务依据

2.2.1 监理依据包括：

(1)适用的法律、行政法规及部门规章；

(2)与工程有关的标准；

(3)工程设计及有关文件；

(4)本合同及委托人与第三方签订的与实施工程有关的其他合同。

双方根据工程的行业和地域特点，在专用条件中具体约定监理依据。

2.2.2 相关服务依据在专用条件中约定。

2.3 项目监理机构和人员

2.3.1 监理人应组建满足工作需要的项目监理机构，配备必要的检测设备。项目监理机构的主要人员应具有相应的资格条件。

2.3.2 本合同履行过程中，总监理工程师及重要岗位监理人员应保持相对稳定，以保证监理工作正常进行。

2.3.3 监理人可根据工程进展和工作需要调整项目监理机构人员。监理人更换总监理工程师时，应提前7天向委托人书面报告，经委托人同意后方可更换；监理人更换项目监理机构其他监理人员时，应以相当资格与能力的人员替换，并通知委托人。

2.3.4 监理人应及时更换有下列情形之一的监理人员：

(1)严重过失行为的；

(2)有违法行为不能履行职责的；

(3)涉嫌犯罪的；

(4)不能胜任岗位职责的；

(5)严重违反职业道德的；

(6)专用条件约定的其他情形。

2.3.5 委托人可要求监理人更换不能胜任本职工作的项目监理机构人员。

2.4 履行职责

监理人应遵循职业道德准则和行为规范，严格按照法律法规、工程建设有关标准及本合同履行职责。

2.4.1 在监理与相关服务范围内，针对委托人和承包人提出的意见和要求，监理人应及时提出处置意见。当委托人与承包人之间发生合同争议时，监理人应协助委托人、承包人协商解决。

2.4.2 当委托人与承包人之间的合同争议提交仲裁机构仲裁或人民法院审理时，监理人应提供必要的证明资料。

2.4.3 监理人应在专用条件约定的授权范围内，处理委托人与承包人所签订合同的变更事宜。如果变更超过授权范围，应以书面形式报委托人批准。

在紧急情况下，为了保护财产和人身安全，监理人所发出的指令未能事先报委托人批准时，应在发出指令后的24小时内以书面形式报委托人。

2.4.4 除专用条件另有约定外，监理人发现承包人的人员不能胜任本职工作的，有权要求承包人予以调换。

2.5 提交报告

监理人应按专用条件约定的种类、时间和份数向委托人提交监理与相关服务的报告。

2.6 文件资料

在本合同履行期内，监理人应在现场保留工作所用的图纸、报告及记录监理工作的相关文件。工程竣工后，应当按照档案管理规定将与监理有关的文件归档。

2.7 使用委托人的财产

监理人无偿使用附录B中由委托人派遣的人员和提供的房屋、资料、设备。除专用条件另有约定外，委托人提供的房屋、设备属于委托人的财产。监理人应妥善使用和保管，在本合同终止时将这些房屋、设备的清单移交给委托人，并按专用条件约定的时间和方式移交。

3. 委托人的义务

3.1 告知

委托人应在委托人与承包人签订的合同中明确监理人、总监理工程师和授予项目监理机构的权限。如有变更，应及时通知承包人。

3.2 提供资料

委托人应按照附录B约定，无偿向监理人提供与工程有关的资料。在本合同履行过程中，委托人应及时向监理人提供最新的与工程有关的资料。

3.3 提供工作条件

委托人应为监理人完成监理与相关服务提供必要的条件。

3.3.1 委托人应按照附录B约定派遣相应的人员，提供房屋、设备，供监理人无偿使用。

3.3.2 委托人应负责协调工程建设中所有外部关系，为监理人履行本合同提供必要的外部条件。

3.4 委托人代表

委托人应授权一名熟悉工程情况的代表，负责与监理人联系。监理人应在双方签订本合同后7天内，将委托人代表的姓名和职责书面告知监理人。当监理人更换监理人代表时，应提前7天通知监理人。

3.5 委托人意见或要求

在本合同约定的监理与相关服务工作范围内，委托人对承包人的任何意见或要求应通知监理人，由监理人向承包人发出相应指令。

3.6 答复

委托人应在专用条件约定的时间内，对监理人以书面形式提交并要求作出决定的事宜，给予书面答复。逾期未答复的，视为委托人认可。

3.7 支付

委托人应按本合同约定,向监理人支付酬金。

4. 违约责任

4.1 监理人的违约责任

监理人未履行本合同义务的,应承担相应的责任。

4.1.1 因监理人违反本合同约定给委托人造成损失的,监理人应当赔偿委托人损失。赔偿金额的确定方法在专用条件中约定。监理人承担部分赔偿责任的,其承担的赔偿金额由双方协商确定。

4.1.2 监理人向委托人的索赔不成立时,监理人应赔偿委托人由此发生的费用。

4.2 委托人的违约责任

监理人未履行本合同义务的,应承担相应的责任。

4.2.1 委托人违反本合同约定造成监理人损失的,监理人应予以赔偿。

4.2.2 委托人向监理人的索赔不成立时,应赔偿监理人由此引起的费用。

4.2.3 委托人未能按期支付酬金超过 28 天,应按专用条件约定支付逾期付款利息。

4.3 除外责任

因非监理人原因,且监理人无过错,发生工程质量事故、安全事故、工期延误等造成的损失,监理人不承担赔偿责任。

因不可抗力导致本合同全部或部分不能履行时,双方各自承担其因此而造成的损失、损害。

5. 支付

5.1 支付货币

除专用条件另有约定外,酬金均以人民币支付。涉及外币支付的,所采用的货币种类、比例和汇率在专用条件中约定。

5.2 支付申请

监理人应在本合同约定的每次应付款时间的 7 天前,向委托人提交支付申请书。支付申请书应当说明当期应付款总额,并列出当期应支付的款项及其金额。

5.3 支付酬金

支付的酬金包括正常工作酬金、附加工作酬金、合理化建议奖励金额及费用。

5.4 有争议部分的付款

委托人对监理人提交的支付申请书有异议时,应当在收到监理人提交的支付申请书后 7 天内,以书面形式向监理人发出异议通知。无异议部分的款项应按期支付,有异议部分的款项按本合同第 7 条约定办理。

6. 合同生效、变更、暂停、解除与终止

6.1 生效

除法律另有规定或者专用条件另有约定外,委托人和监理人的法定代表人或其授权代理人在协议书上签字并盖单位章后,本合同生效。

6.2 变更

6.2.1 任何一方提出变更请求时,双方经协商一致后可进行变更。

6.2.2 除不可抗力外,因非监理人原因导致监理人履行合同期限延长、内容增加时,监理人应当将此情况与可能产生的影响及时通知委托人。增加的监理工作时间、工作内容应视为附加工作。附加工作酬金的确定方法在专用条件中约定。

6.2.3 合同生效后，如果实际情况发生变化使得监理人不能完成全部或部分工作时，监理人应立即通知委托人。除不可抗力外，其善后工作及恢复服务的准备工作应为附加工作，附加工作酬金的确定方法在专用条件中约定。监理人用于恢复服务的准备时间不应超过28天。

6.2.4 合同签订后，遇有与工程相关的法律法规、标准颁布或修订的，双方应遵照执行。由此引起监理与相关服务的范围、时间、酬金变化的，双方应通过协商进行相应调整。

6.2.5 因非监理人原因造成工程概算投资额或建筑安装工程费增加时，正常工作酬金应作相应调整。调整方法在专用条件中约定。

6.2.6 因工程规模、监理范围的变化导致监理人的正常工作量减少时，正常工作酬金应作相应调整。调整方法在专用条件中约定。

6.3 暂停与解除

除双方协商一致可以解除本合同外，当一方无正当理由未履行本合同约定的义务时，另一方可以根据本合同约定暂停履行本合同，直至解除本合同。

6.3.1 在本合同有效期内，因双方无法预见和控制的原因导致本合同全部或部分无法继续履行或继续履行已无意义，经双方协商一致，可以解除本合同或监理人的部分义务。在解除之前，监理人应作出合理安排，使开支减至最小。

因解除本合同或解除监理人的部分义务导致监理人遭受的损失，除依法可以免除责任的情况外，应由委托人予以补偿。补偿金额由双方协商确定。

解除本合同的协议必须采取书面形式，协议未达成之前，本合同仍然有效。

6.3.2 在本合同有效期内，因非监理人的原因导致工程施工全部或部分暂停，委托人可通知监理人暂停全部或部分工作。监理人应立即安排停止工作，并将开支减至最小。除不可抗力外，由此导致监理人遭受的损失应由委托人予以补偿。

暂停部分监理与相关服务时间超过182天，监理人可发出解除本合同约定的该部分义务的通知；暂停全部工作时间超过182天，监理人可发出解除本合同的通知，本合同自通知到达委托人时解除。委托人应将监理与相关服务的酬金支付至本合同解除日，且应承担本合同第4.2款约定的责任。

6.3.3 当监理人无正当理由未履行本合同约定的义务时，委托人应通知监理人限期改正。若委托人在监理人接到通知后的7天内未收到监理人书面形式的合理解释，则可在7天内发出解除本合同的通知，自通知到达监理人时本合同解除。委托人应将监理与相关服务的酬金支付至限期改正通知到达监理人之日，但监理人应承担本合同第4.1款约定的责任。

6.3.4 监理人在专用条件5.3款中约定的支付之日起28天后仍未收到委托人按本合同约定应付的款项，可向委托人发出催付通知。委托人接到通知14天后仍未支付或未提出监理人可以接受的延期支付安排，监理人可向委托人发出暂停工作的通知并可自行暂停全部或部分工作。暂停工作后14天内监理人仍未获得委托人应付酬金或委托人的合理答复，监理人可向委托人发出解除本合同的通知，自通知到达委托人时本合同解除。委托人应承担本合同第4.2.3款约定的责任。

6.3.5 因不可抗力致使本合同部分或全部不能履行时，一方应立即通知另一方，可暂停或解除本合同。

6.3.6 本合同解除后，本合同约定的有关结算、清理、争议解决方式的条件仍然有效。

6.4 终止

以下条件全部满足时，本合同即告终止：

(1)监理人完成本合同约定的全部工作；

(2)委托人与监理人结清并支付全部酬金。

7. 争议解决

7.1 协商

双方应本着诚信原则协商解决彼此间的争议。

7.2 调解

如果双方不能在14天内或双方商定的其他时间内解决本合同争议，可以将其提交给专用条件约定的或事后达成协议的调解人进行调解。

7.3 争议解决

双方均有权不经调解直接向有管辖权的人民法院提起诉讼。

8. 其他

8.1 外出考察费用

经委托人同意，监理人员外出考察发生的费用由委托人审核后支付。

8.2 检测费用

委托人要求监理人进行的材料和设备检测所发生的费用，由委托人支付，支付时间在专用条件中约定。

8.3 咨询费用

经委托人同意，根据工程需要由监理人组织的相关咨询论证会以及聘请相关专家等发生的费用由委托人支付，支付时间在专用条件中约定。

8.4 奖励

监理人在服务过程中提出的合理化建议，使委托人获得经济效益的，双方在专用条件中约定奖励金额的确定方法。奖励金额在合理化建议被采纳后，与最近一期的正常工作酬金同期支付。

8.5 守法诚信

监理人及其工作人员不得从与实施工程有关的第三方处获得任何经济利益。

8.6 保密

双方不得泄露对方申明的保密资料，亦不得泄露与实施工程有关的第三方所提供的保密资料。保密事项在专用条件中约定。

8.7 通知

本合同涉及的通知均应当采用书面形式，并在送达对方时生效，收件人应书面签收。

8.8 著作权

监理人对其编制的文件拥有著作权。

监理人可单独或与他人联合出版有关监理与相关服务的资料。除专用条件另有约定外，如果监理人在本合同履行期间及本合同终止后两年内出版涉及本工程的有关监理与相关服务的资料，应当征得委托人的同意。

第三部分　专用条件

1. 定义与解释

1.2 解释

1.2.1 本合同文件除使用中文外，还可用＿＿＿无＿＿＿。

1.2.2 约定本合同文件的解释顺序为＿按通用条件执行＿。

2. 监理人义务

2.1 监理的范围和内容

2.1.1 监理范围包括：自施工准备期至保修阶段的监理服务，具体内容由招标人在合同范围内根据项目推进执行情况向中标人下达书面任务书。

2.1.2 监理工作内容还包括：

施工阶段：施工过程中的质量、进度、费用控制、安全生产监督管理、信息等方面的协调管理。

保修阶段：检查和记录工程质量缺陷，对缺陷原因进行调查分析并确定责任归属，审核修复方案，监督修复过程并验收，审核修复费用。

材料、设备以及设计变更的控制：确保材料、设备不经监理检验合格不得使用；控制设计变更不得随意降低标准；督促施工单位按照施工规范进行施工；实施合理化建议须经业主和设计签字认可后方可执行。

其他：

1. 组织图纸会审、组织技术交底会、召开监理例会和紧急会议、报送监理月报、工程的中间报验和竣工报验、据实签证、协助结算审计；

2. 按相关规定组织监理文件资料的收集、整理、档案立卷、验收和移交等工作；

3. 监理与服务等其他相关工作内容执行国家、行业、省、市有关规范、标准及规范性文件规定。

2.2 监理与相关服务依据：

2.2.1 监理依据包括：

(1)《中华人民共和国建筑法》《中华人民共和国民法典》；

(2)国务院颁布的《建设工程质量管理条例》；

(3)《云南省建设工程监理规程》和《建设工程监理规范》(GB/T 50319—2013)等法规；

(4)本合同及委托人与第三方签订的与实施工程有关的其他合同；

(5)现行的国家及云南省建设标准、验收规范及质量检验评定标准、技术规范；

(6)经批准的工程文件、设计及说明书等。

2.2.2 相关服务依据包括：＿＿＿＿＿＿＿＿。

2.3 项目监理机构和人员

2.3.4 更换监理人员的情形：

当委托人发现监理人员不履职或与承包人串通给委托人造成损失的，委托人有权要求更换监理人员，直到终止合同并承担赔偿责任。

2.3.5 更换后的监理人员的文化程度、资格等级和业绩不得低于投标文件拟派本项目人员的文化程度、资格等级和业绩。

2.4 履行职责

2.4.3 对监理人的授权范围：

在涉及工程延期____天内和(或)金额____万元内的变更，监理人无须请示委托人即可向承包人发布变更通知。

2.4.4 监理人有权要求承包人调换其人员的限制条件：____________________。

2.5 提交报告

监理人应提交报告的种类(包括监理规划、监理月报及约定的专项报告)、时间和份数：按现场要求的时间和份数。

2.7 使用委托人的财产

附录B中由委托人无偿提供的房屋、设备的所有权属于：_/_。

监理人应在本合同终止后7天内移交委托人无偿提供的房屋、设备，移交的时间和方式为：_/_。

3. 委托人义务

3.4 委托人代表

委托人代表：________________。

3.6 答复

委托人同意在7天内，对监理人书面提交并要求做出决定的事宜给予书面答复。

4. 违约责任

4.1 监理人的违约责任

4.1.1 监理人赔偿金额按下列方法确定：_/_。

4.2 委托人的违约责任

委托人逾期付款利息按下列方法确定：

逾期付款利息＝当期应付款总额×全国银行间同业拆借中心公布的一年期贷款利率×拖延支付天数

4.3 除外责任

因非监理人的原因，且监理人无过错，发生工程质量事故、安全事故、工期延误等造成的损失，监理人不承担赔偿责任。

因不可抗力导致本合同全部或部分不能履行时，双方各自承担其因此而造成的损失、损害。

因政府的政策变化，导致本项目规模发生变化，乙方不得追究甲方的违约责任，但合同已经进入履行并产生费用的，甲方可以与乙方协商进行费用补偿。

5. 支付

5.1 支付货币

币种为人民币，比例为_/_，汇率为_/_。

5.2 酬金结算

5.2.1 中标费率＝8.99‰。

5.2.2 监理费用最终结算价＝经审定后的建安工程竣工结算价×中标费率。

5.3 支付酬金

委托人同意按以下的计算方法、支付时间与金额，支付监理人的报酬：

(1)季度支付，按照监理工程实际进度拨付监理服务费，即发包人按实际进度支付承包人当期完成工程量产值×中标监理服务综合费率。

(2)工程竣工验收合格，工程结算审定后，支付至审定结算价的97%。

(3)质量保修期满贰年，工程无质量问题或质量缺陷处理完毕后，付清结算尾款。

6. 合同生效、变更、暂停、解除与终止

6.1 生效

本合同生效条件：双方签字、盖章完毕，并不违反法律和社会公共利益。

6.2 变更

6.2.1 除不可抗力外，因非监理人原因导致本合同期限延长时，附加工作酬金按下列方法确定：＿无＿。

6.2.2 附加工作酬金按下列方法确定：＿无＿。

6.2.3 正常工作酬金增加额按下列方法确定：＿无＿。

6.2.4 因工程规模、监理范围的变化导致监理人的正常工作量减少时，按减少工作量的比例从协议书约定的正常工作酬金中扣减相同比例的酬金。

7. 争议解决

7.2 调解

本合同争议进行调解时，可提交＿/＿进行调解。

7.3 仲裁或诉讼

合同争议的最终解决方式为下列第(2)种方式：

(1)提请仲裁委员会进行仲裁。

(2)向光明市人民法院提起诉讼。

8. 其他

8.2 检测费用

委托人应在检测工作完成后＿/＿天内支付检测费用。

8.3 咨询费用

委托人应在咨询工作完成后＿/＿天内支付咨询费用。

8.4 奖励

合理化建议的奖励金额按下列方法确定为＿无＿。

8.6 保密

委托人申明的保密事项和期限：＿/＿。

监理人申明的保密事项和期限：＿/＿。

第三方申明的保密事项和期限：＿/＿。

8.8 著作权

监理人在本合同履行期间及本合同终止后两年内出版涉及本工程的有关监理与相关服务的资料的限制条件：/。

9. 补充条款：/。

9.1 在监理期间，委托人没有免费向监理人提供服务人员的义务。

9.2 监理人对施工企业建筑工人工资支付管理的工作要求：

9.2.1 监理人日常需对用工单位的用工管理进行监督，检查用工企业是否按有关规定做好工作，如发现施工总承包单位和劳务分包单位未按要求做好各项工作的，需及时上报委托人及建设行政主管部门。

9.2.2 监理人需监督施工总承包单位和劳务分包单位按时支付工人工资，并在工人工资表上签字见证。

9.2.3 监理人必须对所监理的项目负责，每月除对监理项目的工程质量、安全进行监督外，还应对监理项目的合同履约、工程进度、工程进度款和工人工资支付等情况实施全过程监督，形成支付监理工作报告：将监理项目的工程进度情况，工程进度款（含增加工程款）支付情况，工人工资支付情况，是否存在转包、违法分包、肢解发包的情况，是否再行订立背离施工合同实质性内容的其他协议等情况上报。当施工现场因劳资纠纷引发群体性事件或因工程款支付、工人工资支付等存在突发事件风险隐患时，监理人立即向委托人提交书面报告。

9.2.4 监理人发现施工单位有转包、违法分包及挂靠等违法行为的，应及时向委托人及建设行政主管部门进行报告。

9.2.5 监理人应按《云南省工程建设项目农民工工资（劳务费）专用账户管理暂行办法（第9号）》有关要求，跟进建设单位拨款情况，发现施工单位未按照约定拨付工人工资到"工人工资支付专用户"的，应及时向委托人反映。

9.3 附加协议条款：

9.3.1 本合同标准条件与本合同专用条件不一致或相抵触的，按本合同专用条件执行。

9.3.2 服务于本工程的总监理工程师、总监理工程师代表及各专业现场监理人员必须是本单位在编注册人员。专业现场监理人员必须包括一名造价师或造价员，负责投资控制、计量、已完工工程投资（含月投资）等涉及费用的技术核定等工作。

9.3.3 监理项目机构人员全部到位，承诺书、主要检测设备仪器到位，承诺书和现场服务承诺书均为本合同组成部分。

9.3.4 总监理工程师及其他监理人员必须常驻项目现场，委托人将执行考勤制度，有特殊情况的，需书面报送并获得委托人同意；总监理工程师常驻项目现场每月不少于15天，每缺勤1天，支付违约金人民币5000元，监理项目机构其他监理人员常驻项目现场每月不少于22天，每缺勤1天，支付违约金人民币2000元。

9.3.5 监理人应当按照本合同约定履行义务，完成本工程的施工监理，不得将本工程施工监理转让（转包）给他人；监理人派出的总监理工程师及其他监理人员在本工程的施工过程中，必须常驻现场，未经委托人同意不得更换。若擅自更换总监理工程师，委托人有权终止合同，监理人应赔偿由此引起的一切损失。

9.3.6 核查设计单位提出的设计文件（如有必要时，也可对主要计算资料和计算书进行核查）及施工图纸是否符合已批准的可行性研究报告，初步设计审批文件及有关规程、规范、标准。

9.3.7 审核确认设计变更及变更设计，对重大设计变更及变更设计（费用在 2 万元以上的）应报委托人。

9.3.8 督促设计单位对施工单位进行图纸、接口配合的确认工作。

9.3.9 监理人必须建立完善的质量控制体系，认真落实质量责任，实行全过程、全方位的质量控制。按照"严格监理、热情服务、秉公办事、一丝不苟"的监理工作方针实施监理工作。

9.3.10 因监理工程师责任心不强、监督不力造成的不合格工程，必须返工重做，监理人负监理责任。

9.3.11 委托人对监理人派驻的监理人员认为不称职的，有权要求监理人限期撤换，监理人需按要求更换委托人满意的监理人员到工地现场；否则，当委托人认为监理人无法履行监理合同时，有权终止监理服务合同。

9.3.12 对监理人处罚的违约金，监理人不得向施工单位摊派、报销。如施工单位举报并经查实，则处以监理人 10000 元的违约金，并加罚原处罚金。

9.3.13 对监理人验收通过，经质量监督机构、委托人检查不合格，且监理人员有明显漏检等不负责任行为的，对监理人处以罚金 10000 元。对出现上述情况 2 次以上的监理人员，监理人应予更换，换入监理人员必须符合相关要求。

9.3.14 做好投资控制监理：

(1)监理机构应安排一名以上经验丰富的投资控制监理工程师（具有 5 年以上造价师或造价员资格证书）进行项目投资跟踪、监督和控制。如监理人未能按要求配备，委托人可认为其不能对项目投资进行有效的控制，委托人有权终止合同。

(2)认真审定施工单位填报的合同范围外增加工程的施工图（概）预算，协助委托人进行投资控制。

(3)严格控制工程变更，按工程承包合同规定的控制程序和计量方法确定工程变更价款，及时分析工程变更对控制投资的影响。

(4)在施工过程中进行投资跟踪、动态控制，对投资支出作好分析和预测，将即时收集的实际支出数据整理后和投资控制值比较，并预测尚需发生的投资支出值，每月在月报中向委托人提出投资控制建议。

(5)参加除监理合同以外的合同修改、补充工作，并分析研究对投资控制的影响。

9.3.15 监理工程师应本着为国家负责、为工程负责的精神严格审查施工单位提出的安全环保措施，并监督承包人切实实施，加强安全生产和环境保护工作，预防安全环保事故的发生。

9.3.16 监理人每月至少组织一次综合检查，包括质量、进度、文明施工、安全施工，及时发现查明事故隐患，纠正违章行为，提出改进措施。

9.3.17 对施工单位违反安全操作规程、环保规定的现象，或存在其他安全、环保事故隐患，应及时通知并督促施工单位进行纠正和采取有效措施进行处理，并应视情节轻重，采用口头通知、发送监理通知、罚款（上缴委托人财务）、发布停工警告和停工令等措施，对施工单位进行处理或提交委托人、地方主管部门处理。

9.3.18 承诺对本工程的相关资料和信息承担保密义务，未经委托人同意，不得向本工程合同当事人以外的第三方泄露与本工程有关的任何资料或信息。

9.3.19 承诺妥善保管工程监理资料，在工程竣工验收前向委托人提交完整的工程建设监理。

9.3.20 监理人应给现场监理人员办理人身意外伤害险。

9.3.21 现场监理人员发生的一切事故均由监理人负责。

9.3.22 监理人及其员工不得接受与服务工程第三方的任何经济利益。

9.3.23 监理人不得参与可能与合同约定的与委托人利益相冲突的任何活动。

9.3.24 因监理或其委派的监理人员职业道德不良，与施工单位或委托人的基建人员串通合谋，在现场监理工作、办理工程签证和结算中高估冒算工程量的，委托人有权终止合同，并追究咨询人相应责任和追偿造成的损失。

9.3.25 监理和相关服务内容除包括专用条件、附加协议条款的外，还包括以下附表所有内容。

附表 监理服务的其他内容

一、施工准备阶段服务内容
1.按委托人要求，提前对施工图纸进行审查，对存在的问题及时向委托人提出处理意见或合理化建议。
2.协助委托人做好施工前的“三通一平”工作。
3.协助委托人处理签订施工合同的有关事宜。
二、施工阶段服务内容
1.施工阶段的质量控制
(1)全面负责对工程质量的监督、管理和检查，协助委托人与设计单位进行技术协调，协调各方的关系。
(2)审查设计图纸、文件的经济合理性、安全性(含使用功能)、可靠性，确保设计在技术上可行，在经济上合理，在使用功能上安全。如果因图纸审核工作不到位而引起返工或变更，应承担部分责任。
(3)熟悉施工图，参加设计交底会议，提出相关建议或意见。协助施工图纸审核，负责施工图纸的交底会审，保障工程项目安全可靠。
(4)审查和批准施工单位提交的施工组织设计，包括施工技术方案、施工进度计划、安全及文明生产措施，将审查结果书面答复施工单位，并抄送委托人；工程的重点或关键部位，应要求施工单位提出具体方案，经监理人审查认定后方可施工；核实并签发施工必须遵循的设计要求、采用的技术标准、技术规程规范等质量文件；审查施工单位各项施工准备工作，下达开工令。
(5)开工后，应及时制定施工单位管理人员及工程质量的考核细则，提交委托人；并定期(半月)进行一次考核，将考核情况上报给委托人。
(6)在施工各个阶段制定详细的、有针对性的现场监理实施细则和相应的检查表单(按分项工程填写)，并严格按此进行操作。
(7)根据施工图纸、国家相关施工规范的要求，严格监理施工质量，督促施工单位确保工程合格率为100%。同时，配合委托人进行施工质量细部抽查工作。
(8)审批工程项目单位工程、分部分项工程和检验批的划分，并依据监理规划分析、调整和确定质量控制重点、质量控制工作流程和监理措施，制定质量控制的各项实施细则、规定及其他管理制度。

续附表

(9)检查督促施工单位建立健全的适合于本工程的质量管理体系，并能切实发挥作用，督促承包人进行全面质量管理工作。
(10)复核定位放线，使之达到设计要求；协助委托人移交与项目施工有关的测量控制网点；审查承包人提交的测量实施报告，并依据监理规范要求检查和复核有关测量成果。
(11)审查批准承包人按合同规定进行的材料、工艺试验及确定各项施工参数的试验。
(12)审查进场工程材料的质量证明文件及承包人按有关规定进行的试验检测结果。必要时，监理人可按合同约定进行一定数量的抽样检测试验。
(13)对施工质量进行全过程的监督管理，在加强现场管理工作的前提下，对重要部位、隐蔽工程和关键工序应采取旁站监理；对施工质量情况及时做好记录和统计工作，对发现质量问题的施工现场及时进行拍照或录像，并向委托人报告。
(14)组织并主持定期或不定期的质量检查会和分析会，分析、通报施工质量情况，协调有关单位间的施工活动，以消除影响质量的各种外部干扰因素。
(15)对工程项目的检验批、分部分项工程、单位工程等及时进行施工质量验收和质量评定工作。
(16)审查竣工资料，组织竣工预验收；负责隐蔽工程验收、中间验收和竣工初验，并督促整改；对工程施工质量、安全、文明施工提出评估意见。 配合委托人进行单位工程竣工验收工作，提交质量评估报告。提供专业检测仪器和工具，协助委托人在中间验收、竣工验收、每月的例行检查时对工程实体进行实测实量。
(17)实行分项工程样板引路制(监理细则中明确样板内容)。必须在各分项工程、特殊的工艺、重要的部位及新材料、新工艺的应用等方面把好样板审核关，明确工艺流程和质量标准，经审查合格后方可大面积展开。
(18)审查施工单位编制的竣工图、竣工资料，保证其正确无误，并及时提交委托人。负责工程监理文件的整理和归档，及时移交委托人；组织或参与质量事故的调查，审批事故处理方案，并监督质量事故的处理；协助委托人组织施工单位、设计单位研究处理工程质量、安全事故，监督整改方案的实施，并监督检查整改工作的实施。
2.施工阶段的投资控制
(1)熟悉招标文件和合同文件中有关投资的条款。
(2)编制施工阶段年度、季度、月度资金使用计划，并控制其执行。
(3)每月进行投资计划值与实际值的比较，并提供各种报表。
(4)审核工程付款及其他付款申请单。
(5)复核施工单位工程月报及已完工程量，并提出书面意见。
(6)审核及处理各项施工索赔中与资金有关的事宜。
(7)负责现场技术核定及工程签证，对超出承包合同之外的设计修改、工地洽商，如涉及费用的须提醒并征得委托人签证认可方为有效。
(8)会签有关各种设计变更，应侧重审查对工程质量、进度、投资是否有不利影响，如发现有不利影响，应明确提出监理意见，及时向委托人反映。
3.施工阶段的进度控制

续附表

(1)熟悉招标文件和合同文件中有关进度的条款。
(2)审核、分析施工单位提出的工程总进度计划，对总进度计划是否满足规定的竣工日期的要求提出意见，并在项目施工过程中控制其执行，必要时及时调整施工总进度。
(3)审核项目施工各阶段、年、季、月度的进度计划，并控制其执行，必要时作调整。
(4)在总进度计划的前提下，审核施工单位季、月、周进度计划的可行性，如发现执行过程中不能完成工程计划时，应检查分析原因，督促施工单位及时调整计划和采取补救措施，以保证工程进度的实现。
(5)每周定期主持与施工单位间的有关施工进度、质量及安全的协调会议并做好会议记录，及时协调处理相关的问题。若情况特殊，应能立即研究并提出召开现场会议，协调解决有关问题，同时报委托人签字认可。
(6)在项目实施过程中，用计算机进行进度计划值与实际值的比较，每月、季、年提交各种进度控制报告。
(7)建立工程监理日记制度，详细记录工程进度、质量、设计修改、工地洽商等问题和其他有关施工过程中必须记录的问题。
(8)每月向委托人提交一份监理工作月报，方便委托人直观、系统地了解整个工程面貌。要求做到图文并茂，切实反映每月工程质量、进度状况，以实际与计划作比较，若发现偏差，及时找出原因，加以调整，确保工程进展顺利。
4.施工阶段的合同管理
(1)合理划分子项目，明确各子项目的范围。
(2)确定项目的合同结构，绘制项目合同结构图。
(3)协助委托人处理有关索赔事宜，并处理合同纠纷。
(4)进行各类合同的跟踪管理并定期提供合同管理的各种报告。
5.施工阶段的信息管理
(1)进行各种工程信息的收集、整理、存档。
(2)定期提供各类工程项目管理报表。
(3)建立工程会议制度。
(4)督促承包人整理工程技术资料。
6.施工阶段的组织与协调
(1)检查施工有关手续的办理情况，向委托人提交检查报告。
(2)审查工程开工条件，检查施工前的各项准备工作。
(3)复核和审查承包人以及材料、设备、构配件等供应单位的资格。
(4)组织、协调委托人与承包人之间的关系。
7.施工阶段的风险管理
(1)制定风险管理策略。
(2)在合同中采取有利的反索赔方案。

续附表

(3)制定合理的工程保险投保方案。
(4)工程变更管理。
(5)协助处理索赔及反索赔事宜。
(6)协助处理与保险有关的事宜。
8.施工阶段的现场安全文明管理
(1)制定安全监理工作文件,建立岗位责任制。编制的建设工程项目监理规划应当包含安全监理方案,并明确安全监理内容、工作程序、工作制度和有关措施。编制的监理实施细则应包含安全监理的具体措施和方法。
(2)在审查设计文件时,发现不满足有关法律、法规、强制性标准的规定,或存在较大施工安全风险时,应及时向建设单位、施工单位提出。
(3)审查施工单位编制的施工组织设计、专项安全施工方案等,督促施工单位履行施工安全、文明保障义务,督促施工单位落实安全保证体系。 检查施工单位是否制定了确保安全生产的各项规章制度、建立岗位责任制。检查施工现场专职安全员及电工、起重机械工等特种作业人员资格。
(4)检查施工现场的实体安全施工前提条件;检查施工单位是否针对施工现场实际,制定了应急救援预案、建立了应急救援体系;检查施工单位拟投入施工使用的大型施工机械(特别是打桩机械等大型施工机械)的检测检验、验收、备案手续。
(5)监督和定期(每周一次)检查施工单位现场施工的安全、文明措施并做好记录,在施工过程中严格执行安全文明施工管理条例。
(6)组织工地安全、卫生及文明施工检查,组织落实工地的保卫及产品保护工作。
(7)制定委托人的应急措施。
(8)协助处理安全事故和工地的各种纠纷。
(9)协助委托人办理建设工程安全报监备案手续。
(10)协助委托人与施工单位签订建设工程项目安全生产协议书,签署《云南省建设工程安全文明生产承诺书》。
三、采购材料、设备阶段服务内容
1.依据工程项目的施工总进度计划,协助委托人编制材料、设备采购计划。
2.协助委托人进行设备采购的审查工作,并参加合同谈判工作;提供本工程所需的材料或设备的选型意见。
3.管理采购合同,并对采购计划进度进行监督与控制。
4.代表委托人对材料、设备及主要零部件的质量和进度等进行监督、管理、控制和协调。
5.代表委托人组织材料、设备验收。
6.检查材料、设备实际到货进度是否符合采购合同要求和工程进度要求,必要时,应向委托人提出设备到货进度的调整意见。

续附表

7.记录和整理安装调试中发现的材料、设备缺陷和质量问题，并提出处理建议，协助委托人与供货单位谈判交涉。
8.代表委托人协调设备供货人与承包人之间的关系。
四、保修阶段服务内容
1.协助委托人与承包人签订保修协议。
2.制订保修阶段工作计划。
3.定期检查项目使用和运行情况。
4.负责工程保修期内工程量的确认和施工质量监督。
5.检查和记录工程质量缺陷，对缺陷原因进行调查分析，并确定责任归属，下达指令要求承包人进行修复。
6.审核质量缺陷修复方案，监督修复过程，并进行验收。
7.审核签署修复费用，并报委托人批准支付。
8.参加工程保修期内的质量回访，并将回访记录提交委托人。
9.保修期内安排负责人审核维修方案，对工程维修工作量进行确认，对维修过程进行监督，并以书面形式向委托人汇报维修工作结果。
10.保修期内对委托人提出的质量问题进行技术解答，督促施工单位对发现的质量问题进行整改修复。监理人应对入住时所发现的问题做好汇总，并在这项工作完成后半个月内向委托人提交这项工作的评估分析报告。
11.整理保修阶段的各项资料。

附录 A 相关服务的范围和内容

A-1 勘察阶段：__/__________________________________。

A-2 设计阶段：__/__________________________________。

A-3 保修阶段：__/__________________________________。

A-4 其他(专业技术咨询、外部协调工作等)：____________________。

附录B　委托人派遣的人员和提供的房屋、资料、设备

B-1 委托人派遣的人员

名称	数量	工作要求	提供时间
1.工程技术人员	/	/	/
2.辅助工作人员	/	/	/
3.其他人员	/	/	/

B-2 委托人提供的房屋

名称	数量	面积	提供时间
1.办公用房	1	$20m^2$	/
2.生活用房	1	$20m^2$	/
3.试验用房	/	/	/
4.样品用房	1	$15m^2$	/
用餐及其他生活条件	/		

参考文献

[1] 杨建林,夏利梅.工程招投标与合同管理[M].北京:清华大学出版社,2022.

[2] 李洪军,杨志刚,源军,等.工程项目招投标与合同管理[M].3版.北京:北京大学出版社,2019.

[3] 孙学礼,吕颖.工程招投标与合同管理[M].北京:高等教育出版社,2016.

[4] 王宇静,杨帆.建设工程招投标与合同管理[M].北京:清华大学出版社,2018.

[5] 危道军.招投标与合同管理实务[M].4版.北京:高等教育出版社,2018.

[6] 杨志中.工程招投标与合同管理[M].2版.北京:机械工业出版社,2013.

[7] 沈中友.工程招投标与合同管理[M].2版.北京:机械工业出版社,2021.

[8] 辛太列.建筑工程项目中工程监理的合同管理分析[J].建材与装饰,2020(17):151-152.

[9] 李显吾.分析建筑工程项目管理及存在问题[J].建材与装饰,2020(17):153,156.

[10] 李欣谕.浅谈工程施工合同管理在建设过程中的重要性——以城市污水处理厂为例[J].建材与装饰,2020(16):113,116.

[11] 梁丽琴.现代项目管理在地铁合同管理中的应用研究[J].工程建设与设计,2020(10):165-166.

[12] 汤杰柏.电力工程合同施工阶段合同管理要点研究[J].科技视界,2020(14):218-219.

[13] 王菲.国际工程项目EPC合同管理难点及针对性对策探讨[J].国际工程与劳务,2020(5):75-77.

[14] 谭旭萍.论述合同管理在建筑工程建设管理中的应用[J].中国住宅设施,2020(4):77,82.

[15] 杨晓平.建筑工程施工阶段合同管理要点分析[J].居舍,2020(12):78.

[16] 袁晓雯.浅谈建筑工程项目中工程监理的合同管理[J].居舍,2020(11):146.

[17] 张玉龙.城市轨道交通工程项目合同管理要点及措施研究[J].智能城市,2020,6(7):89-90.